SI단위에 따른
건축 급·배수 위생설비

남 재 성 著

머리말

　건물의 규모가 고층화·대형화됨에 따라 건축설비가 차지하는 중요도가 점점 더 높아지고 있다. 건축기술자는 건축설비에 관한 기초지식이나 새로운 지식이 없이 완전한 건물의 설계·시공은 불가능한 실정이다.

　본래 건축설비는 건축계획 및 건축구조와 일체화 된 것으로 건축규모의 대소에 관계없이 건축계획 단계에서 건축물이 가지는 여러 조건을 충분히 고려한 다음 건축전체의 고품질화, 안전화를 추구할 필요가 있다.

　건축설비에 관한 기술은 건축에 관한 지식뿐만 아니라 기계공학, 전기공학, 물리, 화학 등 모든 분야의 기초적인 지식과 함께 이러한 광범위한 지식 상호 간의 영역을 하나의 기술로서 확립하고 체계화하고 있다.

　그동안 공학단위로 사용하던 것을 건축기사시험 등에서 국제규격 단위문제로 변경되는 추세에 따라서 모든 단위를 SI단위 체계로 변경하여 교재를 작성하게 되었다.

　이 책이 나올 수 있도록 큰 도움을 주신 에듀컨텐츠휴피아 출판사의 이상렬 대표를 비롯한 임직원들께 감사의 말을 전합니다.

2019년 2월
저자 씀

【목 차】

◆SI단위 환산 정리

제1편 총 론

제1장 건축설비의 개요 ·· 1
1. 건축설비의 개요 ·· 1
    1-1 건축설비의 정의 ·· 1
    1-2 건축설비의 종류 ·· 1
    1-3 건축설비의 필요성 ·· 2
2. 건축과 설비 ·· 2
3. SI 단위 ·· 3
    3-1 SI정의 ·· 3
    3-2 SI 기본단위와 유도단위 ·· 3

제2편 급배수·위생설비

제1장 급배수·위생설비 개요 ·· 7
1. 급배수·위생설비의 구성 ·· 7
2. 수원 ·· 8
    2-1 수원의 종류 ·· 8
    2-2 수질 ·· 9
    2-3 정수방법 ·· 10

제2장 급수설비 ·· 13
1. 개요 ·· 13
2. 급수량 산정 ·· 13
    2-1 1일당 급수량 산정 ·· 14
    2-2 시간평균 예상 급수량 산정 ·· 15
    2-3 시간 최대 예상 급수량 산정 ·· 15
    2-4 순간 최대 예상 급수량 산정 ·· 15

3. 급수압력 ··· 17
4. 급수방식 ··· 18
　4-1 수도직결 방식 ··· 18
　4-2 옥상탱크 방식 ··· 19
　4-3 압력탱크 방식 ··· 20
　4-4 탱크가 없는 부스터 방식 ··································· 22
　4-5 초고층 건물의 급수방식 ···································· 23
5. 급수관의 관경 결정법 ·· 25
　5-1 기구 연결관의 관경에 의한 결정법 ···················· 25
　5-2 균등표에 의한 약산법 ·· 25
　5-3 마찰저항선도에 의한 방법 ································· 26
6. 펌프(Pump) ··· 32
　6-1 펌프의 종류 ··· 32
　6-2 펌프의 흡입양정 ·· 37
　6-3 펌프의 용량 ··· 37
　6-4 펌프의 설치 주의사항 ·· 39
　6-5 공동현상 ·· 39
7. 건물내 수질과 오염방지 ··· 40
　7-1 수수탱크의 오염물질 침입 ································· 40
　7-2 배수의 급수설비로의 역류 ································· 40
　7-3 크로스 커넥션 ·· 41
8. 급수설계의 시공상 유의할 사항 ····························· 42
　8-1 배관의 구배 ··· 42
　8-2 밸브 ··· 42
　8-3 슬리브 배관 ··· 43
　8-4 수격작용 ·· 43
　8-5 피복 ··· 44
　8-6 수압시험 ·· 45
◆ 건축산업기사 예상문제 ·· 47

제3장 급탕설비 ·· 63
1. 개요 ··· 63
　1-1 물의 성질 ·· 63
　1-2 열량의 단위 ··· 64
2. 급탕온도와 급탕량 ·· 65

3. 급탕방식 ·· 66
   3-1 개별식 급탕방식 ··· 66
   3-2 중앙식 급탕방식 ··· 68
4. 급탕설계 ·· 69
   4-1 급탕량 산정방법 ··· 69
   4-2 저탕조의 용량 산정 ··· 71
5. 급탕배관 시공 ·· 72
   5-1 배관법 ·· 72
   5-2 관경결정 ·· 73
   5-3 배관의 신축이음 ··· 74
   5-4 배관의 수압시험 ··· 76
   5-5 팽창관과 팽창탱크 ··· 76
   5-6 보온피복 ·· 76
   5-7 배관기기의 시험과 검사 ··· 76
◆ 건축산업기사 예상문제 ··· 77

제4장 배수 및 통기설비 ··· 87

1. 개요 ·· 87
   1-1 배수의 종류 ·· 87
   1-2 배수방식 ·· 88
2. 옥내배수설비 ·· 89
   2-1 배수관내의 유수상태 ··· 90
   2-2 트랩 ·· 92
   2-3 조집기 ·· 94
   2-4 트랩의 봉수파괴 원인 ··· 96
3. 통기설비 ·· 98
   3-1 통기관의 종류 ·· 98
   3-2 특수 통기방식 ·· 99
   3-3 통기배관의 배관원칙 ··· 101
4. 배수관경 결정법 ·· 106
5. 배수 및 통기배관 시공상의 주의사항 ··· 107
   5-1 발포존 ·· 107
   5-2 배수관의 구배 ·· 107
   5-3 수직주관 ·· 107
   5-4 청소구 ·· 107

5-5 배관의 이음쇠 ·· 108
　　5-6 시공상 주의점 ·· 108
　　5-7 배관의 피복 ··· 109
　　5-8 배수 및 통기관의 시험 ·· 109
　　5-9 배수 및 통기배관 재료 ·· 110
◆ 건축산업기사 예상문제 ·· 111

제5장 오물정화 설비 ·· 123
　1. 개요 ·· 123
　　1-1 오수의 수질 지표 ·· 123
　　1-2 오수정화의 방법 ·· 125
　2. 오수정화 시설과 분뇨정화조 ······································· 126
　　2-1 개요 ··· 126
　　2-2 분뇨정화조의 종류 ··· 127
　　2-3 오수정화조의 종류 ··· 127
　　2-4 오수정화시설의 처리공법 ···································· 127
　3. 오수정화시설 ·· 128
　4. 분뇨정화조 ··· 133
◆ 건축산업기사 예상문제 ·· 137

제6장 위생기구 설비 ·· 141
　1. 개요 ·· 141
　2. 위생기구 ·· 141
　　2-1 위생기구의 소요개수 ·· 142
　　2-2 위생기구의 조건 ·· 144
　3. 위생기구의 종류 ·· 144
　　3-1 대변기 ··· 144
　　3-2 세정방식 ·· 146
　　3-3 소변기 ··· 148
　　3-4 수세기, 세면기 ·· 149
　　3-5 절수용 기구 ·· 149
◆ 건축산업기사 예상문제 ·· 153

제7장 배관용 재료 ·· 155
1. 배관 ··· 155
1-1 관재료의 종류 및 특성 ··································· 155
1-2 배관의 접속법 ··· 162
1-3 배관의 피복 ··· 162
2. 밸브의 종류 및 구조 ··· 164
2-1 자동밸브 ··· 164
2-2 수동밸브 ··· 164
3. 배관의 도시기호 ·· 166
3-1 관 ··· 166
3-2 유체의 종류와 표시법 ····································· 166
3-3 배관계의 시방 및 유체종류·상태 표시방법 ·· 167
3-4 색채에 의한 배관의 식별 ······························· 168
◆ 건축산업기사 예상문제 ··· 169

제3편 특수설비

제1장 가스설비 ·· 173
1. 개요 ··· 173
1-1 LP가스 ·· 174
1-2 LN가스 ··· 174
1-3 나프타 ·· 175
2. 도시가스 설비 ··· 175
2-1 도시가스의 종류와 특성 ································· 175
2-2 도시가스의 공급방식 ······································· 175
3. LPG 설비 ··· 177
3-1 LPG 특성 ··· 177
3-2 LPG 공급 및 배관방식 ··································· 178
4. 가스설비 기기 ··· 179
4-1 연소기구와 급배기 ·· 179
4-2 가스경보기 설치 ·· 181
4-3 자동식 소화기 ··· 182
◆ 건축산업기사 예상문제 ··· 183

제2장 소방설비 ·· 185
  1. 개요 ··· 185
    1-1 화재의 정의 ·································· 185
    1-2 소화 ·· 187
  2. 소방설비의 종류 ·································· 188
  3. 소화설비 ··· 189
    3-1 옥내소화전 설비 ··························· 189
    3-2 옥외소화전 설비 ··························· 192
    3-3 스프링클러 설비 ··························· 195
    3-4 드렌처 ··· 199
  4. 특수 소방설비 ····································· 200
    4-1 물분무 소화설비 ··························· 200
    4-2 포 소화설비 ································· 202
    4-3 이산화탄소 소화설비 ····················· 202
    4-4 할로겐화물 소화설비 ····················· 203
    4-5 분말소화 설비 ······························ 204
  5. 화재경보 설비 ····································· 205
    5-1 자동화재 탐지설비 ························ 206
    5-2 전기화재 경보기 ··························· 210
    5-3 자동화재 속보설비 ························ 210
    5-4 비상경보 설비 ······························ 210
  6. 소화활동 설비 ····································· 210
    6-1 제연설비 ······································ 210
    6-2 연결송수관 설비 ··························· 212
    6-3 연결살수 설비 ······························ 214
    6-4 비상콘센트 설비 ··························· 216
    6-5 무선통신 보조 설비 ······················ 216
  7. 소방용수 설비 ····································· 216
◆ 건축산업기사 예상문제 ·································· 219

제4편 전기설비

제1장 전기설비의 개요 ·· 225
1. 개요 ··· 225
2. 전기의 기초사항 ·· 225
   2-1 전압과 전류 ·· 225
   2-2 전류의 종류 ·· 227

제2장 전력설비 ·· 229
1. 수변전 설비 ·· 229
   1-1 기본계획 ·· 229
   1-2 수전전압 ·· 230
   1-3 수전방식 ·· 230
   1-4 부하설비 용량 ·· 231
   1-5 수전용량 추정 ·· 232
   1-6 변전설비 ·· 233
2. 예비전원 설비 ·· 234
   2-1 예비전원설비가 필요한 장소 ························· 234
   2-2 자가발전 설비 ·· 234
   2-3 축전지 설비 ·· 234

제3장 배전과 배선설비 ·· 237
1. 배전방식 ·· 237
   1-1 간선 ·· 237
2. 배선방식 ·· 240
3. 배선설계 ·· 241
   3-1 전등배선 ·· 241
   3-2 동력배선 ·· 241
4. 배선공사 ·· 242
5. 배선재료 ·· 245
   5-1 전선의 허용전류 ·· 245
   5-2 전압강화 ·· 245
   5-3 배선재료 ·· 245
   5-4 전선의 굵기 선정 ·· 246

6. 배선기구 ······ 246
6-1 개폐기 ······ 246
6-2 점멸기 ······ 247
6-3 과전류 보호기 ······ 248
6-4 접속기 ······ 248

제4장 전력부하설비 ······ 251
1. 조명설비 ······ 251
1-1 조명용어 ······ 251
1-2 조명방식 ······ 252
1-3 좋은 조명의 조건 ······ 254
1-4 광원의 종류 및 특성 ······ 255
1-5 건축화 조명 ······ 257
1-6 조명설계 ······ 258
2. 콘센트 설비 ······ 258
3. 동력설비 ······ 259
3-1 전동기 ······ 259
3-2 동력설비의 감시·제어 ······ 261

제5장 정보설비 ······ 263
1. 전화설비 ······ 263
1-1 구내전화기 ······ 263
2. 인터폰 설비 ······ 263
3. 안테나 설비 ······ 264
4. 확성설비 ······ 265
5. 감시·제어 설비 ······ 266

제6장 반송설비 ······ 267
1. 개요 ······ 267
2. 엘리베이터 ······ 267
2-1 구조 ······ 268
2-2 안전장치 ······ 268
2-3 운전방식 ······ 270
2-4 엘리베이터의 설비계획 ······ 271
2-5 엘리베이터의 위치 선정 ······ 273

3. 에스컬레이터 ··· 273
　3-1 개요 ·· 273
　3-2 에스컬레이터의 배열방식 ·· 274
　3-3 에스컬레이터의 설치위치 ·· 275
　3-4 에스컬레이터의 대수산정 ·· 275

제7장 방재설비 ·· 277
1. 개요 ·· 277
2. 피뢰침 설비 ·· 277
　2-1 피뢰침 방식 ·· 277
　2-2 피뢰침의 보호각 ·· 278
　2-3 피뢰침의 구조 ·· 279
　2-4 피뢰침 설비의 시공방법 ·· 279
3. 항공 장애등 설비 ·· 281
　3-1 고광도 항공장애등 ·· 281
　3-2 저광도 항공장애등 ·· 281
◆ 건축산업기사 예상문제 ·· 283

♣ SI단위 환산 정리 ♣

1. 기본적인 환산단위
$1kcal = 4.19kJ, \ 1kgf = 9.8N, \ 1J/s = 1W$

2. 압력
(1) $1kg/cm^2 = 10mAq = 10,000mmAq = 10,000kg/m^2$
$\qquad = 98,000N/m^2 = 98,000Pa = 98kPa = 0.098MPa ≒ 0.1MPa$
(2) 표준 대기압 $760mmHg = 1.0332kg/cm^2 = 10.332mAq$
(3) $1MPa = 10.2kg/cm^2 ≒ 10kg/cm^2$

3. 물 가열량
(1) 공학 단위 $Q = C \cdot G \cdot \triangle t = kcal/h = kW(G = kg/h, \ C = 1kcal/kg℃)$
(2) SI 단위 $Q = C \cdot G \cdot \triangle t = 4.19 \times G \times \triangle t \ (kJ/s)$
$\qquad\qquad\qquad = kW(G = kg/s, \ C = 4.19kJ/kgK)$

4. 증발 잠열
(1) 100℃ 물 증발잠열
    SI단위: 2,257 (kJ/kg), 공학: 539 $(kcal/kg)$
(2) 0℃ 물 증발잠열
    SI단위: 2,501 (kJ/kg), 공학: 597.5 $(kcal/kg)$
(3) 0℃ 물 응고잠열(얼음 잠열)
    SI단위: 335 (kJ/kg), 공학: 80 $(kcal/kg)$

5. 배관 마찰손실 수두
(1) 공학 단위

$$h = f \frac{Lv^2}{d \times 2g} \gamma = mmAq$$

여기서, f: 배관마찰손실계수, γ: 물 중량 $1,000kgf/m^3$, v: 유속, d: 배관경

(2) SI 단위 : 수두로 계산할 때는 위 공학단위와 같으며 수두(mAq)와 압력 (Pa)을 병용한다.

$$\triangle P = f\frac{Lv^2}{d\times 2}\rho = Pa$$

여기서, ρ : 물 밀도 $1,000 kg/m^3$, L : 배관길이

6. 펌프 축동력

(1) 공학 단위 $kW = \dfrac{QH}{60 \times 102E}$ $Q: L/\min, H: m$

(2) SI 단위 $kW = \dfrac{Q_g H}{60 \times 1000E}$ $Q: L/\min, H: m$

7. 상당 증발량

(1) 공학 단위 $G_e = G_s(h_2 - h_1)/539$

여기서, h 엔탈피 $kcal/kg$, $539 kcal/kg$: 100℃ 증발잠열

(2) SI 단위 $G_e = G_s(h_2 - h_1)/2,257$

여기서, h 엔탈피 kJ/kg, $2257 kJ/kg$: 100℃ 증발잠열

SI단위에 따른
건축 급·배수 위생설비

남 재 성 著

제1편 총론

【세부목차】

제1장 건축설비의 개요

제1장 건축설비의 개요

1. 건축설비의 개요

1-1 건축설비의 정의

법률적으로 "건축설비"라 함은 건축물에 설치하는 전기, 전화, 가스, 급수, 배수(配水), 배수(排水), 환기, 난방, 소화, 배연 및 오물처리의 설비와 굴뚝, 승강기, 피뢰침, 국기게양대, 공동시청 안테나, 유선방송 수신시설, 우편물 수취함, 기타 건설교통부령이 정하는 설비를 말한다.

학문적 정의로는 "환경공학" 중에서 건물을 대상으로 하는 "건축환경공학"과 기존의 기술을 기초로 하는 "설비공학"의 일부를 공유하는 경계영역의 학문이다. 건축설비기술은 건축공간 또는 도시를 대상으로 설비공학적 기술에 의하여 건물의 기능을 최대한 발휘하는 것으로서 건축공학과는 독립적인 영역을 확보하여 상호 보완적이 관계를 가지고 있다.

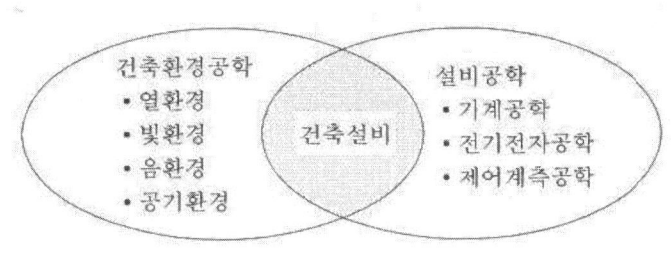

[그림 1-1] 건축설비의 영역

1-2 건축설비의 종류

건축설비는 건물환경을 쾌적하고 위생적이며 그리고 안정하게 유지하기 위한 제반 설비를 말하는 것으로 크게 급·배수위생설비, 공기조화설비, 전기설비 등으로 대별할 수 있으며 세부내용은 아래 표와 같다.

<표 1-1> 건축설비의 종류

급·배수 위생설비	공기조화설비	전기설비
•급수설비 •급탕설비 •배수 및 통기설비 •배수처리설비 •소화설비 •위생기구설비 •가스설비 •기타설비	•공기조화설비 •직접 난방설비 •환기 및 제연설비 •자동제어설비 •방음 방진설비 •환기 배연설비 •특수설비(항온·항습·크린룸) •지역 냉·난방설비	•전력설비(수변전, 축전지, 자가발전, 배전, 조명등) •통신정보설비(전화, 인터폰, 표지, 전기시계, 안테나, 확성기, 감시등) •방재설비(피뢰침, 경보) •수송설비(엘리베이터, 에스컬레이터, 덤웨이터, 이동보도)

1-3 건축설비의 필요성

건축설비는 산업의 고도화와 함께 이루어지는 건물의 고급화, 고층화, 대형화, 다양화와 더불어 그 중요성이 더해지고 있다. 즉, 건물이 단순히 비바람을 막아주는 셸터(shelter)의 개념에 불과하여 인간의 주된 활동이 실외에서 이루어졌을 때는 건축설비의 의미가 미약하였으나, 과학기술의 발달과 더불어 인간의 실내에서의 활동시간이 늘어남에 따라 건축설비의 필요성이 점점 커지고 있는 추세이다.

2. 건축과 설비

옛날부터 인간의 거처는 자연 속에 있으면서 다양한 환경의 변화와 외적(外敵)으로부터 인간의 몸을 보호하기 위하여 존재하여 왔다. 이것이 점차 발전하여 채광이나 환기를 위한 창문과 통풍구 등과 같은 자연환경을 이용한 환경조절의 지혜를 터득하게 되었다. 마침내는 더욱 쾌적한 생활공간을 원하게 되어 자연환경에 대응한 보다 적극적인 환경조절을 익히게 되었다.

건물은 항상 노출된 자연환경 속에서 존재하며, 인간은 예로부터 필요로 하는 환경을 건축적 방법을 통하여 조절해 왔으나 인간생활의 환경변화와 현대사회에서 요구하는 건축환경 수준을 모두 수용하기에는 그 한계성이 있다. 예를 들면, 도심의 열섬효과(Heat Island 현상)나 건축양식의 다양화, 건축규모의 대형화, 입체화와 이에 따른 실내환경의 질적 욕구의 고도화 등이다.

이런 건축 실내환경을 조절하는 방법에는 두 가지가 있다. 건축적인 방법

(Passive)으로 해결하는 방법과 기계 설비적인 방법(Active)이 있다. 건축적인 방법은 에너지 소모는 없으나 실내환경 개선에 한계가 있다. 기계 설비적인 방법은 건축 실내환경을 인간이 요구하는 수준은 만족시킬 수 있으나 에너지 소모를 수반해야 한다는 점이 다르다.

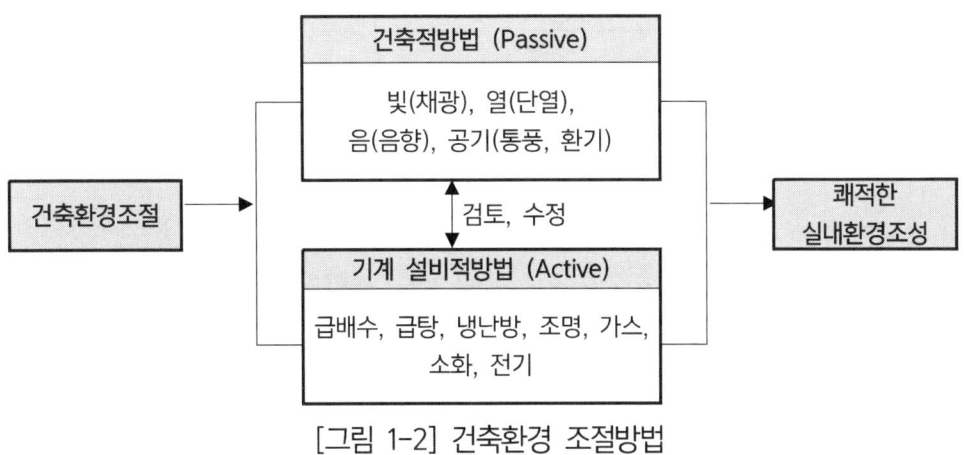

[그림 1-2] 건축환경 조절방법

3. SI단위

3-1 SI (The International System of Units, 국제단위계) 정의

SI는 현재 세계대부분의 국가에서 채택하여 국제공통으로 사용하고 있는 단위계이며, 우리가 미터계라고 부르고 사용하던 단위계가 현대화된 것이다. 우리나라도 2007년도부터 법정계량단위 의무화가 시행됨에 따라 SI단위를 사용하고 있다.

3-2 SI 기본단위와 유도단위

[1] 기본단위

국제단위계에서 아래와 같은 7개의 기본단위가 정해져 있다.

<표 1-1> SI 기본단위

물리량	이름	기호
길이	미터	m
질량	킬로그램	kg
시간	초	s
전류	암페어	A
온도	켈빈	K
물질량	몰	mol
광도	칸델라	cd

[2] 유도단위

유도단위들은 별도의 기호없이 기본단위의 조합자제를 기호로 사용하는 유도단위들이다.

<표 1-2> SI 유도단위

물리량	이름	기호
넓이	제곱미터	m^2
부피	세제곱미터	m^3
속도, 속력	미터 매 초	m/s
가속도	미터 매 초제곱	m/s^2
밀도	킬로그램 매 세제곱미터	kg/m^3
농도	몰 매 세제곱미터	mol/m^3
광휘도	칸델라 매 제곱미터	cd/m^2

[3] 건축설비의 SI단위계

① 열량의 단위
- 칼로리: 표준 기압하에서 순수한 물 1g을 1℃ 올리는데 필요한 열량
- CHU: 물 1lb를 올리는데 필요한 열량
- BTU: 영국의 열량단위로 물 1b를 1°F 올리는데 필요한 열량
※ 열량에 대한 SI단위는 kJ이며 1kJ=0.238846(≒0.24kcal)이며, 1kcal=4.18686kJ(≒4.2kJ)이다. 1J=1N·m=1W·s이다.

② 힘의 단위
- N(Newton):중력가속도가 작용하지 않을 때, 질량 1kg의 물질에 가속도 1

m/s^2이 작용할 때의 힘
- kgf: 질량 1kg의 물질에 중력가속도($g = 9.8m/s^2$)가 작용할 때의 힘.

③ 압력의 단위: 압력은 유체에 대한 단위면적당 작용하는 힘을 의미하며, 현재까지는 중력단위계인 kgf/cm^2를 주로 사용하였지만, 향후에는 SI단위계인 Pa를 사용하여야 한다.

※ 압력에 대한 SI단위는 Pa 이며 $1Pa = 1N/m^2$이고, $1MPa = 1,000kPa$이다. 따라서 수압과 수두의 관계를 정리하면,
수압 $P = 0.01H(MPa) = 10H(kPa)$이다.

④ 동력의 단위: 단위시간마다 하는 일의 비율을 동력이라 하며 동력의 SI 단위는 W이다.

※ 동력에 대한 SI단위는 W이며 $1W = 1J/s = 1N \cdot m/s = 1kg \cdot m^2/s^3$
$1kW = 1kJ/s = 102kgf \cdot m/s = 6,120kgf \cdot m/min$
$1kcal/h = 1,163W$이다.

<표 1-3> 건축설비의 중요한 SI단위

물리량	단위	단위 관계성
열량(에너지, Joule)	J	1J=1N·m=1W/s 1kal=4.18686kJ(≒4.2kJ) 1kJ=0.238846kcal(≒0.24kcal)
힘(Newton)	N	1N=1kg×1m/s² 1kgf=1kg×9.8m/s²=9.8N
압력(Pascal)	Pa	1Pa=1N/㎡ 1MPa=1,000kPa=10⁶Pa 수압 P=0.01H(MPa)=10H(kPa)
동력(공률, Watt)	W	1W=1J/s=1N·m/s=1kg·m²/s³, 1kW=1kJ/s=102kgf·m/s, 1kcal/h=1.163W

<표 1-4> SI 단위의 10의 정수승배

접두어	인자	기호	접두어	인자	기호
엑사	10^{18}	E	아토	10^{-18}	a
페타	10^{15}	P	펨토	10^{-15}	f
테라	10^{12}	T	피코	10^{-12}	p
기가	10^{9}	G	나노	10^{-9}	n
메가	10^{6}	M	마이크로	10^{-6}	μ
킬로	10^{3}	k	밀리	10^{-3}	m
헥토	10^{2}	h	센티	10^{-2}	c
데카	10^{1}	da	데시	10^{-1}	d

제2편 급배수·위생설비

【세부목차】

제1장 급배수·위생설비의 개요

제2장 급수설비

제3장 급탕설비

제4장 배수 및 통기설비

제5장 오물정화 설비

제6장 위생기구 설비

제7장 배관용 재료

제1장 급배수·위생설비 개요

1. 급배수·위생설비의 구성

급배수·위생설비는 건물내의 거주자가 생활에 필요한 음료, 세탁, 식기세척, 오물처리, 소화(消火) 등에 필요한 물을 적재적소에 공급하고, 생활에서 사용된 더러운 물 또는 오물(대소변)을 위생적이고 안전하게 처리하는 설비의 총칭이다. [그림 1-1]은 건물의 급배수·위생설비의 구성을 나타낸다. 이들 각 설비의 역할은 다음과 같다.

① 급수 및 급탕설비는 양호한 수질, 적당한 온도의 물을 충분한 수량을 확보하여, 적정한 수압으로 공급할 수 있는 설비시스템이 요구되며, 급수배관 계통에 다른 용도의 물이 역류되어 물이 오염되지 않도록 주의해야 한다.

② 배수(排水)와 통기(通氣)설비는 불가분의 설비관계로 건물에서 발생된 오수나 잡배수가 누수, 넘침, 역류 등이 일어나지 않고 배출되어야 함은 물론 배수관내의 악취나 벌레가 실내에 침입하지 않는 구조여야 한다. 이를 막기 위해서는 트랩(trap)이 사용되며 통기관은 트랩을 보호하고 배수능력을 촉진시키는 역할을 담당한다.

③ 위생기구는 물이나 오물을 받는 용기와 급수전이나 트랩과 같은 기구류를 말하며, 이런 위생기구들은 오물이 흡수되거나 정체되지 않는 구조이어야 한다.

④ 배수처리 설비는 오수(汚水) 또는 잡배수(雜排水)를 방류시키기 위한 정화처리설비로 오수만을 단독으로 처리하는 경우와 잡배수를 합류시키는 방법이 있다. 방류수의 수질기준은 오수 및 잡배수처리 규정에 따른다. 그리고 잡배수 중 일부는 배수(排水)재이용 시설에서 중수도(中水道)로 개발되어 변기세척용 등에 사용된다.

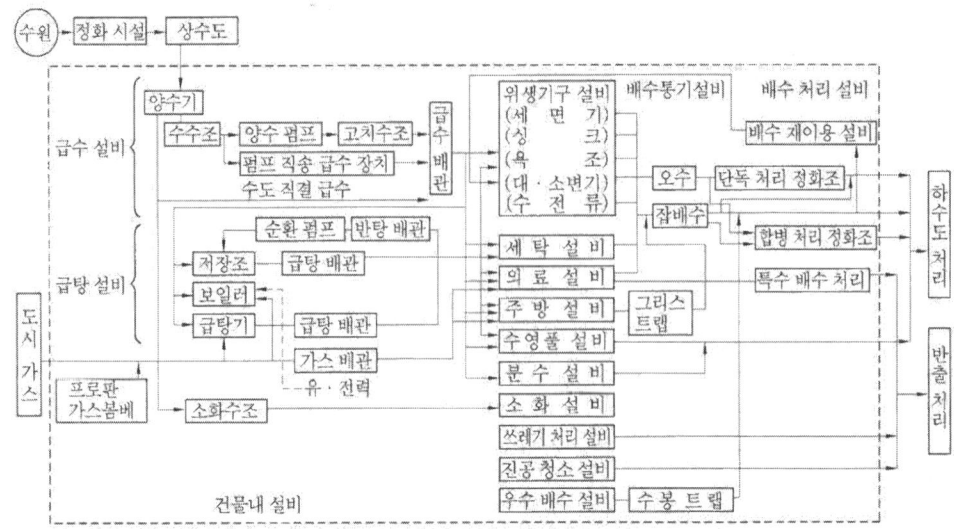

[그림 1-1] 급배수·위생설비의 구성

2. 수원(水源)

　급수설비의 급수원은 일반적으로 수돗물이 사용되지만 수돗물을 공급받지 못하는 지역에서는 지하수, 하천수, 호수 등을 이용한다. 일반적으로 건물에서 급수계통을 음용수는 시수, 잡용수는 우물물로 구분하여 사용하고 있다. <표 1-1>은 건물용도에 따른 상수와 우물물의 사용비율을 나타낸다.

2-1 수원의 종류
[1] 지표수
　지표수는 빗물 또는 지하수가 지표면으로 유출하는 것으로 다량의 취수가 용이하고 값이 싸므로 가장 많이 이용된다. 하수 등의 유입을 방지하지 않으면 오염될 우려가 있다.
① 하천수 : 수량, 탁도 등의 변동이 심하지만 이용수량은 많다. 유하시간이 짧아서 오염의 영향이 취수지점에 관계된다. 자정작용은 호수물에 비하여 적다.
② 호수물 : 자체 정화작용은 크나 일단 오염되면 회복되기 어렵다. 오염물의

확산은 하천보다 느리지만 계절에 따라 순환정도가 다르다. 또한 수량은 많지 않으나 일반적으로 수질은 하천수보다 좋다.
③ 저수지 : 수질은 하천수와 호수물의 중간이며 하천수의 유량을 조정하여 취수량을 확보할 수 있다.

[2] 지하수

지하수는 깊을수록 오염물이 정화되어 수질이 좋아지는 반면 유리탄산을 포함해서 무기질이 많이 녹기 때문에 경수가 많다. 일단 오염된 것은 회복이 어려우며 연간 수온의 변화가 적어서 여름에는 차고 겨울에는 따뜻하므로 상수로서는 가장 좋다. 종류에는 우물물, 복류수(伏流水), 샘물 등이 있다.

<표 1-1> 상수와 우물물의 비율(%)

건물별	상 수	우물물
일반 건물	30~40%	70~60%
학 교	40~50%	60~50%
병 원	60~66%	40~34%
백화점	45%	55%

2-2 수질 (水質)

[1] 물의 성질
 ① 물리적 성질: 온도, 탁도(濁度), 맛 등이다.
 ② 화학적 성질: 지중에 용해되어 있는 화학물질의 혼합물로서 산도, 알칼리도, pH, 경도 등이다.
 ③ 생물학적 성질: 물속에 함유된 생물의 종류, 대장균, 일반세균 등이다.

[2] 물의 경도 (Hardness of Water)

물 속에 녹아있는 마그네슘(Mg)의 양을 이것에 대응하는 탄산칼슘($CaCO_3$)의 100만분율(PPM=Parts Per Million)로 환산하여 표시한 것이다. 물은 탄산칼슘의 함유량에 따라 다음과 같이 분류한다.
(1) 연수(軟水)

일명 단물이라고 하며, 탄산칼슘의 함유량이 90ppm이하인 물로서 세탁 및 보일러 용수에 적당하다.

(2) 경수(硬水)
일명 센물이라고 하며, 탄산칼슘의 함유량이 110ppm 이상인 물로서 비누의 용해가 어려워 세탁용수로 부적당하다. 보일러에 사용시 보일러 내면에 스케일(scale)이 생겨 전열효율이 저하되며 과열과 수명단축의 원인이 된다. 또한, 양조, 염색, 제지공업에도 부적당하다.

2-3 정수방법
천연원수에 함유되어 있는 유기물 및 무기물을 물리적 또는 화학적인 방법에 의하여 제거하거나 살균하여 급수의 사용목적에 알맞는 물을 만드는 과정을 정수처리라고 한다. 상수도시설은 크게 취수(取水), 정수(淨水), 배수(配水)의 3단계로 구분된다.

[1] 취수(取水)시설
원수를 취급하는 시설이며 수원은 지하수나 지표수 등에서 단독 또는 2~3의 수원으로부터 병용하는 경우가 있다.

[2] 저수(貯水)시설
가뭄시에도 필요한 원수를 공급하기 위해 저수해 두는 시설이다. 인공적으로 만들어진 것이 저수지이다.

[3] 도수(導水)시설
원수를 저수시설에서 정수시설에 송수하는 수로, 펌프 등과 같은 시설을 말한다.

[4] 정수(淨水)시설
원수를 보건위생상 무해한 수질로 처리하는 시설이며, 정수처리는 침전, 여과, 폭기, 화학처리, 소독시설로 구분한다.
① 침전법 (sedimentation) : 원수 중에 부유하는 불순물을 침전시켜 제거하는 방법이며 보통 침전법과 약품 침전법 2종류가 있다.
② 여과법 (filteration) : 침전지에서 침전 처리된 물을 여과지의 모래층을

통과시켜 물 속의 부유물이나 세균을 제거하는 방법으로 완속 여과법과 급속 여과법이 있다.

③ 폭기법 (aeration) : 깊은 우물이나 지하수에는 철이 중탄산 제 1철 [$Fe(HCO_3)_2$], 수산화 제 1철 [$Fe(OH)_2$] 또는 황산 제 1철의 형태로 용융되어 있다. 이 철을 제거하기 위하여 폭기에 의해 물을 공기에 잘 접촉시킴으로써 이것을 산화시켜 불용해성 제 2철 [$Fe(OH)_3$] 로 만든 다음 침전여과에 의해 제거한다.

$$Fe(HCO_3)_2 \rightarrow 2CO_2 + Fe(OH)_2, \quad 4Fe(OH)_2 + O_2 + 2H_2O \rightarrow 4Fe(OH)_3$$

④ 소독법(sterilization) : 침전과 여과의 과정을 거치면 물 속의 세균은 거의 제거되지만 잔존하는 세균을 살균하기 위해 염소살균법이 채용된다. 일반적으로 급수전에서의 물이 부유잔류염소를 0.1ppm이상 유지하게 염소소독을 해야 한다.

[5] 송수(送水)시설

정수(淨水)를 펌프와 송수관 등의 설비를 통하여 정수장에서 배수지의 배수시설에 송수하는 시설이며, 송수량은 계획한 하루 최대 급수량으로 한다.

[6] 배수(配水)시설

정수시설에서 정화된 물을 급수구역의 수용자에게 필요한 수압으로 소요수량을 배수하기 위한 시설이다. 배수관의 수압은 최소 동수압 1.59(kg/cm^2)이 표준인데 자연낙차를 이용해서 송수하는 자연 유하식과 펌프로 압송하는 펌프 압송식이 있다.

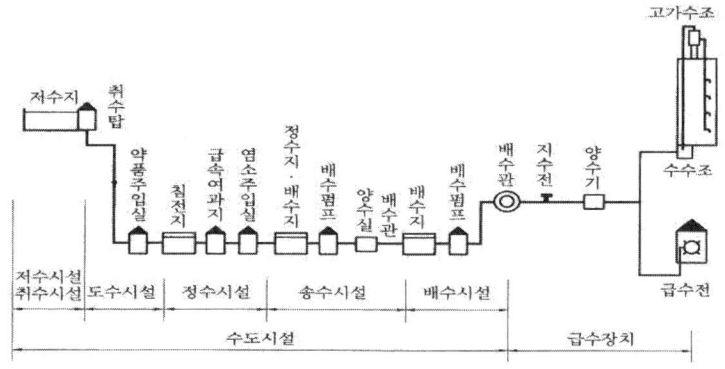

[그림 1-2] 상수도 시설의 구성

제2장 급수설비

1. 개요

물은 인간생활에서 필수 불가결한 요소로서 인간이 생존하기 위해서는 하루 최저 3리터의 물이 필요하다고 하며, 그 중에서 화장실, 부엌, 욕실, 세탁용 등의 생활용수는 $200 \sim 300 l/day$로 고려된다.

급수설비계획은 화장실, 부엌 등의 생활용수 또는 공장 등의 생산에 사용되는 물을 충분한 수량공급, 적절한 수압유지, 위생적으로 안전하게 공급하는 것을 말한다.

최근에는 도시화 추세에 따라 물의 수요증대, 수질오염의 진행, 수원확보의 어려움 등이 있다. 따라서 수자원의 부족과 자원의 효율적인 이용측면에서 선진외국에서는 상수계통의 배수를 다시 처리하여 잡용수(雜用水)로 사용하는 예가 늘고 있다.

2. 급수량 산정

급수설비의 설계에서 가장 중요한 것은 건물에서 필요한 예상 급수량을 추정하는 일이다. 건물에서 사용되는 물의 총량은 여러 가지 급수설비의 기기용량을 산정하는 중요한 요소이기 때문이다. 급수방식에 따라 사용되는 저수조, 고가수조, 펌프, 관경 등의 산정은 건물의 1일 사용수량에 근거한다. 물의 공급량은 피크(Peak)시에 부족함이 없도록 계획하는 것이 매우 중요하다.

또한 급수설비설계에서 사람이 직접 사용하는 물뿐만 아니라, 건물 전체의 필요수량(냉각수, 소방용수, 기타용수) 등을 가산하여 적정한 급수 수량을 산정해야 한다.

2-1 1일당 급수량(Q_d)산정

[1] 건물사용 인원에 의한 방법

급수대상 인원이 분명한 경우에는 1일 1인당 필요로 하는 물의 양에 인원수를 곱하여 산정한다.

$$Q_d = N \times q \ (l/d)$$

Q_d : 1일당의 급수량 (l/d)
N : 급수인원 (인)
q : 건물 종류별 1일 1인당 사용수량 $(l/d \cdot 인)$

[2] 건물면적에 의한 산정

급수대상이 불분명한 경우 건물의 유효면적에 거주 인원을 산출하여 다음과 같이 계산한다.

$$Q_d = A \times k \times n \times q \ (l/d)$$

A : 건물의 연면적 (m^2)
k : 유효면적 비율 (%)
n : 유효면적당 인원 $(인/m^2)$
q : 건물 종류별 1일 1인당 사용수량 $(l/d \cdot 인)$

[3] 사용기구에 의한 방법

건물에 설치된 위생기구로 산정하는 방법인데, 다음 식으로 구할 수 있다.

$$Q_d = Q_f \times F \times P$$

Q_f : 기구의 사용수량 (l/d)
F : 기구수 (개)
P : 기구의 동시사용률 (%)

<표 2-1> 기구의 동시사용율

기 구 수	2	3	4	5	10	15	20	30	50	100
동시사용율 [%]	100	80	75	70	53	48	44	40	36	33

[4] 미국의 위생기준에서 정해진 급수기구단위를 이용하여 산정하는 방법
  ① 기구급수단위 : 보통세면기의 1분간 사용수량을 1로 하고 이것과 비교하여 각종 위생기구의 급수단위로 가정한 것.
  ② 기구급수 부하단위(FU : Fixture Unit) : 동시사용률을 고려하여 가정한 기구급수 부하단위

2-2 시간 평균 예상 급수량(Q_h) 산정

$$Q_h = \frac{Q_d}{T} \ (l/h)$$

T : 건물 평균 사용시간(h)

2-3 시간 최대 예상 급수량(Q_m) 산정

$$Q_m = Q_h \times (1.5 \sim 2.0) \ (l/h)$$

2-4 순간 최대 예상 급수량(Q_p) 산정

$$Q_p = \frac{Q_h \times (3 \sim 4)}{60} \ (l/min)$$

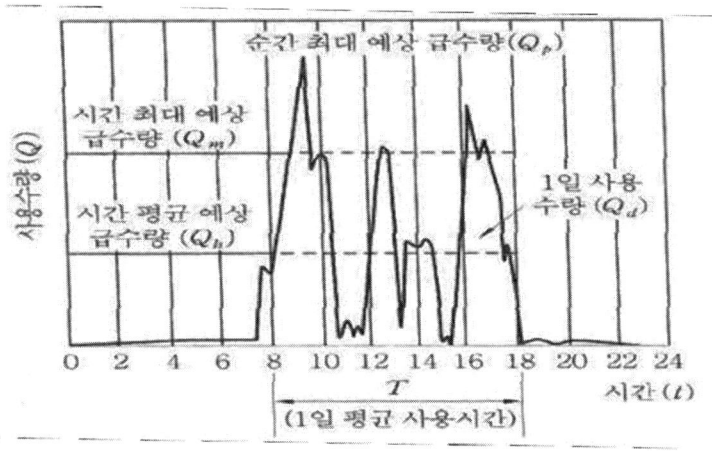

[그림 2-1] 시간에 따른 물 사용량의 변화

<표 2-2> 건물 종류별 사용수량

건물종류	1일 평균 사용수량(ℓ)	1일 평균 사용시간(h)	유효면적당 인원	유효면적/연면적(%)
사 무 소	100~120	8	0.2인/m^2	55~60
은행관청	100~120	8	0.2인/m^2	55~60
병 원	고급: 1,000 이상 중급: 500 이상 기타: 250 이상	10	1병상당 3.5인	45~48
극 장	30	5	객석에 대해 1.5인	53~55
영화관	10	3	1.0인/m^2	
백화점	3	8	1.0인/m^2	55~60
짐 포	100	7	0.16인/m^2	
일반식당	15	7	1.0인/m^2	
주 택	160~200	8~10	0.16인/m^2	50~53
아파트	160~250	8~10	0.16인/m^2	45~50
기숙사	120	8	0.2인/m^2	
호 텔	100~120	10	0.17인/m^2	
여 관	200	10	0.24인/m^2	
클럽하우스	150~200		15홀당 150인	
초·중등학교	40~50	5~6	0.25~0.14인/m^2	58~60
고등학교 이상	80	6	0.1인/m^2	
연구소	100~200	8	0.06인/m^2	
공 장	60~140	8	좌작업: 0.3인/m^2 입작업: 0.2인/m^2	
주차장	3	15		

<표 2-3> 위생기구·수전의 유량 및 접속구경

기구종류	1회당 사용량(ℓ)	1시간당 사용횟수(회)	순시최대 유량(ℓ/min)	접속관 구경(mm)	비 고
대변기(세정밸브)	13.5~16.5	6~12	110~180	25	평균 15ℓ/회/10s
대변기(세정수조)	15	6~12	10	15	
소변기(세정밸브)	4~6	12~20	30~60	20	평균 5ℓ/회/6s
소변기(세정수조)	9~18	12	8	15	2~4인용 기구 1개씩 4.5ℓ
소변기(세정수조)	22.5~31.5	12	10	15	5~7인용 기구 1개씩 4.5ℓ
수 세 기	3	12~20	8	15	
세 면 기	10	6~12	10	15	
싱크류(15mm수전)	15	6~12	15	15	
싱크류(20mm수전)	25	6~12	15~25	20	
분상 음수기			3	15	
살 수 전			20~50	15~20	
욕 조	125	6~12	25~30	20	
샤 워	24~60	3	12~20	15~20	수량은 종류에 따라 다름

3. 급수압력

[1] 압력의 단위
압력은 유체에 대한 단위면적당 작용하는 힘을 말하며, 표준기압(1atm)은 해발고도 0m에서 공기의 무게가 수평면 위에 작용하는 힘(압력)을 말한다.

$$1\text{표준기압 } 1atm = 760mmHg = 1.033kg/cm^2 = 10.33mAq$$

[2] 수압과 수두
액체의 압력은 액체의 임의의 면에 대하여 항상 수직으로 작용하며, 수압과 수두의 관계는 아래와 같다.

$$P(수압) = W \cdot H = 1,000kg/m^3 \times H(m)$$
$$= 1,000H(kg/m^2)$$

W : 물의 단위체적당 중량(kg/m^3)

H : 수두$(Head)$ 또는 수전고(m)

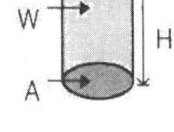

[그림 2-2] 수압과 수두

그러므로 $P = 0.1 \times H(kg/cm^2)$

$$수압 P = 0.1 \times H(kg/cm^2), \quad 수두 H = 10 \times P(m)$$

【예제-1】 수두가 15m이면 수압은 몇 kg/cm^2인가?

☞ $P = 0.1H = 0.1 \times 15 = 1.5kg/cm^2$

【예제-2】 수압이 $3kg/cm^2$이면 수두는 몇 m인가?

☞ $H = 10P = 10 \times 3 = 30m$

[3] 급수압력
각 위생기구가 가지는 기능을 충분히 발휘하기 위해서는 적정한 급수압이 요구된다. <표 2-4>는 각 기구의 최저필요압력을 나타내며 <표 2-5>는 건물용도별 허용최고압력을 나타낸다.

<표 2-4> 각 기구별 최저 필요압력

기구명	필요압력(kg/cm^2)	필요압력(MPa)	필요압력(kPa)
블로우 아웃식 대변기	1.0	0.1	100
세정밸브(플러쉬 밸브)	0.7	0.07	70
보통밸브	0.3	0.03	30
자동밸브	0.7	0.07	70
샤워기	0.7	0.07	70
순간온수기(대)	0.5	0.05	50
순간온수기(중)	0.3	0.03	30
순간온수기(소)	0.1	0.01	10

<표 2-5> 건물 용도별 허용최고수압과 수직높이

기구명	최고압력(kg/cm^2)	최고압력(MPa)	수직높이(m)
주택, 호텔, 병원	3~4	0.3~0.4	30~40
사무소, 일반건물	4~5	0.4~0.5	40~50

4. 급수방식

건물내의 급수방식에는 수도직결방식, 고가탱크방식(옥상탱크), 압력탱크방식, 부스터방식(tankless booster)이 있다. <표 2-6>은 급수방식에 따른 각 항목을 비교한 것이다.

4-1 수도직결방식 (direct supply system)

일반적으로 도로에 매설되어 있는 수도본관에서 급수 인입관을 분기하고, 부지 내에서 건물내의 필요한 장소에 급수하는 방식으로 주택과 같은 소규모 건물에서 많이 이용된다. 수도 본관의 최저 필요압력은 다음 식과 같다.

$$P \geq P_1 + P_2 + 0.01h\,(MPa) \text{또는 } P \geq P_1 + P_2 + 10h\,(kPa)$$

여기서, P : 수도본관의 최저 필요압력, P_1 : 기구 최저 필요압력
P_2 : 마찰손실수압, h : 수도본관에서 급수전까지 높이(m)

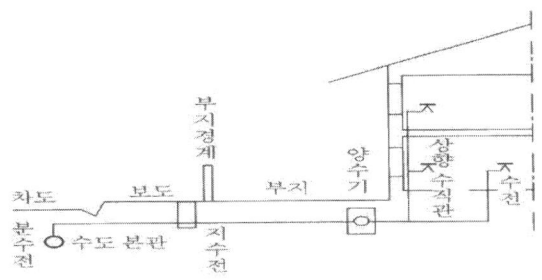

[그림 2-3] 수도직결방식

【예제-3】 수도직결식 급수방식에서 2층(높이 6m) 욕실 샤워까지 급수하는데 수도본관에서는 얼마의 수압이 필요한가? (단, 관내 마찰손실수압은 20kPa이다.)

☞ 수도본관의 압력 $P = 0.07 + 0.02 + 0.01 \times 6 = 0.15 MPa$
또는 $P = 70 + 20 + 10 \times 6 = 150 kPa$

4-2 옥상(고가)탱크 방식 (elevated tank system)

우물물이나 수돗물을 수수(受水)탱크(receiving tank)에 저장한 후 이것을 양수펌프에 의해 건물옥상이나 높은 곳에 설치한 탱크로 양수하여, 급수관을 통하여 각 층에 공급하는 방식이다.

고가탱크의 설치높이(H)는 다음 식으로 구한다.

$$H \geq H_1 + H_2 + H_3 (m)$$

H_1 : 최고층 급수전까지 높이(m)
H_2 : 관내마찰손실 수두(m)
H_3 : 지상에서 최고층에 있는 수전까지의 높이(m)

【예제-4】 고가수조방식을 채택한 건물에서 최상층에 세정밸브식 대변기가 설치되어 있을 때, 세정밸브로부터 고가수저 저수면까지 필요 최저높이는? (단, 고가수조와 세정밸브까지의 총 마찰손실은 50kPa이며 세정밸브의 최저필요수압은 70kPa이다.)

☞ $H_1 = 7m$, $H_2 = 50kPa = 5mAq$ 이므로 $H \geq 7m + 5m = 12m$ 이상

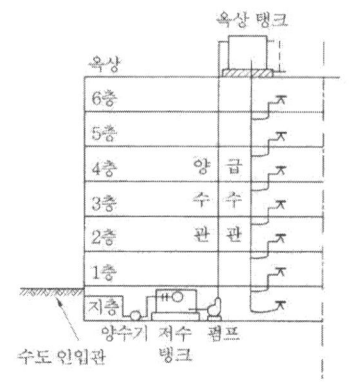
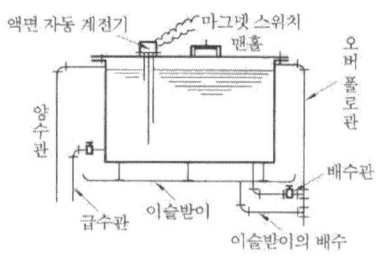

[그림 2-4] 고가탱크 급수배관법 [그림 2-5] 옥상탱크의 구조

(1) 옥상탱크의 용량(V_h)

옥상탱크의 용량은 다음 식으로 구한다.

$$V_h = \frac{1시간당 최대사용수량}{피크로드} \times \frac{1\sim 3시간(m^3)}{피크로드}$$

① 정전시를 고려하여 피크로드 시간 지속시간이 클수록 좋으나 대규모 급수설비에서는 1시간분 이상을 소규모 급수설비에서는 2~3시간 분으로 한다.
② 피크로드(Peak Load): 피크아워(Peak Hour)의 사용수량을 말하며 대략 1일 사용수량의 10~15% 정도이다.

(2) 수수탱크의 용량(V_s)

$$V_s = Q_d \times \left(\frac{1}{4} \sim \frac{1}{2}\right) + 소화용수(l)$$

4-3 압력탱크방식

수도본관으로부터의 인입관 등에 의해 일단 물받이 탱크에 저수한 다음 급수펌프로 압력탱크에 보내지면 압력탱크에서 공기를 압축·가압하여 그 압력에 의해 물을 필요한 장소에 급수하는 방식이다. 이 방식은 조작상 최고·최저의 압력차가 크므로 급수압이 일정하지 않으나 탱크의 설치위치에 제한이 없으며 특히 국부적으로 고압을 필요로 하는 경우에 채택된다.

이 방식의 특징은 아래와 같다.

[1] 장점
① 높은 곳에 설치할 필요가 없으므로 건축물의 구조를 강화할 필요가 없다.
② 고가시설 등이 불필요하므로 외관상 깨끗하다.
③ 국부적으로 고압을 필요로 하는 경우에 적합하다.
④ 탱크의 설치위치에 제한을 받지 않는다.

[2] 단점
① 최고·최저압의 차가 커서 급수압이 일정하지 않다.
② 펌프의 양정이 길므로 시설비가 많이 든다.
③ 탱크는 압력에 견디어야 하므로 제작비가 비싸다.
④ 저수량이 적으므로 정전이나 펌프 고장시 급수가 즉시 중단된다.
⑤ 에어 컴프레서를 설치하여 때때로 공기를 공급해야 한다.
⑥ 취급이 곤란하며 다른 방식에 비해 고장이 많다.

[3] 압력탱크의 압력
① 최저 필요압력

$$P_I = P_1 + P_2 + P_3 \,(MPa)$$

P_1 : 압력탱크의 최고층 수전의 높이에 해당하는 수압 (kg/cm^2)

P_2 : 기구별 최저 소요압력 (kg/cm^2)

P_3 : 관내 마찰손실 수두 (kg/cm^2)

② 허용 최대 압력

$$P_{II} = P_1 + (0.07 \sim 0.14)\,(MPa)$$

[4] 압력탱크 방식에서의 펌프 양정
① 실양정 $(H_a) = 10 P_{II} + $ 흡입양정 (m)
② 전양정 $(H) = (10 P_{II} + $ 흡입양정 $) \times 1.2 \,(m)$

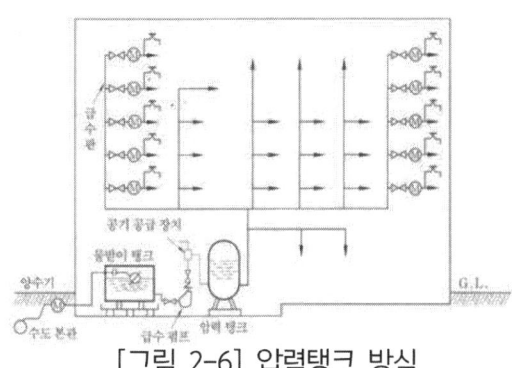

[그림 2-6] 압력탱크 방식   [그림 2-7] 압력탱크의 구조

4-4 탱크가 없는 부스터 방식 (tankless booster system)

수도 본관으로부터 인입관 등에 의해 물을 저수탱크에 저수하여 급수펌프만으로 건물내의 소요개수에 급수하는 방식으로 구미 각국에서 많이 사용하고 있다. 자동펌프에 의한 급수는 고가수조 등을 설치하지 않고 지하 저수조에서 부스터 펌프에 의해 각 수전 또는 기구에 가압·급수한다.

종류에는 정속방식과 변속방식이 있다.

[1] 정속방식

여러 대의 펌프를 병렬로 설치하고 1대의 펌프를 항상 가동시켜 토출관의 압력변화를 감지했을 때 다른 펌프를 시동 또는 정지시키는 방식이다.

[2] 변속방식

정속 전동기와 변속장치를 조합하거나 또는 변속 전동기를 사용하여 토출관의 압력변화를 감지하고 펌프의 회전수를 변화시킴으로써 양수량을 조절하는 방식이다.

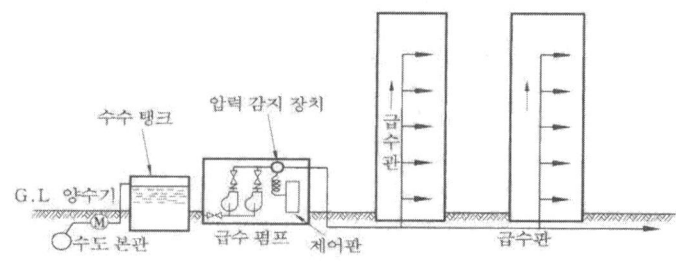

[그림 2-8] 부스터 방식

<표 2-6> 각종 급수방식의 비교

급수방식 평가항목	수도직결방식	고가탱크방식	압력탱크방식	부스터방식
1) 수질오염의 가능성	1	4	3	2
2) 급수압력의 변동	일정	일정	변동이 큼	변동있음
3) 단수시 급수	불가능	탱크물 이용 가능	탱크물 이용가능	탱크물 이용가능
4) 정전시 급수	가능	탱크물 이용 가능	압력범위내 이용가능	불가능
5) 기계실의 면적	불필요	1	3	2
6) 옥상탱크의 면적	불필요	필요	불필요	불필요
7) 설비비	1	3	2	3
8) 운전비	1	2	3	3
9) 에너지절약	1	2	3	4

주) 작은 숫자일수록 유리함을 표시함.

4-5 초고층 건물의 급수방식

고층건물은 급수존의 구분없이 1 계통으로 적용하면 급수압력이 과대해져서 급수전, 기구사용 및 내압에 지장을 초래하고 소음, 워터해머(water hammer), 급수전 밸브 등의 부품마모, 수명단축 등의 장해가 있다. 고가탱크에서 최하층의 수전·기기까지의 수직거리는 40~50m 정도로 유지한다. 이 이상의 높이가 될 때에는 하층에 대해서 중간탱크나 감압밸브를 등을 설치하여 급수압력을 조정하여야 한다.

[1] 조닝의 목적
① 적절한 수압을 유지한다.
② 소음이나 진동을 방지한다.
③ 기구나 부속품의 파손이 적어진다.
④ 수압을 낮추어 수격작용을 방지한다.

[2] 조닝의 종류
(1) 층별식

건물을 몇 개의 존으로 나누어 각 존마다 수조를 설치하고, 최하층에 양수펌프를 설치해서 각 존의 수조에 각각 양수하는 방식이다.

(2) 중계식
각 존마다 수조를 설치하여 양수펌프가 각 존의 수조를 수원으로 하여 상부수조로 중계해서 양수하는 방식이다.

(3) 압력조정 펌프식
건물을 몇 개의 존으로 구분하여 양수펌프를 건물의 최하층에 존수만큼 설치하고, 각 존마다 사용수량의 변동에 따라 수량을 자동적으로 조절하여 급수관 속의 수압을 항상 일정하도록 제어하는 방식이다.

(4) 감압밸브식
건물의 상층부는 고가탱크에서 그대로 급수하고 하층부는 감압밸브에 의해 감압시켜 급수하는 방식

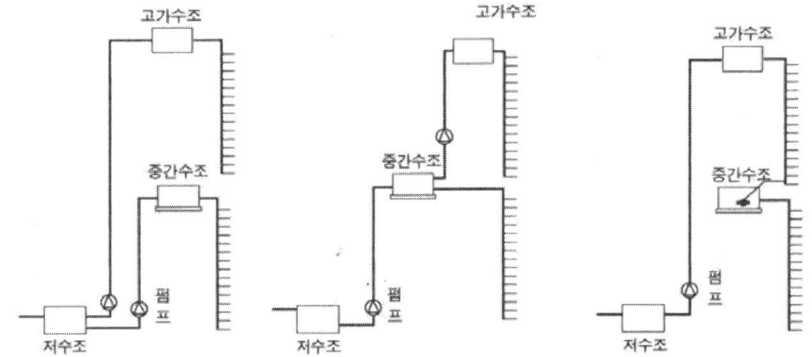

[그림 2-9] 중간수조에 의한 조닝

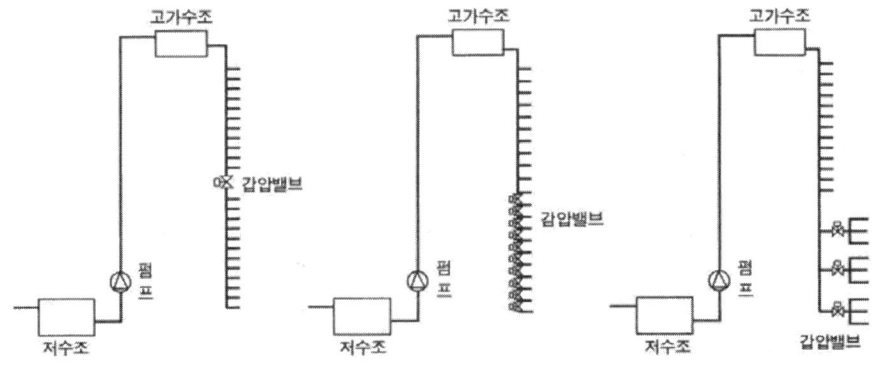

[그림 2-10] 감압밸브에 의한 조닝

5. 급수관의 관경 결정법

급수관의 관경 결정방법에는 기구 연결관의 관경에 의한 방법, 균등표에 의한 약산법, 마찰저항선도에 의한 방법 등이 있다. 여기서는 후자의 2가지 방법에 대하여 설명한다.

5-1 기구 연결관의 관경에 의한 결정법

접속되는 위생기구에 따라 단독 배관하는 급수관경은 아래 표에 의해 결정한다.

<표 2-7> 각종 위생기구의 접속 급수관경

위생기구	1회당 사용량	접속구경 (mm)	위생기구	1회당 사용량	접속구경 (mm)
세면기	10	15	싱크(13mm 수전)	15	15
소변기(탱크형)	4.5	15	싱크(13mm 수전)	25	20
대변기(탱크형)	15	15	욕조	125	20
소변기(플러쉬 밸브)	5	20	샤워	24~60	15~20
대변기(플러쉬 밸브)	15	25	비데		15

5-2 균등표에 의한 약산법

이것은 옥내 급수관과 같은 간단한 배관의 관경 계산에 사용하는 방법으로 관경 균등표와 동시사용율을 적용하여 계산하는 약산법이다.

균등표에 의한 관경결정의 순서는 다음과 같다.
① 각종기구에 연결하는 급수지관의 관경을 결정한다.
② 균등표에 의하여 급수지관의 관경을 15A관의 상당수로 환산한다.
③ 급수관의 말단에서 각 분기까지의 15A관의 상당수를 누계한다.
④ 그 누계에 각각의 기구수에 대한 기구의 동시사용률을 곱해서 동시 사용 개수를 구한다.
⑤ ④에서 구한 값을 균등표의 15A와 비교하여 관경을 결정한다.

<표 2-8> 급수관의 균등표

관경(mm)	10	15	20	25	32	40	50	65	80
10	1								
15	1.8	1							
20	3.6	2	1						
25	6.6	3.7	1.8	1					
32	13	7.2	3.6	2	1				
40	19	11	5.3	2.9	1.5	1			
50	36	20	10.0	5.5	2.8	1.9	1		
65	56	31	15.5	8.5	4.3	2.9	1.6	1	
80	97	54	27	15	7	5	2.7	1.7	1
90	139	78	38	21	11	7.2	3.9	2.5	1.4
100	191	107	53	29	15	9.9	5.3	3.4	2

【예제-5】 균등표를 이용하여 다음 그림의 K부분의 관경을 계산하시오.

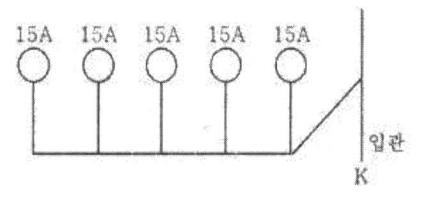

☞ ① 동시사용률에 따른 실제사용 기구수: 산출가구수 5개×70%=3.5개
② 균등표에서 관경을 구한다: 15mm에서 3.5개보다 여유있는 3.7개를 채택하면 25mm관경이 적당하다.

5-3 마찰저항선도에 의한 방법

급수배관 내를 흐르는 수량과 허용마찰로 관경을 구하는 방법으로 이 방법은 수도직결방식의 급수법에서는 구할 수 없는 대규모 건축물의 급수관, 취출관, 횡주관, 주관 등의 급수주관의 관경을 결정할 때 사용한다.

관경결정 순서는 아래와 같다.
(1) 기구급수부하단위를 계산한다.
(2) 동시사용 유수량을 계산한다.
(3) 허용마찰 손실을 구한다.
  배관의 마찰손실수두는 다음과 같다.
  ① 직관부의 마찰손실

$$H_f = \lambda \frac{l}{d} \cdot \frac{v^2}{2g} \, (m) \text{ 또는 } H_f = \lambda \frac{l}{d} \cdot \frac{\rho v}{2} \, (Pa)$$

② 국부의 마찰손실 : 유입·유출부, 관의 단면변화, 밸브류, 국부, 기타 이음부 등에서의 마찰손실을 말하며, 국부의 마찰손실수두를 구하는 데는 많은 실험공식이 있으나 계산이 대단히 번잡하다. 따라서 실용상 국부 마찰손실수두가 같은 지름의 직관에 생기는 마찰손실수두의 몇 m분에 상당하는가를 환산하여 구한다. 이 직관의 길이를 국부 마찰손실수두의 **상당관 길이**라고 한다.

③ 허용 마찰손실

고가탱크 이하의 급수의 경우, 허용 마찰손실은 아래 식과 같다.

$$R = \frac{(P_h - P_t)}{L + L'} \times 1000$$

P_h : 기구의 수전위치의 정수두 (m)

P_t : 최저소요수두 (m)

L : 급수관의 실제길이 (m)

L' : 국부저항에 의한 마찰 상당관 (m)

(4) 관경을 결정한다.

① 동시사용 유수량과 허용마찰 손실수두를 이용하여 마찰저항선도 그림을 이용하여 관경을 구한다.

② 관내유속이 클 경우, 워터햄머의 원인이 되므로 유속을 2m/s 이하가 되도록 조정한다.

<표 2-9> 급수기구단위

기 구 명	수 전	기구급수부하단위 공중용	기구급수부하단위 개인용	기 구 명	수 전	기구급수부하단위 공중용	기구급수부하단위 개인용
대 변 기	세정밸브	10	6	세면싱크 (수세 1개당)	급 수 전	2	
대 변 기	세정탱크	5	3				
소 변 기	세정밸브	5		세탁용싱크	급 수 전		
소 변 기	세정탱크	3		청소용싱크	급 수 전	4	3
세 면 기	급 수 전	2		욕 조	급 수 전	4	2
세 수 기	급 수 전	1	1	샤 워	혼합밸브	4	2
의료용세면기	급 수 전	3	0.5	양식욕실1식 대변기가 세정밸브에 의한 경우			8
사무실용싱크	급 수 전	3					
부엌싱크	급 수 전		3	양식욕실1식 대변기가 세정탱크에 의한 경우			6
조리장싱크	급 수 전	4	2				
조리장싱크	혼합밸브	3		음 수 기	음수수전	2	1
식기세척싱크	급 수 전	5		탕 비 기	볼 탭	2	
연합싱크	급 수 전		3	살수차고	급 수 전	5	

주) 급탕전 병용의 경우에는 1개의 급수전에 기구급수 부하단위를 상기치수의 3/4으로 한다.

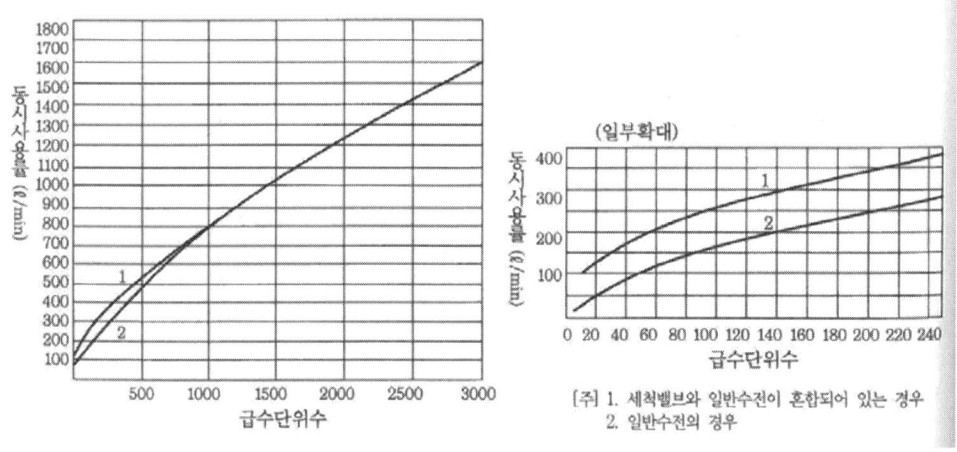

[그림 2-11] 동시사용 유수량

【예제-6】 그림과 같은 고가수조식 급수주관의 구간 A~B의 관경을 구하라.

<조건>
① 건물은 사무소
② 각층에 대변기 10개
   소변기 5개
   세면기 2개
③ 국부의 마찰 상당관 길이는 실배관 길이의 30%로 한다.
④ 3층 기구에서 고가수조 수면까지의 거리를 10m로 한다.
⑤ A에서 3층까지 가장 먼 수전까지의 거리를 11m로 한다.

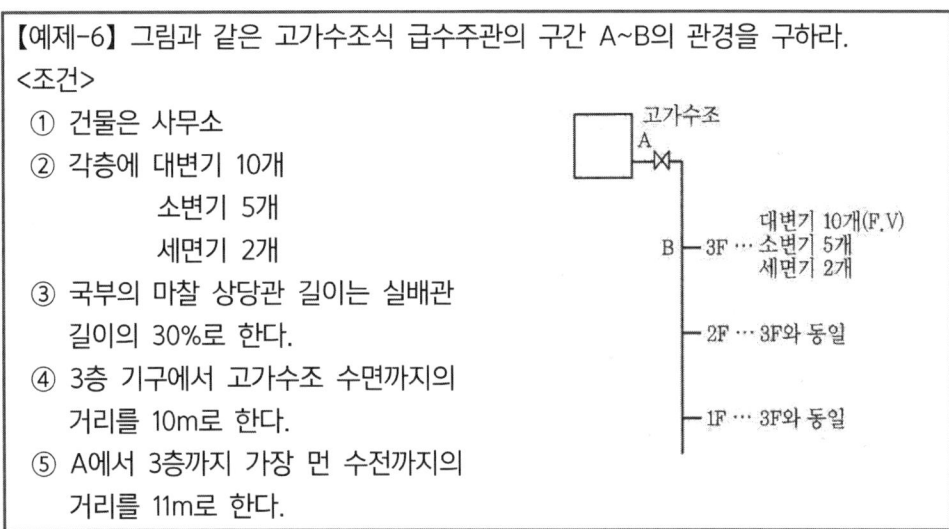

☞① 각종 기구의 급수단위를 구하고, A~B 사이의 급수관이 담당하는 총기구 급수단위를 구하면 다음과 같다.

구 분	개수	기구급수단위	층수	계
대변기	10	10	3	300
소변기	5	5	3	75
세면기	2	2	3	12
				387

② 총기구급수단위에서 A~B 사이를 흐르는 동시사용유수량을 구하면 480l/min이 된다.

③ 허용마찰손실수는 $R = \dfrac{1,000(P_h - P_t)}{L + L'}$

여기서 $P_h = 10m$, $P_t = 7m$, $L = 11m$, $L' = 11 \times 0.3 = 3.3m$

$\therefore R = \dfrac{3,000}{14.3} = 209.8 mmAq/m$

④ 상기 ②와 ③의 결과를 유량선도에 대입하면, 관경 50mm, 유속 2.7m/sec가 된다.

⑤ 그러나 유속이 2.7m/sec는 너무 크므로 관경을 한 구경 큰 것으로 채용한다. ∴ 관경 65mm, 유속 1.7m/sec

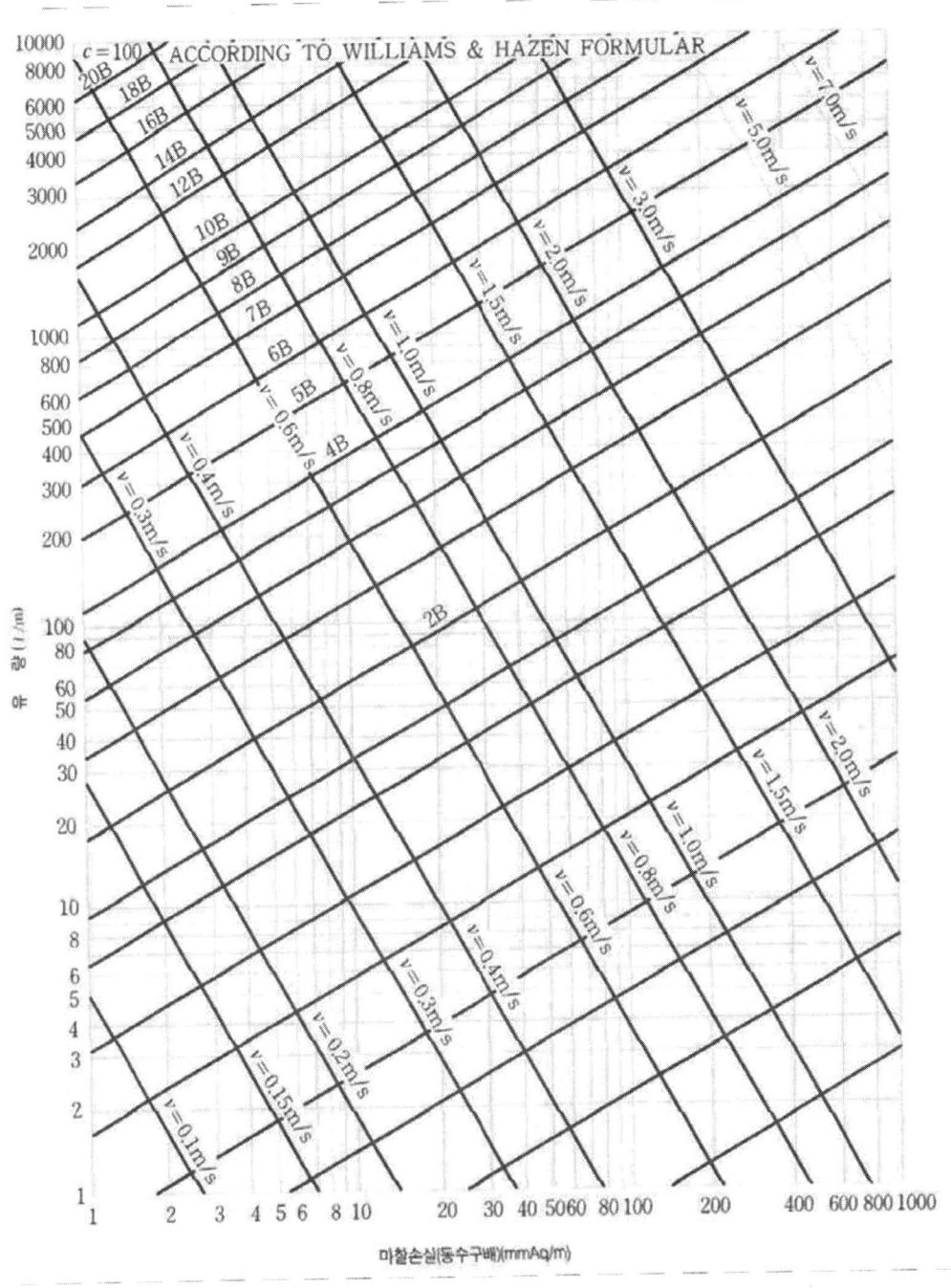

[그림 2-12] 배관용 탄소강강관 유량선도

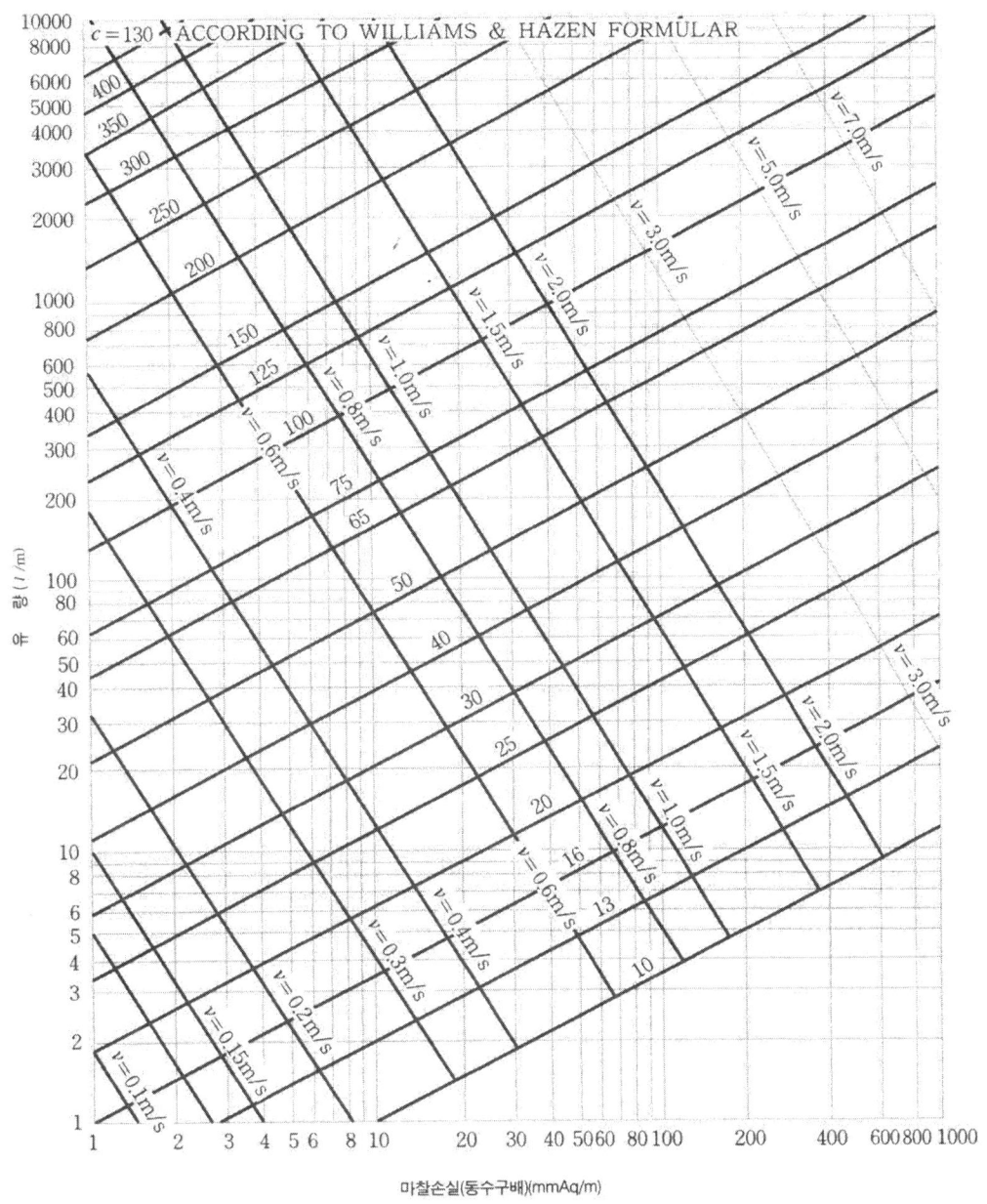

[그림 2-13] 경질 염화비닐관 유량선도

6. 펌프(Pump)

6-1 펌프의 종류

펌프의 종류는 다양하며, 건축설비의 사용목적에서 말하면 급수용, 배수용, 순환용, 진공용 등이 있으며, 이것을 구조 및 작동원리에 따라 크게 분류하면 비용적식 펌프와 용적식 펌프로 나눌 수 있다.

[1] 비용적식 펌프

비용적식 펌프는 날개차(impeller)에 의해 와권펌프, 사류펌프, 축류펌프, 마찰펌프가 있다. 건축설비용 펌프로 사용되는 와권펌프는 날개차의 회전에 의해 유입된 액체에 운동에너지를 부여하여 이것을 압력에너지로 변환하여 양수하는 펌프이다. 회전식이므로 진동이 적고 연속송수가 되며, 구조가 간단하여 취급이 용이하고 운전성능도 좋다.

(1) 와권(渦券) 펌프

와권 펌프는 완곡한 여러 개의 날개를 부착한 날개차를 회전시켜 흡입하여 관내를 진공으로 만들어 액체를 빨아올린다. 흡입된 액체에는 회전하는 날개차의 원심력에 의해 압력에너지와 속도에너지가 주어진다. 이와같이 원심력을 이용하기 때문에 원심펌프(centrifugal pump)라고도 한다.

① 터빈 펌프(turbine pump) : 날개차의 외주에 부착된 안내날개(guid vane)로 속도에너지를 효율 좋은 압력에너지로 변환할 수 있게 한 것이다. 20m 이상의 고양정에 주로 사용.

② 벌류트(volute pump) 펌프 : 원심력펌프의 일종으로 안내날개가 없고 임펠러만을 갖는 펌프이다. 가장 많이 사용하는 펌프. 주로 15m 정도의 저양정에 사용.

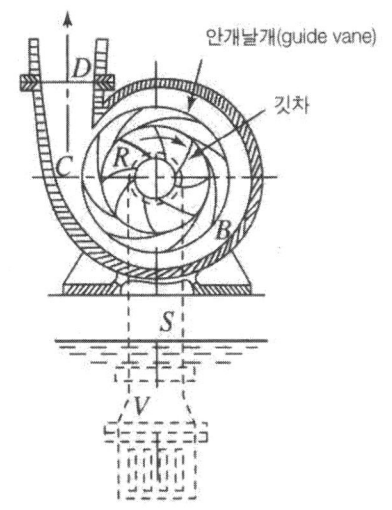
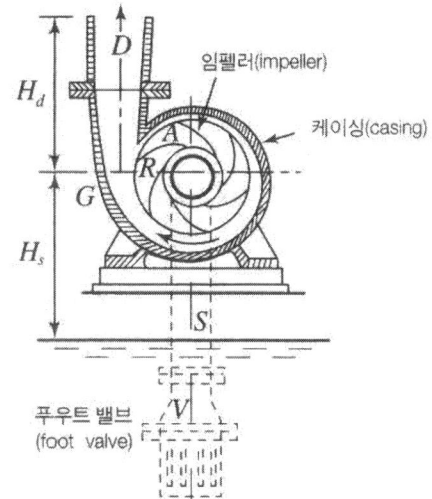

[그림 2-14] 터어빈 펌프　　　　[그림 2-15] 벌류트 펌프

(2) 축류(軸流) 펌프

 토출량이 매우 크고, 양정이 낮을 경우(대개 10m이하)에 사용되는 펌프로서 농업용 배수펌프, 증기터빈의 복수기의 순환펌프, 상하수도용 펌프 등에 사용된다. 프로펠러형 임펠러가 보스(boss)에 정착되어 있기 때문에 프로펠러형 펌프라고도 한다.

(3) 사류(斜流) 펌프

 원심펌프에서 펌프의 양정은 주로 임펠러의 회전에 의한 원심력에 의한 것에 비해, 사류펌프의 양정은 일부는 임펠러에서 받는 원심력에 의하고, 기타는 날개의 양정에 의해 얻어진다. 토출량의 조절을 자유롭게 할 수 있는 이점이 있다.

(4) 마찰 펌프

 좁은 케이싱 내에서 홈이 있는 원판을 회전시켜 액체에 극심한 난류를 일으켜서 압력을 주어 액체를 보내는 펌프이다. 특징은 구조가 간단하고, 제작하기 쉬우며 가격이 저렴하고 양정(40m정도)이 높다.
 양수량이 적기 때문에 작은 동력으로도 운전이 가능하다. 이 펌프는 보통 웨스코(wesco)펌프, 와류펌프, 나선형 펌프라고도 한다.

(5) 수중모터 펌프

수직형 터빈펌프 펌프 밑에 모터를 직결하여 양수하며 모터와 터빈은 수중에서 작동한다.

(6) 보어홀 펌프(borehole pump)

수직형 터빈펌프로서, 임펠러와 스트레이너는 물 속에 있어 2개를 긴축으로 연결하여 깊은 우물의 양수에 사용하는 입형 다단 터빈 펌프로 긴 중간축을 써서 펌프를 운전하기 때문에 고장이 많고 수리가 어렵다.

[그림 2-16] 마찰 펌프의 회전자

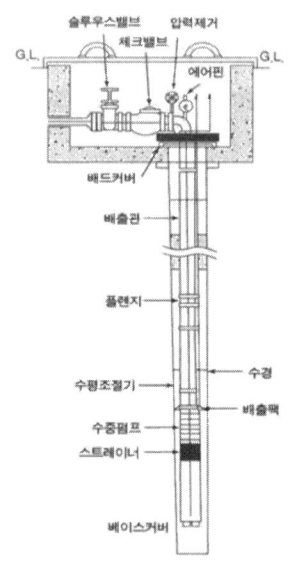

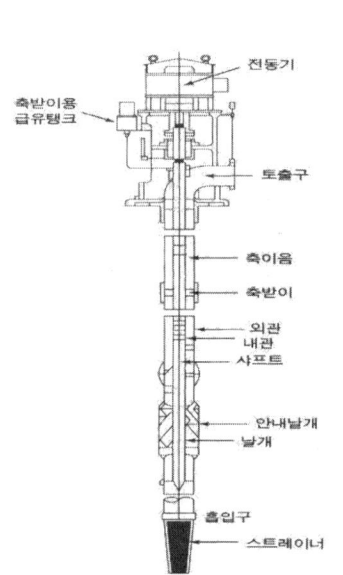

[그림 2-17] 수중모터 펌프   [그림 2-18] 보어홀 펌프

(7) 오수펌프

오수펌프는 가옥오수 등 오물잔재의 고형물이나 천조각 등이 섞인 물을 배제하는데 사용하는 펌프이다. 청수형 펌프와 다르게 임펠러 입구의 끝이 둥글고 날개의 수도 1~2개로 적으며, 와권 케이싱의 수로도 충분히 넓게 해서 고형물로 막히지 않게 된 펌프이다. 일명 논클로그 펌프 (non clog pump)라고도 한다.

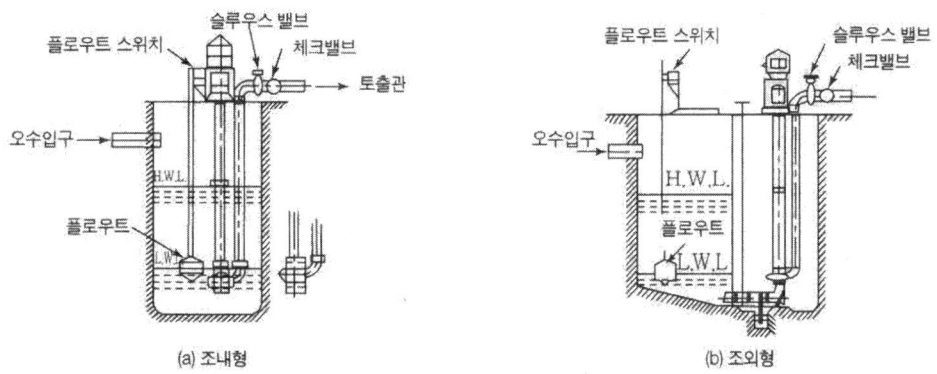

[그림 2-19] 입형 오수 펌프

[2] 용적식 펌프

용적식 펌프에는 피스톤 또는 플린저를 실린더 내에 왕복 운동시켜 펌프작용을 하는 왕복펌프와 케이싱 내의 회전차(rotor)에 의해 액체에 압력을 부여하는 회전펌프가 있다. 운전 중 다소의 토출량변동이 있으나 고압을 발생시켜 효율도 좋다.

(1) 왕복펌프

피스톤 또는 플런저의 왕복운전에 의해 액체를 빨아들이고 소요의 압력을 주어서 내보내는 펌프. 보통 배출량은 적지만 고압이 필요할 때 사용한다.
① 피스톤 펌프 : 공장 급수용으로 사용
② 플런저 펌프 : 고압으로 수압이 높고 유량이 적은 곳에 사용
③ 워싱턴 펌프 : 보일러 급수용 (증기압 $10kg/cm^2$ 이하)으로 사용

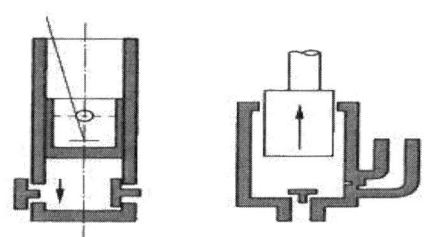

(a) 피스톤펌프 (b) 플런저펌프

[그림 2-20] 왕복 펌프의 종류

(2) 회전펌프

케이싱에 내접하면서 기어, 날개, 사판, 나사 등으로 구성되는 회전자(rotor)가 회전함에 따라서 생기는 밀폐공간의 이동에 의해 피스톤작용을 하는 펌프이다. 주요한 운동 부분이 등속 회전운동을 하므로 진폭이 적고, 토출양의 변동도 적다.

① 베인펌프 : 원통형의 케이싱 내에 이것과 중심을 달리하는 회전자가 회전하고, 그 회전자에는 홈이 있어서 그 홈속에 판상의 날개가 삽입되고 원심력 또는 스프링 등의 힘으로 원통형의 내면에 밀려가면서 활동한다. 주로 기름을 압송하는 목적에 사용되고 최고 토출압력은 $100kg/cm^2$ 정도까지이다.

② 기어펌프 : 보통 같은 크기의 기어 2개를 맞물려서 케이싱내 에서 회전시키면 액체는 흡입측에서 양쪽기어의 톱니사이에 봉입되어 케이싱 내주를 돌아 토출된다. 오래 전부터 압유(壓油)펌프로서 사용되어 왔지만 일반적으로 효율이 낮고 소음이나 진동이 심하며, 기름 속에 기포가 발생하는 등의 결점이 있다.

③ 나사펌프 : 케이싱 내에 내접하여 1~3개의 나사형 회전자를 회전시키고 유체는 그 사이에 생기는 공간을 가득 채우면서 축방향으로 보내진다. 보통 윤활성을 가진 유류에 많이 사용되며, 일반 윤활유 펌프, 연료유 이송펌프에 등에 사용된다.

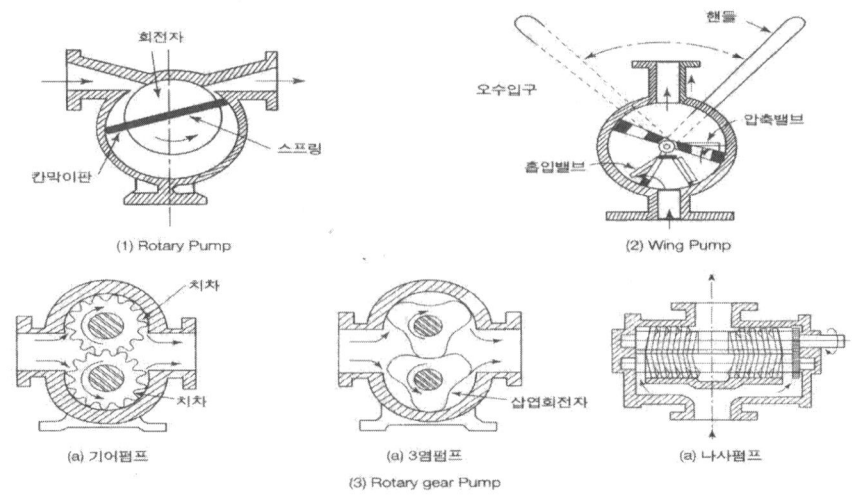

[그림 2-21] 회전 펌프의 구조

6-2 펌프의 흡입양정(높이)

펌프의 흡입양정은 진공에 의한 것으로 표준기압 하에서 이론적으로 10.33m이나 실제로 흡입양정은 대기의 압력, 유체의 온도에 따라 달라지며 표준기압(고도 0m, 수온 0℃, 기압 760mmHg)일 때 마찰손실수두 고려시 실제 흡입높이는 약 7m 이다. 아래 <표 2-10>은 수온에 따른 흡입양정을 나타내며, <표 2-11>은 기압에 따른 흡입양정을 나타내고 있다.

<표 2-10> 수온에 따른 흡입양정　　단위(m)

수 온 (℃)	0	10	20	30	40	50	60	70	80	90	100
이론상 흡상높이	10.3	-	9.7	-	-	9.0	7.9	7.2	5.6	2.9	0
실제상 흡상높이	7.5	7.0	6.3	5.0	3.8	2.5	1.4	0	-1.1	-2.3	-3.5

<표 2-11> 기압에 따른 이론상 흡입양정　　단위(m)

고 도 (해발)	0	100	200	300	400	500	1,000	5,000
기압(mmHg)	760	751	742	733	724	716	674	634
이론상 흡상높이	10.33	10.20	10.08	9.97	9.83	9.70	9.00	8.66

6-3 펌프의 용량

(1) 펌프의 양수량

$$\text{펌프의 양수량} = \text{옥상탱크 용량} \times 2 \, (m^3/h)$$

(2) 펌프의 구경(d)

$$d = 1.13\sqrt{\frac{Q}{V}} = \sqrt{\frac{4Q}{V\pi}} \, (m)$$

Q: 양수량 $(m^3/\sec)$

V: 유속 $(m/\sec)$

(3) 펌프의 양정

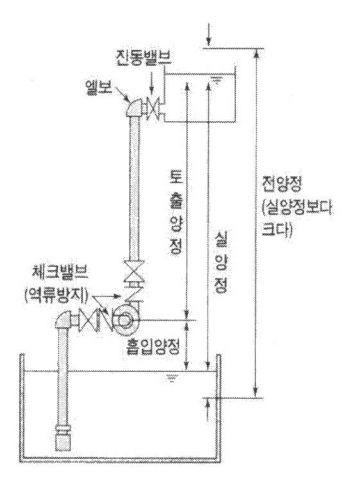

[그림 2-22] 펌프의 양정

① $H(전양정) = H_s + H_d + H_f \, (m)$

② $H(실양정) = H_s + H_d \, (m)$

H_s : 흡입양정 (m)

H_d : 토출양정 (m)

H_s : 관내 마찰 손실 수두 (m)

③ 관내 마찰손실 수두

$$H_f = \lambda \frac{l}{d} \cdot \frac{v^2}{2g} \, (m) \quad \text{또는} \quad H_f = \lambda \frac{l}{d} \cdot \frac{\rho v}{2} \, (Pa)$$

【예제-7】 고가탱크식 급수설비에서 펌프의 흡입양정이 2m, 토출양정이 45m, 관내 마찰손실이 양수량 $0.3 kg/cm^2$이면 펌프의 전양정은?

☞ $H(전양정) = H_s + H_d + H_f \, (m) = 2m + 45m + 3m = 50m$

(4) 펌프의 축동력

$$축동력 = \frac{W \cdot Q \cdot H}{6{,}120 \cdot E} (kW)$$

(5) 펌프의 축마력

$$축마력 = \frac{W \cdot Q \cdot H}{4{,}500 \cdot E} (PS)$$

W : 물의 비중량 : $1{,}000 kg/m^3$

Q : 양수량 $(m^3/\min)$

H : 전양정 (m)

E : 효율 $(\%)$

【예제-8】 양수량 $40m^3/min$, 전양정 13m의 양수펌프용 전동기의 적당한 소요동력(kW)은? (단, 펌프의 효율은 65%, 여유율은 0.15로 한다.)

☞ 축동력 $= \dfrac{W \cdot Q \cdot H}{6,120 \cdot E}(kW) = \dfrac{1,000 \times 40 \times 13}{6,120} \times 1.15 = 150(kW)$

6-4 펌프 설치 주의사항
① 펌프는 가능한 흡입양정을 낮추어 설치한다.
② 펌프와 전동기는 일직선상에 배치한다.
③ 흡입구는 동수위 면에서 관경의 2배 이상의 길이에 잠기게 한다.
④ 18m 이상 양정이 높을 때는 펌프 토출구와 게이트 밸브와의 사이에 체크밸브를 설치한다.
⑤ 토출관, 흡입관의 중량이 직접 펌프에 미치지 않도록 한다.
⑥ 펌프의 회전방향은 원동기 쪽에서 보아 우회전하도록 한다.
⑦ 소화펌프는 화재시 불의 접근을 막도록 구획한다.

6-5 공동현상(Cavitation)
흡인양정이 너무 높거나 포화증기압 이하로 되는 부분이 발생하면 그 부분의 물은 증발하여 기포가 된다. 이때 펌프의 흡입구로 들어온 물중에 함수되었던 증기의 기포는 임펠러를 거쳐 토출구 측으로 넘어가면 갑자기 압력이 상승되어 기포는 물속으로 소멸되고 이 순간에 격심한 소음과 진동을 유발시키는데 이를 캐비테이션이라고 한다.

[1] 발생원인
① 해발이 높은 고지역이어서 대기압이 낮은 경우
② 수온이 높아져 포화증기압 이하로 되었을 때
③ 배관이 좁아지는 부분(유속이 빨라지는 부분)

[2] 방지대책
① 흡입양정을 낮춘다.   ② 펌프 흡입측에 공기 유입방지
③ 수온상승 방지   ④ 배관내 (흡입)유속을 낮게 한다.

[3] 발생되는 현상
① 소음 및 진동 발생 ② 양수불능상태 발생
③ 관의 부식 ④ 펌프손상(임펠러 하우징)
⑤ 공회전으로 모터 손상

7. 건축물 내 수질과 오염방지

  수돗물을 수원으로 하는 음료수 공급설비에 있어서는 최종 급수전까지 공급될 때까지 수수탱크, 옥상탱크, 배관 등의 경로를 거치게 되는데 이곳에서 물이 오염되지 않도록 주의해야 한다.
  급수설비의 오염원인인 다양하며, 일반적으로 다음과 같다.
  ① 수수탱크의 오염물질 침입
  ② 배수의 급수설비로의 역류
  ③ 크로스 케넥션(cross connection)
  ④ 배관의 부식

7-1 수수탱크의 오염물질 침입
① 수조의 정기적인 청소
② 탱크자체, 내면도료, 내부 보강재는 수질에 영향이 없는 것으로 한다.
③ 일사에 의한 해조류 발생에 유의한다.
④ 탱크 맨홀뚜껑의 시건장치, 오버 플로관, 통기관 입구 등으로 유해물 침입을 방지한다. 또한, 우수침입이 되는 않는 구조로 한다.

7-2 배수의 급수설비로의 역류
  배수의 역류는 급수관내의 일시적인 부압(負壓)이 형성되거나 변기의 세정밸브에 진공방지기(vaccum breaker)가 달려있지 않는 경우에 일어나기 쉬운 현상으로 역사이펀 작용이 일어나지 않게 진공방지기를 설치한다. 또한 급수전과 위생기구 사이에는 토수구(吐水口) 공간을 확보하고 토수구공간을 확보할 수 없는 경우에는 반드시 역류방지기를 설치한다.

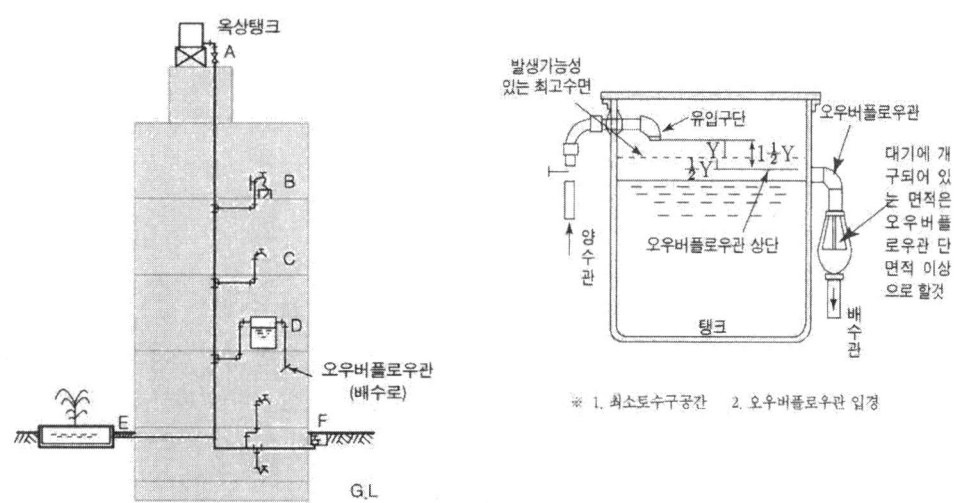

[그림 2-23] 백플로우에 의한 급수관 오염 사례   [그림 2-24] 음료수 탱크내의 토수구 공간

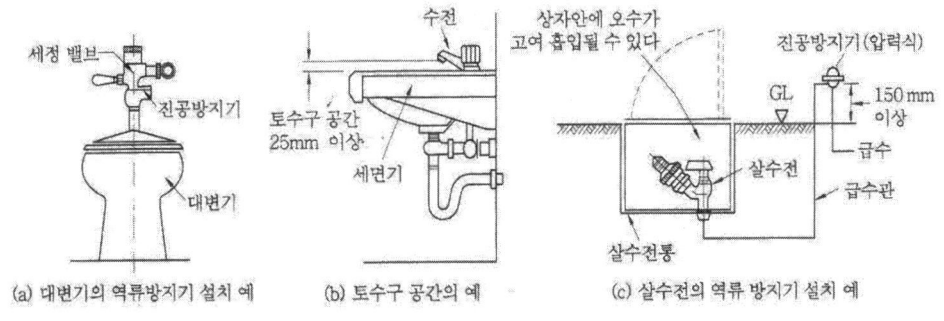

[그림 2-25] 역류방지의 예시

7-3 크로스 케넥션 (Cross Connection)

크로스 케넥션은 수돗물과 수돗물이외의 물질이 혼입되어 급수관을 오염시키는 것으로 이와 같은 현상은 백플로(back flow), 수수탱크, 고가탱크 등을 통하여 일어난다. 백플로는 음료수 배관과 다른 배관을 연결하였거나 역사이펀 작용에 의해서 발생한다.

또한 배관이 노후하여 부식되었을 때 급수를 오염시키는 경우가 있는데 이런 경우에는 배관내의 스케일을 제거하고, 청소 후 라이닝을 실시하면 된다.

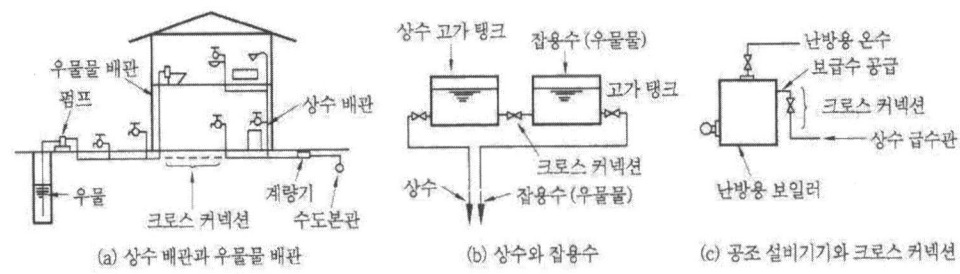

[그림 2-26] 크로스 커넥션의 예

8. 급수설계의 시공상 유의할 사항

8-1 배관의 구배

급수관은 고장·수리 시에 배관 속의 물을 완전히 비울 수 있고, 공기가 정체되지 않도록 일정한 구배가 필요하다. 가능한 한 굴곡배관을 피하고 불가피한 굴곡배관일 경우는 공기가 찰 우려가 있으므로 공기빼기밸브(air vent valve)를 설치해야 한다. 급수관의 배관구배는 모두 선단 하향구배로 하나, 옥상 탱크식 급수배관의 경우에는 하향배관에 있어 횡주주관은 선하향 구배, 각 층의 횡주관은 선상향 구배로 한다.

8-2 밸브(stop valve)

[1] 공기빼기밸브(air vent valve)

굴곡배관이 되어 공기가 찰 우려가 있는 부분에 설치하여 공기를 제거하여 물의 흐름을 원활하게 한다.

[2] 배니(찌거기 제거)밸브

배관의 말단부분인 청소구에 설치하여 침전물질 등 부유물을 제거한다.

[3] 지수 밸브

각 급수관의 분기점에는 지수밸브(stop valve)를 설치하여 국부적으로 단수가 가능해야 한다. 설치장소는 수평주관에서의 각 수직관의 분기점과 각 층 수평주관의 분기점에 설치한다.

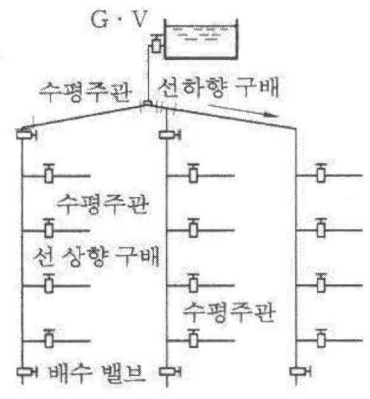

[그림 2-27] 배관의 구배

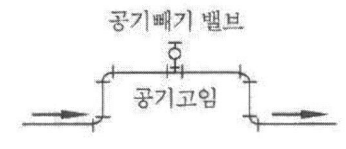

[그림 2-28] 공기빼기밸브

8-3 슬리브(sleeve)배관

바닥이나 벽을 관통하는 배관의 경우, 콘크리트를 칠 때 미리 철관인 슬리브를 넣고 이 슬리브 속에 관을 통과시켜 배관한다. 배관의 팽창을 자유롭게 함과 동시에 콘크리트에 의한 관의 부식을 막고 관의 교체시 편리하다.

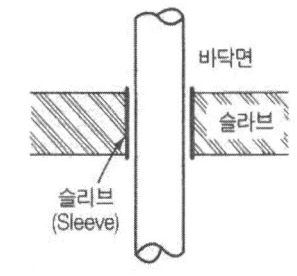

[그림 2-29] 슬리브 배관

8-4 수격작용(water hammering)

수격작용은 플러시 밸브나 기타 수전류를 급격히 열고 닫을 때 소음·진동을 수반하는 현상으로 이 때 생기는 수격작용의 수압은 수류를 (m/s)로 표시한 14배 정도가 된다. 수격작용을 방지하기 위해서는 다음과 같은 방법이 있다.
① 기구류 가까이에 공기실(air chamber)을 설치한다.
② 관경을 크게 하고 가능한 유속을 느리게 한다.
③ 수전류 등의 폐쇄속도를 느리게 한다.
④ 굴곡배관을 억제하고 가능한 직선배관으로 한다.

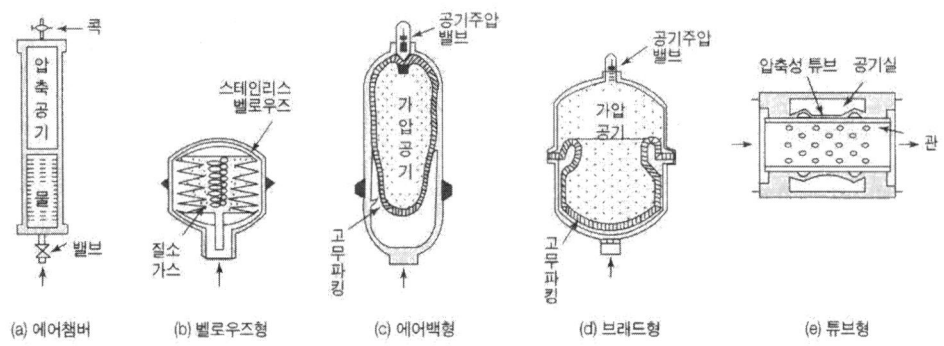

[그림 2-30] 워터햄머 방지기구

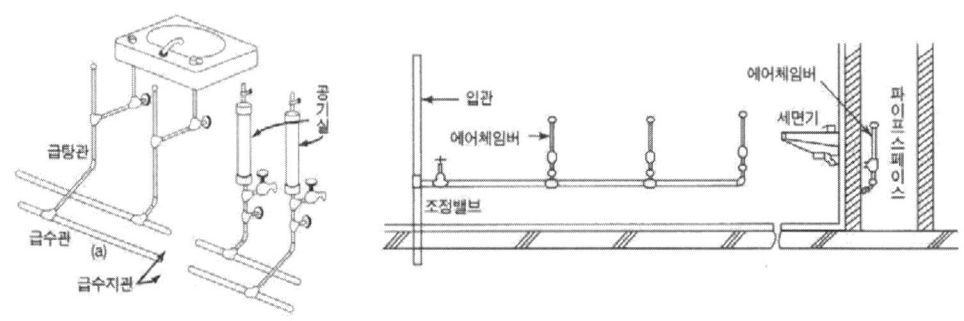

[그림 2-31] 에어챔버의 설치 예   [그림 2-32] 워터햄머방지기의 설치방법

8-5 피복

[1] 방식피복

강관은 특히 나사부분이 부식하기 쉬우므로 그 부위에 내산도료(耐酸塗料)를 칠하고, 변소, 욕조, 화학공장 등과 같이 산성수가 흐르는 바닥속에 매설하는 배관에는 아스팔트 주트(asphalt jute)를 감아서 매설한다.

[2] 방동방로 피복

겨울철의 동파방지를 위해서나 여름철에 습기가 많고 실온 높은 경우, 배관 속에 차가운 물이 흐르면 배관주위에 결로가 발생하여 천장이나 벽에 얼룩이 생기므로 방로피복을 해야 한다. 피복재로는 펠트(felt), 아스베스토(asbestos), 마그네시아(magnesia) 등이 사용된다.

8-6 수압시험

　배관공사가 끝난 후 노출 상태에서 접합부나 기타 부분에서의 누수유무, 수압에 대한 저항 등 시공의 불량여부를 파악하기 위하여 시험한다. 수압시험 전에 배관말단이나 개구부를 플러그나 캡으로 막고 수압테스트 펌프로 가압하여 실시한다. 공공 수도직결식의 경우에는 17.5kg/cm^2, 탱크 및 급수관의 경우에는 10.5kg/cm^{2}의 수압으로 시험한다.

◆ 건축산업기사 예상문제

1. 물의 성질과 특성

[1] 물의 비중 및 밀도

1. 물의 밀도에 관한 설명이 옳은 것은?
㉮ 순수한 물의 밀도는 1기압 하에서 4℃일 때 가장 작으며 그 값은 약 1.0이다.
㉯ 4℃보다 온도가 높거나 낮거나 하면 밀도는 커진다.
㉰ 얼음이 되면 온도의 강하에 따라 수축하여 밀도는 작아진다.
㉱ 물이 0℃일 때의 밀도와 얼음이 0℃일 때의 밀도는 다르다.

2. 물의 무게에 관하여 옳은 것은?
㉮ 4℃보다 온도가 올라가면 무거워진다.
㉯ 4℃보다 온도가 내려가면 무거워진다.
㉰ 4℃일 때 가장 무겁고 이때 물 1cc 의 무게는 1g 이다.
㉱ 0℃일 때 가장 무겁다.

3. 물의 단위중량이 아닌 것은?
㉮ $1g/cm^3$ ㉯ $1kg/L$ ㉰ $100kg/cm^3$ ㉱ $1t/m^3$

4. 순수한 물은 1기압에서 4℃일 때 가장 무겁고, 비중량 γ는 압력과 온도에 따라 다소 영향을 받으나 환산값이 서로 맞지 않은 것은?
㉮ $1kg/l$ ㉯ $1g/cm^3$ ㉰ $10kg/dl$ ㉱ $1,000kg/m^3$

5. 0℃의 물이 0℃의 얼음으로 변하면 부피는 얼마만큼 팽창하는가?
㉮ 4% ㉯ 7% ㉰ 10% ㉱ 12%

6. 100℃의 물을 100℃증기로 만들면 부피는 얼마나 팽창하는가?
㉮ 2350배 ㉯ 2000배 ㉰ 1650배 ㉱ 1000배

1.㉱ 2.㉰ 3.㉰ 4.㉰ 5.㉰ 6.㉰

[2] 수두(水頭)와 수압(水壓)

1. 3.5kg/cm²의 수압은 압력수두 얼마에 해당하는가?
   ㉮ 3.5m   ㉯ 35m   ㉰ 25m   ㉱ 350m

2. 0.25MPa의 수압은 압력수두 얼마에 해당하는가?
   ㉮ 2.5m   ㉯ 25m   ㉰ 250m   ㉱ 2,500m

3. 어떤 우물에서 수심 98m 깊이의 수압은 얼마인가?
   ㉮ 98kg/cm²   ㉯ 98,000kg/m²   ㉰ 10kg/cm²   ㉱ 9,800kg/cm²

4. 대기압이 수은주 760mmHg일 때 수두로는 몇 mm인가?
   ㉮ 5,230mmAq   ㉯ 10,336mmAq   ㉰ 7,455mmAq   ㉱ 12,360mmAq

5. 대기압을 기준으로 하여 표시하는 압력을 게이지 압력, 전공을 기준으로 하여 나타내는 압력을 절대압력이라 한다. 다음 중 <u>틀리게</u> 열거된 것은?
   ㉮ 1atm=760mmHg=1.033kg/cm²
   ㉯ 10mAq=1kg/cm²=735.5mmHg
   ㉰ 절대압력=게이지 압력+대기압
   ㉱ 1mAg=760mmHg=1.01atm

| 1.㉯ | 2.㉯ | 3.㉯ | 4.㉯ | 5.㉱ |

2. 급수설비

[1] 수질 (水質)

1. 물의 액성 즉 산성, 알칼리성 또는 중성의 정도를 수치로 나타내어 판정하는 지표는?
   ㉮ BOD   ㉯ COD   ㉰ DO   ㉱ pH

2. 경수(硬水)에 대한 설명 중 잘못된 것은?
   ㉮ 센물이라 하며, 110ppm이상인 물을 말한다.
   ㉯ 음료, 세탁 등에 부적합하다.
   ㉰ 보일러 용수로 사용하면 관내에 스케일이 생겨 전열효율이 감소된다.
   ㉱ 양조, 염색, 제지공업에 적당하다.

3. 보일러에 경수를 사용하면 안된다. 틀린 이유는?
   ㉮ 전열효율이 나빠진다   ㉯ 내면에 물때발생
   ㉰ 연소상태 불량   ㉱ 보일러 수명단축

4. 경수와 연수를 구분하는데 기준이 되는 원소는 다음 중 어느 것인가?
   ㉮ 탄산칼슘   ㉯ 페놀   ㉰ 수은   ㉱ 질산

| 1.㉱   2.㉱   3.㉰   4.㉮ |

[2] 급수압력

1. 수도직결 급수식에 있어서 본관의 압력 p_o(kg/cm^2), 기구의 필요압력 p(kg/cm^2), 본관에서 기구에 이르는 사이의 저항 p_f(kg/cm^2), 기구의 설치높이 h(m)라 하면 만족시켜야 할 식은?

   ㉮ $p_o \leq p + p_f + h$ ㉯ $\dfrac{p_o}{p} \leq p_f + h$

   ㉰ $\dfrac{p_o}{p_f} \geq p + \dfrac{h}{10}$ ㉱ $p_o \geq p + p_f + \dfrac{h}{10}$

2. 건물의 급수를 수도직결식으로 할 때 2층에 플러쉬 밸브를 설치하고 기구의 높이가 4m, 기구의 필요압력이 0.07MPa, 본관에서 수전에 이르는 사이의 저항이 0.03MPa라면 본관의 최소 소요압력은?
   ㉮ 0.04MPa   ㉯ 0.06MPa   ㉰ 0.08MPa   ㉱ 0.14MPa

   <해설> $p \geq p_1 + p_2 + 0.01h\ (MPa) = 0.07 + 0.03 + 0.04 = 0.14\,MPa$

3. 급수시에 일반수전의 필요수압은 최저 얼마 이상인가?
　㉮ $0.3 kg/cm^2$　㉯ $0.5 kg/cm^2$　㉰ $0.7 kg/cm^2$　㉱ $1.0 kg/cm^2$

4. 수도 본관에서 수직높이 8m 위치의 화장실에 플러쉬 밸브를 사용하고자 할 때 수도본관의 최저 필요 수압은? (단, 관내 마찰손실은 0.03MPa이다.)
　㉮ 0.12MPa　㉯ 0.14MPa　㉰ 0.16MPa　㉱ 0.18MPa
　<해설> $p \geq p_1 + p_2 + 0.01h\ (MPa) = 0.07 + 0.03 + 0.01 \times 8 = 0.18\ MPa$

5. 기구별 소요압력이 70kPa이고 수전고가 10m일 때 수도본관에는 최소 얼마의 압력이 있어야 급수가 가능한가? (단, 배관 중 마찰 손실은 40kPa이다.)
　㉮ 70kPa　㉯ 100kPa　㉰ 170kPa　㉱ 210kPa
　<해설> $p \geq p_1 + p_2 + 10h\ (kPa) = 70 + 40 + 10 \times 10 = 210\ kPa$

---

1. ㉱　2. ㉱　3. ㉮　4. ㉱　5. ㉱

---

[3] 급수방식

1. 급수압이 일정하고 옥상탱크가 필요한 급수방식은?
　㉮ 수도 직결방식　㉯ 압력탱크방식　㉰ 고가탱크방식　㉱ 부스터방식

2. 고가탱크방식에 의하여 급수하는 경우에 있어서 다음 사항 중 옳지 않은 것은?
　㉮ 초고층의 건축물에서 옥상에만 물탱크를 설치하는 경우 최저층에서는 밸브류 등 배관 부속품이 고장나기 쉽다.
　㉯ 저수량을 확보할 수 있으므로 단수가 되는 경우가 적다.
　㉰ 수압조절이 가장 어려운 방식이다.
　㉱ 건축물의 규모가 대규모인 급수시설에 많이 이용되는 방식이다.

3. 급수방식 중 수질오염 가능성이 가장 큰 급수방식은?
　㉮ 옥상탱크방식　㉯ 수도직결식　㉰ 기압탱크식　㉱ 부스터방식

4. 고가탱크 방식에 의하여 급수하는 경우에 있어서 다음 사항 중 옳지 않은 것은?
   ㉮ 초고층의 건축물에서는 급수계통의 조닝(zonning)이 필요하다.
   ㉯ 저수량을 확보할 수 있으므로 단수가 되는 경우가 적다.
   ㉰ 수압조절이 가장 어려운 방식이다.
   ㉱ 건축물의 규모가 대규모인 급수시설에 많이 이용되는 방식이다.

5. 플러시 밸브와 같이 그 작동에 일정한 수압을 필요로 하는 기구사용에 적당한 급수법은?
   ㉮ 수도직결식   ㉯ 고가 탱크식   ㉰ 기압탱크식   ㉱ 압력수조식

6. 고가수조식 급수방식에서 옥상수조의 오버플로관은 양수관 크기의 몇 배 이상으로 설계하여야 안전한가?
   ㉮ 2배   ㉯ 3배   ㉰ 4배   ㉱ 5배

7. 다음 옥상탱크식 급수설비에서 탱크의 안전유지를 유지하기 위하여 꼭 필요한 안전장치는?
   ㉮ 압력스위치   ㉯ 안전변   ㉰ 수면계   ㉱ 넘침판(overflow pipe)

8. 정전시에도 계속 급수를 할 수 있는 급수방식은?
   ㉮ 옥상탱크방식   ㉯ 수도직결식   ㉰ 기압탱크식   ㉱ 부스터방식

9. 다음 급수방식 중 에너지 소비가 가장 많은 급수방식은?
   ㉮ 옥상탱크방식   ㉯ 수도직결식   ㉰ 기압탱크식   ㉱ 부스터방식

10. 급수압의 변동이 크고 연속적인 물의 사용이 비교적 불편한 급수방식은?
    ㉮ 옥상탱크방식   ㉯ 수도직결식   ㉰ 기압탱크식   ㉱ 부스터방식

11. 급수방식에서 압력탱크 방식의 특징 중 잘못 기술된 것은?
    ㉮ 반드시 탱크를 높은 곳에 설치하지 않아도 된다.
    ㉯ 특별히 국부적으로 고압을 필요로 하는 경우에 적합하다.
    ㉰ 공기 가압방식의 경우 배관내의 부식이 우려된다.
    ㉱ 급수압력을 일정하게 유지할 수 있다.

12. 압력수조식 급수법의 기술로서 옳지 않은 것은?
    ㉮ 공기 압축기를 설비하여 공기를 보급해야 한다.
    ㉯ 펌프는 옥상수조식에 비하여 양정이 낮아도 된다.
    ㉰ 수조는 기밀하고 내압적으로 만든다.
    ㉱ 최고, 최저압력에 따라 급수압이 일정치 않다.

13. 압력 탱크식 급수방식에 관한 기술 중 옳지 않은 것은?
    ㉮ 탱크의 설치위치에 제한을 받지 않는다.
    ㉯ 소규모 급수에 가장 적합하며 급수압이 항상 일정하다.
    ㉰ 탱크중량에 의한 구조물의 구조를 강화시킬 필요가 없다.
    ㉱ 부분적으로 큰 압력을 필요로 할 때 유리하다.

14. 압력수조식 급수방식에 압력수조의 용량을 결정하기 위해 압력을 구하는 항목 중 관계가 없는 것은?
    ㉮ 배관계통 중 최고위치의 수전과 압력수조와의 고저차에 상당하는 수압
    ㉯ 수전에 있어 필요로 하는 수압
    ㉰ 배관 도중에서의 마찰손실 수압
    ㉱ 급수펌프의 수압

| 1.㉰ | 2.㉰ | 3.㉮ | 4.㉰ | 5.㉯ | 6.㉮ | 7.㉱ | 8.㉯ | 9.㉱ | 10.㉰ |
| 11.㉱ | 12.㉯ | 13.㉯ | 14.㉰ | | | | | | |

[4] 급수설계
① 급수량 산정

1. 급수설비 설계를 하는데 있어 가장 먼저 결정해야 될 사항은?
    ㉮ 수도인입관의 설계   ㉯ 수수조의 크기
    ㉰ 급수량의 산정   ㉱ 급수관의 결정

2. 건물의 급수설계를 할 때 고려할 사항이 아닌 것은?
    ㉮ 1시간 최대사용수량   ㉯ 피크로드의 지속시간
    ㉰ 건물내의 주거인원   ㉱ 1시간당 평균사용수량

3. 대규모 건물의 급수설비에서 옥상탱크의 용량은?
   ㉮ 1시간 최대사용수량×0.5시간   ㉯ 1시간 최대사용수량×1시간
   ㉰ 1시간 최대사용수량×2시간   ㉱ 1시간 최대사용수량×3시간

4. 급수량을 산정하는 데 있어서 급수기구 단위수를 기초로 할 때 기본단위가 되는 위생기구는?
   ㉮ 대변기   ㉯ 세면기   ㉰ 부엌싱크   ㉱ 샤워

5. 기구 급수단위는 위생기구의 종류와 용도에 따라 다르다. 급수단위의 기준이 되는 급수량은?
   ㉮ 50 L/min   ㉯ 40 L/min   ㉰ 30 L/min   ㉱ 20 L/min

6. 다음 각종 위생기구의 유출수량(ℓ/min)이 가장 적은 것은?
   ㉮ 세면기   ㉯ 요리싱크   ㉰ 샤워 (지름100mm)   ㉱ 청소싱크

7. 사무소 건물에서 1일 1개당 사용수량이 가장 많은 것은?
   ㉮ 대변기   ㉯ 세면기   ㉰ 비데   ㉱ 소변기

8. 체육학교 샤워실의 샤워전이 25개 있다. 급수, 급탕설비 계획에 있어서 동시사용률은 얼마가 가장 적당한가?
   ㉮ 25%   ㉯ 50%   ㉰ 75%   ㉱ 100%

9. 연면적이 2,000m²의 사무소에서 다음과 같은 조건이 있을 때 사무소에 필요한 1일의 급수량은 (사용수량)? (단, 유효면적 56%, 거주인원 0.2인/m², 1일 1인당 사용수량은 150ℓ/d이다.)
   ㉮ 3.36m³/d   ㉯ 4.36m³/d   ㉰ 33.6m³/d   ㉱ 40.6m³/d

10. 수용인원 500명인 사무소 건물의 수수조(water reciever tank)의 용량으로 적당한 것은? (단, 소화용수 및 민방위 용수는 제외한다.)
    ㉮ 25~50m³   ㉯ 100~200m³   ㉰ 200~300m³   ㉱ 300~400m³

1.㉰ 2.㉱ 3.㉯ 4.㉯ 5.㉰ 6.㉮ 7.㉮ 8.㉰ 9.㉰ 10.㉮

2 고가수조의 높이

1. 어떤 목욕탕 건물에서 가장 높은 곳에 있는 샤워꼭지까지의 높이가 지상에서 7m 이다. 배관의 마찰 손실수두를 0.1(kg/cm²)이라 하면 고가수조의 최소높이는?
   ㉮ 8m 이상　　㉯ 11m 이상　　㉰ 14m 이상　　㉱ 15m 이상

2. 기구의 소요압력이 0.7kg/cm²이고 배관까지의 마찰손실수두 0.2kg/cm², 가장 높은 곳에 설치되어 있는 기구의 높이가 지상 15m지점에 있을 때 고가수조의 최소높이는?
   ㉮ 9m　　㉯ 17m　　㉰ 22m　　㉱ 24m

3. 최고층에 설치된 세정밸브가 제대로 작동되기 위해서는 세정밸브로부터 고가수조의 최저수면까지의 높이가 얼마정도가 확보되어야 하는가? (단, 고가수조로부터 기구까지 유체가 흐르는 동안의 마찰손실수두는 1m로 한다.)
   ㉮ 5m　　㉯ 6m　　㉰ 7m　　㉱ 8m

1.㉱ 2.㉱ 3.㉱

[5] 펌 프 (PUMP)
1 양정 (揚程)

1. 급수설비에서 펌프의 실양정이란?
   ㉮ 수수조바닥에서 펌프까지의 높이
   ㉯ 펌프에서 최고층 수전까지의 높이
   ㉰ 배관계의 마찰손실에 해당하는 높이
   ㉱ 수수조 바닥에서 최고층 수전까지의 수직높이

2. 고가탱크식 급수설비에서 펌프의 흡입양정이 2m, 토출양정이 45m, 관내마찰손실이 0.3kg/cm²이라면 펌프의 전양정은?
   ㉮ 45m　　㉯ 47m　　㉰ 50m　　㉱ 55m

3. 펌프에서 고가수조 양수구까지의 높이가 40m, 펌프의 흡입양정이 3m, 마찰손실수두는 실양정의 20%일 경우, 펌프의 전양정은?
   ㉮ 40m   ㉯ 43m   ㉰ 51.6m   ㉱ 54.6m

   1.㉱   2.㉰   3.㉰

2 펌프

1. 펌프에 대한 설명 중 <u>옳지 않은</u> 것은?
   ㉮ 펌프의 흡상높이는 표준기압하에서 0℃일 때 이론적으로 10.33m이다.
   ㉯ 보어홀 펌프는 깊은 우물의 양수에 사용한다.
   ㉰ 펌프의 이론상 흡상높이는 수온이 100℃일 때 0m이다.
   ㉱ 왕복펌프의 양수량은 피스톤 또는 플랜저의 유효단면적의 크기에 반비례한다.

2. 수온 20℃의 물의 펌프에 의한 실제 흡상높이는?
   ㉮ 0m   ㉯ 5m   ㉰ 6.5m   ㉱ 8m

3. 펌프에서 공동현상(cavitation)을 일으키지 않기 위해서 가장 유리한 것은?
   ㉮ 흡입양정을 낮춘다.   ㉯ 토출양정을 낮춘다.
   ㉰ 마찰손실수두를 줄인다.   ㉱ 토출관의 지름을 굵게 한다.

4. 10층 사무소건물에 깊이 100m의 우물이 있다. 1일 500m^{3}의 물을 뿜어올리는데 알맞는 펌프는?
   ㉮ 워싱턴펌프   ㉯ 보어홀펌프   ㉰ 벌류터펌프   ㉱ 터빈펌프

5. 깊은 우물의 양수에 사용되는 펌프는?
   ㉮ 보어홀 펌프 (borehole pump)   ㉯ 터빈 펌프 (turbine pump)
   ㉰ 제트 펌프 (jet pump)   ㉱ 에어 리프트 펌프 (air lift pump)

6. 오수 배수 중에 쓰이는 펌프로 고형물을 포함한 경우 양수가 가능한 펌프는?
   ㉮ 논클로그 펌프 (non-clog pump)   ㉯ 웨스코 펌프 (마찰펌프)
   ㉰ 워싱턴 펌프 (worthington pump)   ㉱ 기어 펌프 (gear pump)

7. 와권펌프로서 오물잔재의 고형물이나 천 조각이 섞여있는 물을 배제하는데 사용되는 펌프는?
   ㉮ 피스톤 펌프   ㉯ 논크로그 펌프   ㉰ 웨스코 펌프   ㉱ 기어 펌프

8. 저양정으로서 비교적 많은 양수량을 필요로 할 때 사용하는 펌프는?
   ㉮ 벌류터 펌프   ㉯ 터빈 펌프   ㉰ 수중모터 펌프   ㉱ 기어 펌프

9. 고압펌프라고도 하며, 50m 이상의 고양정에서 사용되는 펌프는?
   ㉮ 단단터빈 펌프   ㉯ 수중모터 펌프   ㉰ 다단터빈 펌프   ㉱ 보어홀 펌프

10. 전동기의 수중의 최하부에 있고 수직형 터빈펌프를 구동하여 양수하는 펌프는?
    ㉮ 단단터빈 펌프   ㉯ 수중모터 펌프   ㉰ 벌류터 펌프   ㉱ 보어홀 펌프

11. 다음에서 와권(渦卷)펌프의 특징에 관한 기술 중 옳지 않은 것은?
    ㉮ 고속운전에 적합하다.
    ㉯ 전체의 진동이 적다.
    ㉰ 양수량 조절이 용이하지 않다.
    ㉱ 밸브가 필요없고 모두 회전운동이다.

12. 우물에 관한 설명 중 적당하지 않은 것은?
    ㉮ 깊이 7m이내의 우물은 천장이라고 하며 왕복동펌프를 사용하여도 좋다.
    ㉯ 깊이 7~30m 사이의 우물은 심정이라고 하며, 터빈펌프를 사용하는 것은 좋다.
    ㉰ 깊이 35m의 우물에는 특수 와권펌프를 사용하는 것은 좋다.
    ㉱ 깊이 50m의 우물은 착정이라고 하며, 논클로그 펌프(non-clog pump)를 사용하는 것이 좋다.

| 1.㉣ | 2.㉢ | 3.㉮ | 4.㉯ | 5.㉮ | 6.㉮ | 7.㉯ | 8.㉮ | 9.㉢ | 10.㉯ |
| 11.㉢ | 12.㉣ | | | | | | | | |

③ 펌프의 동력산정

1. 다음과 같은 급수설비에서 양수펌프의 필요동력은 몇 kW인가? (단, 펌프의 양수량 2400ℓ/min, 펌프의 효율 70%, 1kW=102kg·m/s, 펌프 양정 9m)
    ㉮ 4.53kW ㉯ 5.04kW ㉢ 6.35kW ㉣ 7.14kW

2. 양수량 40m³/min, 총양정 13m의 양수펌프용 전동기의 적당한 소요출력(kW)은? (단, 펌프의 효율은 75%이다)
    ㉮ 약 50kW ㉯ 약 100kW ㉢ 약 113kW ㉣ 약 150kW

3. 전양정 24m, 양수량 13.8m³/h, 효율 60%일 때 펌프의 축동력은? (단, 펌프의 축동력=WQH/EK이다)
    ㉮ 약 0.5kW ㉯ 약 1.0kW ㉢ 약 1.5kW ㉣ 약 3.0kW

4. 지하저수조의 물을 분당 1000ℓ씩 높이 27m(전양정)에 있는 고가수조에 양수하고자 한다. 양수펌프의 축마력(이론마력)은 얼마인가? (단, 펌프의 효율은 60%이다.)
    ㉮ 7.5마력 ㉯ 10마력 ㉢ 15마력 ㉣ 20마력

| 1.㉯ | 2.㉢ | 3.㉢ | 4.㉯ |

[6] 수격작용 및 조닝
① 수격작용

1. 수격작용(water hammering)의 방지법 중 틀린 것은?
    ㉮ 공기실(air chamber)을 설치한다.
    ㉯ 관경을 굵게한다.
    ㉢ 관내 유속을 크게 한다.
    ㉣ 급수배관의 횡주관에 굴곡부가 생기지 않도록 한다.

2. 수격작용에 대한 다음 설명 중 <u>틀린</u> 것은?
   ㉮ 수격작용은 밸브를 급속도로 개폐할 때 발생한다.
   ㉯ 수격작용으로 인한 수압은 유속에 반비례한다.
   ㉰ 수격작용의 발생을 방지하기 위해 위생기구 근처에 공기실을 설치한다.
   ㉱ 수격작용으로 인하여 배관이 진동되고 소음이 발생되기도 한다.

3. 급수설비에서 수격작용(water hammering)은 어떤 경우에 발생하는가?
   ㉮ 물을 과도하게 사용할 때
   ㉯ 급수관 지름이 너무 클 때
   ㉰ 급수관내에서 물의 흐름이 갑자기 정지할 때
   ㉱ 급수관내에 유속이 느릴 때

4. 급수배관 중에 공기실을 설치하는 이유는?
   ㉮ 배관의 구배를 유지하기 위하여
   ㉯ 통기관과 연결하기 위하여
   ㉰ 수격작용을 방지하기 위하여
   ㉱ 배관내의 공기를 배출하기 위하여

5. 배관 중에 생기는 워터해머를 방지하기 위해 설치하는 기구로서 맞는 것은?
   ㉮ 서킷브레이크   ㉯ 개폐기   ㉰ 에어챔버   ㉱ 열동트랩

6. 급수배관에서 공기실을 설치하는 위치는?
   ㉮ 급속 여닫이 수전 근처   ㉯ 펌프의 흡입구 근처
   ㉰ 급수관의 끝   ㉱ 펌프의 토출구 근처

7. 수격작용을 방지하는 방법 중 가장 이상적인 것은?
   ㉮ 관내의 수압을 올린다.
   ㉯ 밸브를 갑자기 열고 닫는다.
   ㉰ 기구 가까이에 에어챔버(air chamber)를 설치한다.
   ㉱ 배수관에 연결한다.

| 1.㉰ | 2.㉯ | 3.㉰ | 4.㉰ | 5.㉰ | 6.㉮ | 7.㉰ |

② 급수의 조닝

1. 고층건물에서 급수설비를 조닝하는 이유는 무엇인가?
   ㉮ 급수압력의 균등화   ㉯ 유지, 관리의 편리성
   ㉰ 기기용량의 균등화   ㉱ 급수펌프 운전의 편리성

2. 초고층건물에는 옥상층과 중간층에 고가수조를 설치하는데 그 이유로 직접적인 관계가 있는 것은?
   ㉮ 건축구조를 경제적으로 설계하기 위하여
   ㉯ 급수펌프의 용량을 줄이기 위하여
   ㉰ 저층부의 수압을 줄이기 위하여
   ㉱ 옥상층의 면적을 줄이기 위하여

3. 초고층건물에서 대한 급수 배관법으로 급수계통의 '조닝(zonning)방식'에 들지 않는 것은?
   ㉮ 중계(中繼)방식   ㉯ 층별(層別)방식
   ㉰ 조압(調壓)펌프방식 ㉱ 진공(眞空)펌프방식

4. 초고층 건축의 급수배관법으로 적당하지 않은 것은?
   ㉮ 층별식 급수배관법   ㉯ 중계식 급수배관법
   ㉰ 조압펌프식 급수배관법 ㉱ 탱크없는 부스터방식

| 1.㉮ | 2.㉰ | 3.㉱ | 4.㉱ |

[7] 시 공

1. 급수배관에서 배관 슬리브(sleeve)를 사용하는 이유는?
   ㉮ 배관의 방음을 위해서   ㉯ 배관의 방식(防蝕)을 위해서
   ㉰ 배관의 도장(塗裝)을 위해서 ㉱ 배관의 신축, 수리를 위해서

2. 바닥판 또는 벽을 관통할 때 슬리브 배관을 하는 이유 중 맞는 것은?
   ㉮ 관에 신축이음쇠를 사용하지 않고 배관하기 위하여
   ㉯ 관을 교체할 때 편리하며 관의 신축에 무리가 생기지 않도록 하기 위하여
   ㉰ 화재시 화염의 확산을 방지하기 위하여
   ㉱ 관의 부식을 방지하기 위하여

3. 급수배관 설계 및 시공상의 주의사항 중 틀린 것은?
   ㉮ 배관계통의 수압시험은 모든 피복공사를 한 후에 행한다.
   ㉯ 바닥 또는 벽을 관통하는 배관은 슬리브 배관을 한다.
   ㉰ 초고층건물은 과대한 급수압으로 인한 피해를 줄이기 위해 급수조닝을 한다.
   ㉱ 배관계통에는 지수밸브를 달아서 급수계통의 수량 및 수압을 조정할 수 있도록 한다.

4. 급수배관 방식에서 잘못 설명된 것은?
   ㉮ 상향 급수배관법에서 수직관은 올라갈수록 관경을 크게 한다.
   ㉯ 하향 급수관은 최상층의 천장에 수평주관을 설치한다.
   ㉰ 압력탱크 급수방식은 급수압이 일정하다.
   ㉱ 상향 급수식은 점검 수리 등이 편리하다.

5. 급수배관 설계 및 시공상의 주의사항을 열거했다. 틀린 것은?
   ㉮ 바닥 또는 벽을 관통하는 배관은 슬리브 배관으로 한다.
   ㉯ 초고층건물의 배관은 급수 조닝을 실시한다.
   ㉰ 배관계통의 수압시험은 피복공사 후 실시한다.
   ㉱ 배관계통에는 지수밸브를 달아서 수량 및 수압을 조정할 수 있도록 한다.

6. 크로스 커넥션(cross connection)현상에 관한 설명 중 옳은 것은?
   ㉮ 배관 이음쇠를 통한 공기흡입 현상
   ㉯ 급수관내 수압상승에 의한 충격현상
   ㉰ 급수관내 공기에 의한 유속 감소현상
   ㉱ 급수관내 오수가 역류하여 오염을 일으키는 현상

7. 급수배관이나 기구구조의 불비·불량(不備·不良)의 결과 급수관내에 오수가 역출해서 음료수를 오염시키는 상태를 무엇이라고 하는가?
㉮ 사이어미즈 커넥션　㉯ 헤더　㉰ 크로스 커넥션　㉱ 드레인

8. 보온재 선정시 필요조건으로 틀린 것은?
㉮ 사용온도 범위가 좁은 것　㉯ 투수성이 적은 것
㉰ 물리적으로 강도가 강할 것　㉱ 난연재료일 것

9. 위생설비공사에서 일반적으로 보온을 행하는 곳은?
㉮ 위생기구의 부속배관　㉯ 옥내 급탕배관의 밸브
㉰ 천장내의 소화수 배관　㉱ 최하층의 배수바닥밑 배관

| 1.㉱ | 2.㉯ | 3.㉮ | 4.㉰ | 5.㉰ | 6.㉱ | 7.㉰ | 8.㉮ | 9.㉰ |

[8] 수압시험

1. 급수배관의 수압시험에 관한 기술 중 틀린 것은?
㉮ 시험은 관의 보온, 방로, 도장공사 등 시공 전에 행한다.
㉯ 시험압력의 유지시간은 1시간 이상으로 한다.
㉰ 가압은 일시에 시험압까지 상승시키지 않고 2~3단계로 분류하여 행한다.
㉱ 시험수압은 급수장치의 경우, $8.5 kg/cm^2$ 이하로 한다.

2. 배관공사 종료 후 공공수도 직결배관일 때 수압시험은 얼마의 수압으로 하는가?
㉮ 0.75MPa　㉯ 1.75MPa　㉰ 7.5MPa　㉱ 17.5MPa

3. 급수 배관설계에서 마찰손실 및 배관비를 고려할 때 적절한 관내 유속은?
㉮ 1~2m/sec　㉯ 2~4m/sec　㉰ 4~6m/sec　㉱ 6~8m/sec

| 1.㉱ | 2.㉯ | 3.㉮ |

제3장 급탕설비

1. 개요

위생설비에 있어서 대변기, 소변기를 제외한 세면기, 싱크대, 세탁기 등의 위생기구에 더운 물을 보내는 것을 급탕설비라고 한다. 급탕량은 최근 생활수준의 향상에 따라 수요가 매우 많아지고 있는 실정이다.

급탕설비를 계획하는 경우 적절한 급탕온도의 탕을 온도강화 없이 충분한 탕량을 공급할 수 있도록 고려해야 한다.

1-1 물의 성질
[1] 물의 팽창과 수축

물은 온도에 변화에 따라 그 부피가 팽창 또는 수축하는 성질이 있다. 0℃의 물이 0℃의 얼음이 되면 약 9%의 체적이 증가하며, 4℃의 물이 100℃가 되면 약 4.3% 체적이 증가한다. 또한 100℃의 물이 100℃의 증기가 되면 약 1,700배 체적이 증가하게 된다.

<표 3-1> 물의 온도와 체적의 관계

온도(℃)	체적(l/kg)	온도(℃)	체적(l/kg)
0	1.000127	50	1.012050
4	1.000000	60	1.016979
10	1.000269	70	1.022539
20	1.001790	80	1.028848
30	1.004330	90	1.035651
40	1.007727	100	1.043150

[2] 탕의 비등

물을 가열하게 되면 수온이 올라가게 되는 되는데 어느 온도에 달하면 더 이상 수온이 변하지 않는 점이 있는데 이것을 비등점이라고 한다. 물은 표준기압 하에서 100℃가 비등점이다. 비등점은 수면에 걸리는 압력이 높아지면 비등점도 높아지고, 반대로 표준기압 이하가 되면 100℃ 이하의 온도가 비등점이 된다.

<표 3-2> 물의 압력과 비등점과의 관계

게이지압(kg/cm^2)	비등점(℃)	게이지압(kg/cm^2)	비등점(℃)
0	100	3.0	143
1.0	120	4.0	151
2.0	133	5.0	158

1-2 열량의 단위

[1] 비열

어떤 물질 1kJ을 1℃ 높이는데 필요한 열량을 말하며 단위는 $kJ/kg \cdot K$이다. 물의 비열은 $4.19kJ/kg \cdot K$이고, 공기는 $1.01kJ/kg \cdot K$이다.

[2] 열량

어떤 물질의 온도를 높이기 위해서는 열량이 필요한데, 열량을 구하는 식은 아래와 같다.

$$Q = C \cdot G \cdot \Delta t \ (kJ)$$

C : 물체의 비열($kJ/kg \cdot K$)
G : 물체의 질량(kg)
Δt : 온도차(K)

[3] 급탕부하

급탕부하란 시간당 필요한 온수를 얻기 위해 소요되는 열량을 말하며 식 (3-1)과 같으나, 단위를 맞추기 위해서 보정하면 아래 식과 같이 된다. 온도차는 경우에 따라 다르나 보통 급탕온도는 70℃, 급수온도를 10℃로 보아 60℃정도가 된다.

$$급탕부하 = \frac{C(kJ/kgK) \cdot G(kg/h) \cdot \Delta t(K)}{3,6000} \ (kW)$$

【예제-1】 물 10kg을 10℃에서 60℃로 가열하는데 필요한 열량은 몇 kJ인가? (단, 물의 비열은 $4.19 kJ/kg \cdot K$이다.)

☞ $Q = C \cdot G \cdot \Delta t \ (kJ) = 4.19 \times 10 \times (60-10) = 2,095 kJ$

2. 급탕온도와 급탕량

 중앙식에서는 배관계통의 열손실에 의한 온도강화를 예상하여 가열온도를 10~20℃ 정도 높게 한다. 보통 급탕온도는 60~70℃로 하고, 각 용도에 따라 물을 혼합하여 사용온도로 낮추어 사용한다. 여기서 급탕관계의 에너지적 차원을 고려한다면 급탕량이 증가해 급탕 배관계가 다소 굵어진다 할지라도 되도록 급탕온도를 내리는 것이 좋다.
 급탕온도를 너무 낮게 하면 급탕 순환량이 증가하고, 온도를 너무 높이면 화상의 위험성 및 기수분리(캐비테이션)가 발생하기 쉽다.
 또한 급탕온도는 배관의 부식을 포함하여 밀접한 관계가 있다. 수온이 60℃이상이 되면 수중의 산소의 분리가 쉽고, 전식(電蝕)속도가 증가하여 배관이 침식되기 쉽다. 따라서 높은 온도의 탕을 필요로 하는 개소에는 그 부근에서 승온하는 방법이 바람직하다.
 양로원 및 소아전용, 환자용의 급탕온도는 50℃이하로 하고, 주방의 접시세정용 급탕은 부스터 히터(booster heater)를 설치하여 80℃로 공급한다.

<표 3-1> 용도별 급탕온도

용 도	급탕온도(℃)	용 도	급탕온도(℃)
음료용	50~55	주방용 : 일반용	45
목욕용 : 성 인	42~45	: 접시세정용	45(60)
: 어린이	40~42	: 접시세정시 행구기용	70~80
샤워	43	세탁용 : 상업일반	60
세면용(수세용)	40~42	: 모직용	33~37(38~49)
의료용(수세용)	43	: 린넨 및 견직물	49~52(60)
면도용	46~52	수 영 장 용	21~27
		세 차 용	24~30

주) ( )안의 수치는 기계사용의 경우임.

3. 급탕방식

급탕방식에는 개별식과 중앙식이 있으며, 개별식은 건물내의 필요개소에 소형가열기를 설치하여 해당 장소에 급탕하고, 중앙식은 건물의 기계실 등에 대형가열기와 저탕탱크를 설치하며, 배관에 의해 건물 전체의 필요개소에 급탕한다. 급탕방식의 선택은 건물의 종류, 사용목적, 규모, 급탕의 사용방법, 설비의 초기투자예산, 유지관리비 등을 고려하여 선택한다.

3-1 개별식 급탕방식

개별식은 보통 소규모 급탕설비에 이용하며, 대규모 건물에서도 용도에 따라서 개별식을 일부 혼용한다. 개별식은 급탕목적에 따라 순간온수기, 저탕형 탕비기, 기수혼합식 등이 있으며, 개별식의 특징은 아래와 같다.

[1] 장점
 ① 배관거리가 짧고 배관중 열손실이 적다.
 ② 수시로 급탕하여 사용할 수 있고 높은 온도의 물이 필요할 때 쉽게 얻을 수 있다.
 ③ 급탕개소가 적을 경우에는 시설비가 싸게 든다.

[2] 단점
 ① 급탕 개소마다 가열기의 설치공간이 필요하다.
 ② 값싼 연료의 사용이 곤란하다.

[3] 종류
(1) 순간온수기
 급탕관의 일부를 가스난 전기로 가열시켜 직접 온수를 얻는 방법으로 급탕기구수가 적고 급탕범위가 좁은 주택의 욕실, 부엌의 싱크, 이발소 등에 적합하다.

(2) 저탕형 탕비기
 중앙식 급탕의 축소판으로 최대 사용시에 소요되는 급탕량을 저장하여 배관으로 필요개소에 공급하며 순간식보다 규모가 큰 양과 범위에 적당하다. 설비비는 순간식보다 많으며, 사용개시 전 저탕탱크내 물을 사용온도까지 가열하는데 30분~1시간이 소요된다. 열원으로는 가스, 등유, 전기가 사용되며, 용도는 학교. 공장, 기숙사 등과 같이 특정한 시간에 다량의 온수를 필요로 하는 장소에 적합하다.

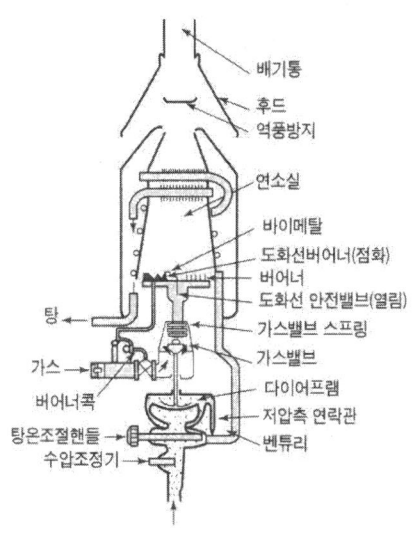

[그림 3-1] 순간 온수기

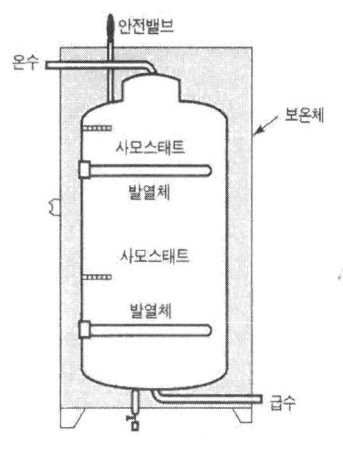

[그림 3-2] 저탕형 탕비기

(3) 기수 혼합식

병원이나 공장에서 증기를 열원으로 하는 경우 저탕조에 증기를 직접 불어넣어 가열하는 방식이다. 이 방법은 열효율은 100%이지만 소음이 따르는 결점이 있어 소음을 줄이기 위한 스팀 사일런스(steam silence)를 사용해야 한다.

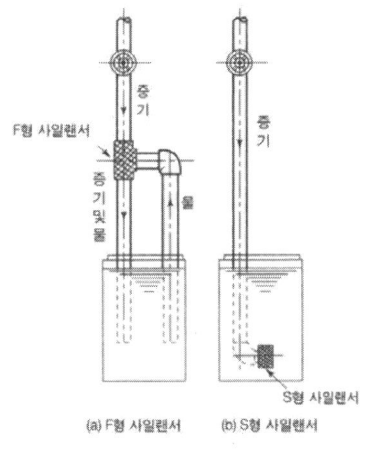

[그림 3-3] 기수 혼합식 탕비기

3-2 중앙식 급탕방식

지하실 등 일정한 장소에 급탕장치를 설치해 놓고 배관에 의해 필요한 각 장소에 공급하는 방법으로 대규모 급탕에 적합하다. 중앙식 방식의 특징은 아래와 같다.

[1] 장점
① 석유, 중유 등을 사용하기 때문에 연료비가 적게 든다.
② 열효율이 좋다.
③ 관리상 유리하다.

[2] 단점
① 초기설치 비용이 많이 든다.
② 전문기술자가 필요하다.
③ 배관도중 열손실이 크다.
④ 시공후 기구증설에 따른 배관변경 공사가 어렵다.

[3] 종류
(1) 직접 가열식

열효율면에서는 경제적이나 계속적인 급수로 항상 새로운 물이 들어오게 되어 보일러의 신축이 불균일하고 수질에 의해 보일러 내면에 스케일이 생겨서 열효율이 저하되며 보일러의 수명이 단축된다. 주택 또는 소규모 건물에 주로 사용된다.

(2) 간접 가열식

저탕조 내에 가열코일을 설치하고 이 코일에 증기 또는 온수를 통해서 저탕조의 물을 간접적으로 가열하는 방식이다. 이 탱크는 탕물을 저장함과 동시에 히터역할을 하므로 이것을 탱크히터(tank heater) 또는 스토리지 탱크(storage tank)라고도 한다. 이 방식은 보일러내면에 스케일이 거의 끼지 않으며 가열코일에 난방용 보일러의 증기를 사용시 급탕용 보일러가 불필요하며 대규모 급탕설비에 적합하다.

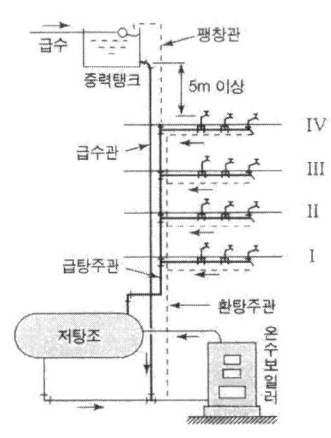
[그림 3-4] 직접 가열식

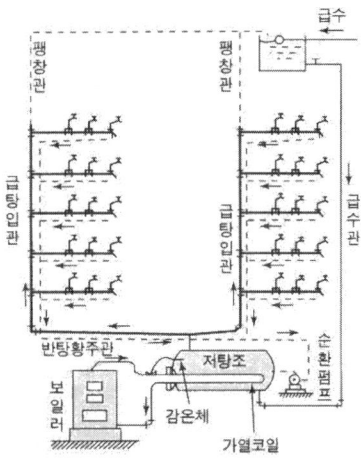
[그림 3-5] 간접 가열식

4. 급탕설계

4-1 급탕량의 산정방법

급수설비의 경우와 같이 건물의 종류나 용도에 따라 다르며, 하루동안에도 시간차에 따라 차이가 많고 또한 계절에 따라 영향을 받으므로 주의를 요한다. 급탕량 산정은 기구수에 의한 방법과 사용인원에 의한 방법이 있으며, 일반적으로 인원에 의한 방법이 정확하다.

[1] 인원수에 의한 방법

(1) 1일 최대 급탕량(Q_d)

$$Q_d = 급탕대상인원(인) \times 1일 1인 급탕량 (l/d \cdot 인)$$

(2) 1시간 최대 급탕량(Q_h)

$$Q_h = 1일 최대급탕량 \times \frac{1}{소비시간} (l/h)$$

(3) 가열기 능력

가열장치는 그 구조에 따라 순간식과 저탕식이 있다. 주로 대규모 건물인 경우 저탕식이 많이 사용된다. 주철제 보일러와 강판제가 사용되며 보일러의 가열능력은 아래 식과 같다.

$$H = \frac{Q_d \cdot \gamma \cdot C \cdot (t_h - t_c)}{3,600} \ (kW)$$

Q_d : 1일 급탕량(l/d) γ : 가열능력 비율(표 참조)
t_h : 급탕온도(℃) t_c : 급수온도(℃)
C : 물의 비열 $(4.19 kJ/kg \cdot K)$

【예제-2】 100인이 거주하는 아파트에서의 급탕가열 능력은? (단, 1인 1일당 급탕량 100l, 급탕온도 60℃, 급수온도 5℃, 가열능력비율 1/7, 물의 비열은 4.19 $kJ/kg \cdot K$이다.)

☞ $H = \dfrac{Q_d \cdot \gamma \cdot C \cdot (t_h - t_c)}{3,600} \ (kW)$ 에서

1일급탕량$(Q_d) = 100$인 $\times 100(l/$인 $\cdot d) = 10,000 l/d$ 이므로

$H = \dfrac{10,000 \times 1/7 \times 4.19 \times (60-5)}{3,600} = 91.4 \ (kW)$

[2] 기구수에 의한 방법

(1) 사용횟수를 추정할 수 있을 경우

$$Q_h = F \times P \times a$$

F : 기구 1개 1회당 급탕량(l)
P : 기구의 사용 횟수$(회/h)$
a : 동시사용률$(\%)$

(2) 사용횟수를 추정할 수 없을 경우

$$Q_h = F_h \times O \times a$$

F_h : 기구의 급탕량(l)
O : 기구수$(개)$
a : 동시사용률$(\%)$

<표 3-2> 건물의 종류별 급탕량

건물의 종류	1인 1일당 급탕량 Q_d	1일 사용에 대한 필요한 1시간당 최대치 비율 Q_h	피크 로드의 계속시간 h	1일 사용량에 대한 저탕비율 v	1일 사용량에 대한 가열능력 비율 γ
주택, 아파트, 호텔 등	75~150	1/7	4	1/5	1/7
사무실	7.5~11.5	1/5	2	1/5	1/6
공장	20	1/3	1	2/5	1/8
레스토랑	-	-		1/10	1/10

<표 3-3> 위생기구별 급탕량 [ℓ/h]

기 구 명	아파트	클럽	체육관	병원	호텔	공장	사무소	주택	학교	YMCA
개인 세면기	7.5	7.5	7.5	7.5	7.5	7.5	7.5	7.5	7.5	7.5
일반 세면기	15	22	30	22	30	45	22	-	57	30
양 식 욕 조	75	75	100	75	75	-	-	75	-	110
샤 워	110	570	850	280	280	850	110	110	850	850
부 엌 싱 크	38	75	-	75	110	75	75	38	75	75
배 선 싱 크	19	38	-	38	38	-	38	19	38	38
세 탁 싱 크	75	106	-	106	106	-	-	75	-	106
소 제 싱 크	75	75	-	75	110	75	75	57	75	75
접시 세정기	57	190~570	-	190~570	190~750	75~375	-	57	75~375	75~373
동시 사용율	0.30	0.30	0.40	0.25	0.25	0.40	0.30	0.30	0.40	0.40
저탕용량계수	1.25	0.9	1.0	0.6	0.8	1.0	2.0	0.7	1.0	1.0

주) ① 최종 온도를 60°C로 산정한 것임.
② 저탕용량계수란 1시간당 최대 급탕량에 대한 저탕용량의 비율임.

4-2 저탕조의 용량 산정

저탕조의 용량은 일반적으로 호텔이나 체육관의 샤워시설과 같이 일시에 다량의 온수가 필요한 경우에는 저탕량이 큰 시설을 하고 주방이나 영업용욕탕과 같이 일정시간, 비교적 장시간에 걸쳐 급탕을 사용하는 경우는 열원용량이 큰 시설을 하는 것이 좋다.

[1] 직접 가열식

$$V = (1시간 최대급탕량 - 온수 보일러의 탕량) \times 1.25$$

[2] 간접 가열식

$$V = 1시간 최대급탕량 \times (0.6 \sim 0.9)$$

5. 급탕배관 시공

5-1 배관법
[1] 단관식
 단관식은 온수를 급탕전까지 운반하는 배관을 1관으로만 설치한 것으로 환탕관이 없어서 순환되지 못하며 주관에서 멀리 떨어져 있는 급탕전에서는 배관 속에 차 있던 탕물이 냉각하기 때문에 수전을 열면 처음에는 찬물이 유출되고 나중에 더운물이 나오기 때문에 사용상 불편한 면이 있다. 배관이 비교적 짧고 간단하여 설비비가 적게 들기 때문에 주택이나 소규모 건물의 급탕에 사용된다.

[2] 복관식
 급탕관의 길이가 길 때 관내온수의 냉각을 방지하기 위하여 보일러에서 급탕전까지 공급관과 순환관을 배관하는 방식으로 주로 대규모 건물의 급탕에 사용한다. 이 방식은 급탕관과 환탕관에 항상 급탕이 순환하기 때문에 급탕전을 열면 즉시 온수가 나온다.

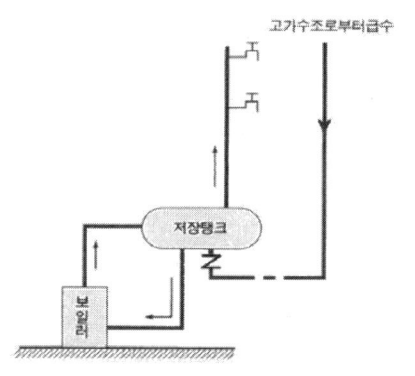
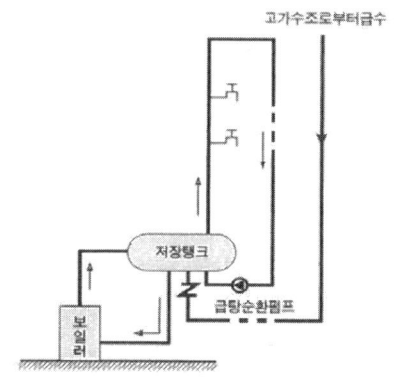

[그림 3-6] 단관식 배관법　　　[그림 3-7] 복관식 배관법

[3] 순환방식
(1) 중력 순환식
　물의 온도차에 의하여 자연 순환시키는 방식으로 순환속도가 느려서 주로 소규모 건물에 이용한다.

(2) 강제 순환식
　순환펌프를 이용하여 강제적으로 급탕을 순환시키는 방식으로 순환속도가 빨라 주로 대규모 건물에 이용한다.

5-2 관경결정
[1] 급탕관
　급탕배관의 주관은 최소 20A 이상, 분기관은 15A 이상, 환탕관은 15A 정도로 한다. 급수관경보다 한 사이즈 큰 치수의 것을 사용하며, 환탕관(최소 20A이상)은 급탕관 보다 작은 치수의 것을 사용한다.

<표 3-4> 급탕관 및 환탕관의 관경

급탕관경(mm)	25	32	40	50	65	75	100
환탕관경(mm)	20	20	25	32	40	40	50

[2] 배관의 구배

배관의 구배는 온수의 순환을 원활하게 하기 위하여 가능한 급구배가 좋다. 배관구배는 중력순환식은 1/150, 강제순환방식은 1/200 정도로 하는 것이 좋다.

[3] 공기빼기

물이 가열되면 물 속에 있는 용존산소가 분리된다. 이 공기는 배관계통 중 ㄷ자형 배관부 등에 고여 탕물의 순환을 저해하므로 가능한 "ㄷ"자형 배관은 피하고, 부득이 굴곡배관을 할 경우 공기밸브를 설치한다.

5-3 배관의 신축이음

[1] 관의 신축과 팽창계수

관내를 뜨거운 온수가 흐르면 그에 따라 관경과 길이가 신축한다. 관경 신축량은 근소하지만 길이의 신축량은 커서 직선배관이 길 경우 관이음쇠, 밸브류 및 기타 서포터 등에 큰 응력이 생겨 이음쇠 등이 파손되기도 한다. 신축량은 관길이와 온도변화에 비례하여 다음과 같이 계산하다.

$$L = 1000 \cdot l \cdot c \cdot \Delta t \ (mm)$$

L : 신축량(mm), l : 온도변화전의 관 길이(m)
c : 관의 선팽창 계수, Δt : 온도변화 (℃)

<표 3-5> 관의 선팽창계수

관 종 류	선 팽 창 계 수	관 종 류	선 팽 창 계 수
연 철 관	0.000012348	동 관	0.00001710
강 관	0.00001098	황 동 관	0.00001872
주 철 관	0.00001062	연 관	0.00002862

<표 3-6> 각종 관의 선팽창량(mm/100m)

관 종 류	강 관	동 관	황 동 관
선 팽 창 계 수	0.1098×10^{-4}	0.1710×10^{-4}	0.1872×10^{-4}
온도 0℃	0	0	0
20℃	22.0	68.4	37.4
40℃	43.9	84.2	74.9
60℃	65.9	102.6	112.3
80℃	87.8	136.8	149.3
100℃	109.8	171.0	187.2

[1] 종류

배관의 신축·팽창량을 흡수하기 위해서는 신축이음쇠가 사용되며, 일반적으로 강관은 보통 30m, 동관은 20m마다 신축이음을 1개씩 설치하는 것이 좋다. 신축이음쇠의 종류와 용도는 아래와 같다.

① 스위블 조인트(swivel joint) : 2개 이상의 엘보를 사용하여 신축을 흡수하는 것으로 신축과 팽창의 반복으로 인해 누수의 원인이 되는 것이 결점이다. 주로 방열기 주위부근의 배관에 사용된다.

② 신축곡관(expansion loop) : 고압배관에 사용할 수 있는 장점이 있으나 1개의 신축길이가 큰 것이 결점이며, 고압배관의 옥외배관에 적합하다.

③ 슬리브형(sleeve type), 벨로스형(bellows type) : 콘크리트 벽이나 바닥을 관통하는 곳에 설치하여 배관의 고장이나 건물의 손상을 방지한다.

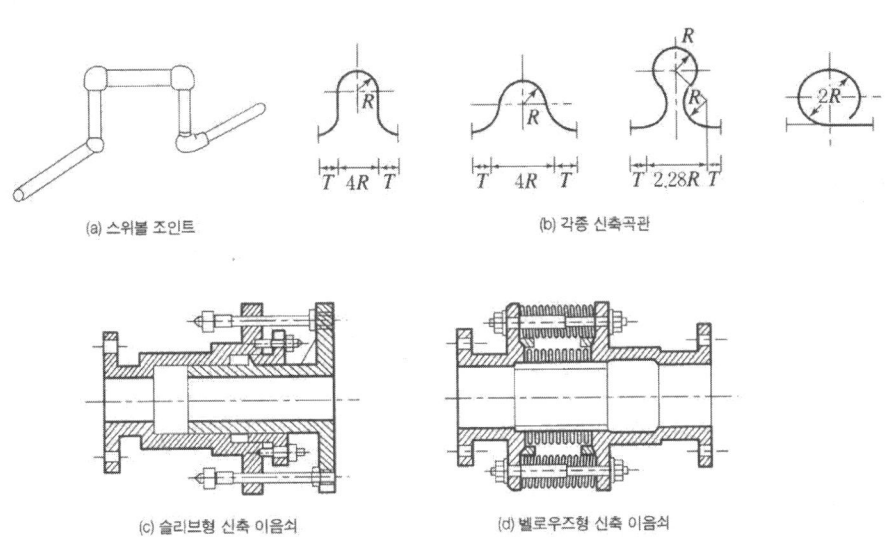

(a) 스위블 조인트   (b) 각종 신축곡관

(c) 슬리브형 신축 이음쇠   (d) 벨로우즈형 신축 이음쇠

[그림 3-8] 각종 신축이음쇠

[2] 신축이음쇠의 간격
① 강관: 30m
② 동관: 20m
③ PVC: 10m
④ 수직배관: 10~20m

5-4 배관의 수압시험
배관을 보온 피복하기 전에 노출상태로 실제 사용하는 최고압력의 2배 이상으로 10분 이상 유지하여야 한다.

5-5 팽창관과 팽창탱크
온수 순환 배관도중에 이상 압력이 생겼을 때 그 압력을 흡수하기 위한 도피구이다. 급탕 수직관을 연장하여 팽창관으로 하고 이를 팽창탱크에 자유 개방한다. 팽창관의 도중에는 밸브를 달아서는 안되며, 팽창탱크의 설치높이는 탱크의 저면이 급수전보다 적어도 5m 이상 높은 곳에 위치해야 하고 급수는 볼탭에 의해 자동 급수한다.

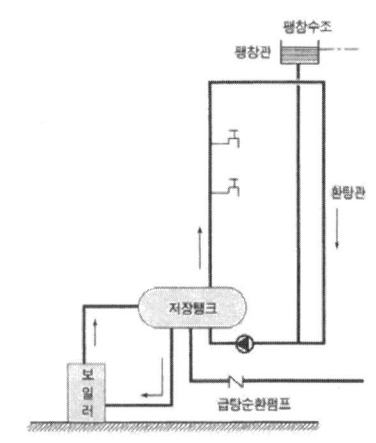

[그림 3-9] 평창탱크와 팽창관

5-6 보온피복
저탕조 및 배관계통은 완벽하게 피복을 하여 열손실을 최소한도로 막아야 한다. 보온재로 적합한 것은 우모, 펠트, 라크올, 아스베스토스, 마그네시아, 규조토 등을 들 수 있다. 피복두께는 3~5cm정도가 적당하다.

5-7 배관기기의 시험과 검사
배관기기의 시험과 검사는 급수장치의 경우와 같은 방법으로 하되 수압시험은 피복하기 전 적어도 실제 사용하는 최고압력의 2배 이상 압력으로 10분 이상 유지될 수 있어야 한다.

◆ 건축산업기사 예상 문제

1. 급탕의 성질

1. 4℃의 물을 100℃까지 가열하였을 경우 체적이 얼마만큼 팽창하는가?
   ㉮ 4.3%   ㉯ 9.6%   ㉰ 13.4%   ㉱ 15.2%

2. 10℃의 물 50kg을 100℃의 온수로 만들려면 필요한 열량은?
   ㉮ 450kcal   ㉯ 4,500kcal   ㉰ 7,000kcal   ㉱ 7,500kcal

3. 4℃의 물 1kg을 100℃의 증기로 만드는 데 필요한 열량은? (대기압 : 1기압)
   ㉮ 539kcal   ㉯ 635kcal   ㉰ 670kcal   ㉱ 693kcal

4. 1시간의 최대 급탕량이 100ℓ/h일 때 급탕부하는 얼마로 보는가?
   ㉮ 60kcal/h   ㉯ 600kcal/h
   ㉰ 6,000kcal/h   ㉱ 60,000kcal/h

   1.㉮   2.㉯   3.㉯   4.㉰

2. 급탕방식

1. 다음은 중앙식 급탕법의 직접 가열식에 대한 설명이다. 옳지 않은 것은?
   ㉮ 보일러 내면의 스케일은 간접 가열식보다 많이 낀다.
   ㉯ 급탕에 따른 건물의 높이가 높다고 하더라도 고압보일러가 필요치 않다.
   ㉰ 대규모 급탕설비에는 비경제적이다.
   ㉱ 가열코일이 필요치 않다.

2. 중앙식 급탕법의 간접 가열식에 대한 설명이다. 옳지 않은 것은?
   ㉮ 고압 보일러를 필요로 하지 않으며 급탕용 보일러를 따로 설치할 필요가 없다.
   ㉯ 서모스탯을 설치하여 온도조절을 한다.
   ㉰ 대규모 설비에 적합하다.

㉣ 난방 설비로서 증기보일러를 갖는 건물에서는 설비비가 많이 든다.

3. 급탕설비에서 간접 가열식 중앙공급법에 대한 설명 중 맞지 않는 것은?
   ㉮ 가열코일이 필요하다.
   ㉯ 보일러 내부에 스케일이 직접 가열식보다 많이 낀다.
   ㉰ 대규모 급탕설비에 적합하다.
   ㉱ 급탕용 전용 보일러를 설치하지 않아도 된다.

4. 급탕법의 설명 중 틀린 것은?
   ㉮ 중력식 급탕법은 탕의 순환의 온도차에 의해 이루어진다.
   ㉯ 강제 순환식 급탕법은 순환펌프로 순환시킨다.
   ㉰ 직접 가열식 급탕법은 열효율이 좋다.
   ㉱ 직접 가열식 급탕법에 순환펌프를 사용하며 대형 건축물의 급탕시설로 적합하다.

5. 급탕설비에 관해 옳은 것은?
   ㉮ 급탕방식은 개별식과 중앙식이 있다. 개별식은 대규모 건축에 유리하고 중앙식은 소규모 건축에 유리하다.
   ㉯ 가열장치는 순간형과 저탕형이 있다. 모든 가열장치에는 물의 팽창에 따른 팽창수조를 설치한다.
   ㉰ 배관방식은 중력식과 강제식이 있고 중력식은 습식과 건식이 있다.
   ㉱ 중앙식의 급수용 고가수조는 가장 높은 곳의 급탕기구보다 사용압력 이상 높아야 한다.

6. 급탕설비에 관한 것 중 옳지 못한 것은?
   ㉮ 급탕방식은 개별식과 중앙식이 있다. 개별식은 소규모 건축에 적합하고 중앙식은 대규모 건축에 유리하다.
   ㉯ 가열장치는 순간형과 저탕형이 있다. 모든 가열장치에는 물의 팽창에 따른 팽창수조를 설치한다.
   ㉰ 배관방식은 단관식과 2관식이 있다. 2관식은 중력식과 강제식이 있다.
   ㉱ 급탕량은 사용인원이나 사용 기구수에 의해 구해진다.

7. 급탕설비에서 옳지 않은 것은?
   ㉮ 급탕방식은 개별식과 중앙식이 있다.
   ㉯ 가열장치는 순간형과 저탕형이 있다.
   ㉰ 배관방식은 2관식과 3관식이 있다.
   ㉱ 급탕량은 사용인원이나 사용기구수에 의해 구한다.

8. 간접가열식 중앙급탕법을 직접가열식과 비교 설명 중 옳지 않은 것은?
   ㉮ 설비비가 절약된다.
   ㉯ 가열코일에 스케일의 우려가 적다.
   ㉰ 가열코일에 순환하는 증기는 저압으로 한다.
   ㉱ 보일러의 수명이 단축된다.

9. 태양열 이용 가열장치에 관한 설명으로 옳지 않은 것은?
   ㉮ 가능한 한 열흡수율이 큰 재료를 사용한다.
   ㉯ 흡수한 열의 보온법을 연구한다.
   ㉰ 가열면에 피복유리를 덮지 않을때는 더 많은 열을 얻을 수 있다.
   ㉱ 수열면이 태양광선에 직각이 되도록 한다.

10. 다음 용어 중에서 일반적인 태양열 난방설비와 관계가 없는 것은?
    ㉮ 축열조   ㉯ 집열기   ㉰ 환수트랩   ㉱ 보조 보일러

11. 단독주택의 태양열 난방시스템 구성요소에 해당되지 않는 것은?
    ㉮ 집열판   ㉯ 축열조   ㉰ 응축수 펌프   ㉱ 보일러

12. 급탕용 보일러 용수로 경수를 사용하면 보일러 내부에 많은 물때(scale)가 부착된다는 단점을 지닌 급탕법은?
    ㉮ 기수 혼합법   ㉯ 저탕형 탕비기법   ㉰ 간접 가열식   ㉱ 직접 가열식

13. 수조·욕조 내의 냉수 속에 직접증기를 뿜어 넣어 증기가 가진 전열량을 물에 가하는 방법으로 온수를 만들어, 효율은 좋으나 소음이 발생하는 결점을 가진 급탕기기는?
    ㉮ 가스순간 온수기   ㉯ 태양열 온수기   ㉰ 기수혼합식   ㉱ 전기순간 온수기

| 1.㉯ 2.㉱ 3.㉯ 4.㉱ 5.㉱ 6.㉯ 7.㉰ 8.㉱ 9.㉰ 10.㉰ |
| 11.㉰ 12.㉱ 13.㉰ |

3. 급탕용 기구

1. 가스 순간 탕비기에서 수도꼭지를 열면 버너에 가스가 통하게 되는데 어떤 장치에 의해서인가?
    ㉮ 파일럿 램프   ㉯ 가열코일   ㉰ 벤튜리   ㉱ 버너

2. 기수혼합식 급탕설비에서 소음을 줄이는 기구는?
    ㉮ 스팀 사일런스   ㉯ 순환펌프   ㉰ 팽창수조   ㉱ 저탕조

3. 다음 사항 중 급탕설비에 관련되지 않은 것은?
    ㉮ 가열코일   ㉯ 스팀 사일런스   ㉰ 팽창관   ㉱ 마노미터

4. 저탕 탱크에 부착되어 증기의 온도를 조정하는 장치는?
    ㉮ 가열코일   ㉯ 순환펌프   ㉰ 사일런서   ㉱ 서모스탯

| 1.㉰ 2.㉮ 3.㉱ 4.㉱ |

4. 급탕배관

1. 급탕 배관법 중 복관식(2관식)으로 하는 이유는?
    ㉮ 공사비를 절약하기 위하여
    ㉯ 연료비를 절약하기 위하여
    ㉰ 곧 뜨거운 물이 나오게 하기 위하여
    ㉱ 보수, 관리를 편리하게 하기 위하여

2. 급탕배관 설계법에 대한 설명 중 틀린 것은?

㉮ 단관식 배관의 경우 급수배관의 설계와 같은 방법으로 결정하되, 급수관 경 산정에서 정한 관경보다 한 구경 큰 것을 선택한다.
㉯ 최소관경은 15mm이상으로 한다.
㉰ 순환식 상향 급탕법에서 팽창관의 관경은 입주관과 동일경으로 한다.
㉱ 순환식 상향 급탕법에서 반탕관의 관경은 20mm이하를 사용치 않는다.

3. 급탕배관 시공시 배관구배에 대한 설명 중 옳지 않은 것은?
㉮ 중력순환식 배관구배는 1/100 정도가 좋다.
㉯ 강제순환식의 구배는 1/200 정도가 좋다.
㉰ 상향 공급방식일 때 급탕 수평주관은 선상향 구배가 좋다.
㉱ 하향 공급방식일 때 급탕관, 복귀관은 모두 선하향 구배가 좋다.

4. 직접 가열식 급탕배관의 리턴 온수관에는 구경 얼마 이하의 관을 사용해서는 안 되는가?
㉮ 20A ㉯ 25A ㉰ 30A ㉱ 35A

5. 급탕관의 관경이 25A 일 때 복귀관의 관경은 대략 얼마정도로 하는 것이 적당한가?
㉮ 20A ㉯ 25A ㉰ 32A ㉱ 40A

6. 급탕설비에서 팽창수조를 설계할 경우, 마찰손실 등을 고려하여 최상층 기구에서 팽창수조까지의 설치 높이는 최소 몇 m로 하는가?
㉮ 2m ㉯ 3m ㉰ 4m ㉱ 5m

7. 급탕 설비에 있어서 직선 배관시에는 대체로 몇 m 마다 1개의 신축이음을 설치하는 것이 알맞은가?
㉮ 10m ㉯ 30m ㉰ 50m ㉱ 70m

8. 급탕배관 설계시 관내를 흐르는 방의 온도변화에 따른 관의 신축 등을 흡수하기 위해 사용하는 배관 부속품으로 맞는 것은?
㉮ 리듀서 ㉯ 부싱 ㉰ 스위블 이음 ㉱ 소켓 이음

제2편 급배수·위생설비

9. 보일러 내의 물이 유출할 경우 화상 및 인체에 피해가 생기고 동시에 관내물의 부족현상을 일으켜 오버히트(over heat)할 경우 대비해 배관하는 방법 중 맞는 것은?
   ㉮ 크로스 커넥션이음
   ㉯ 하트포드 배관법
   ㉰ 체크밸브 이음 배관법
   ㉱ 익스팬션 이음

10. 온도변화에 따른 난방배관의 신축을 흡수하는 신축이음(expasion joint)으로 볼 수 없는 것은?
    ㉮ 슬리브(sleeve)형
    ㉯ 벨로스(bellows)형
    ㉰ 플로트(float)형
    ㉱ 스위블(swivel)형

11. 급탕법의 설명 중 틀린 것은?
    ㉮ 중력식 급탕법은 탕의 순환이 온도차에 의해 이루어진다.
    ㉯ 강제순환식 급탕법은 순환펌프로 순환시킨다.
    ㉰ 직접 가열식 급탕법은 열효율이 좋다.
    ㉱ 직접가열식 급탕법에 순환펌프를 사용하며 대형 건축물의 급탕시설로 적합하다.

12. 급탕배관에서 팽창관의 연결방법이 가장 적당한 것은?
    ㉮ 급탕 수직주관 끝을 연장하여 중력탱크에 자유 개방한다.
    ㉯ 급탕 수직주관 끝을 연장하여 저탕조에 자유 개방한다.
    ㉰ 반탕 환수관 끝을 연장하여 중력탱크에 자유 개방한다.
    ㉱ 반탕 수직 주관 끝을 연장하여 저탕조에 자유 개방한다.

13. 급탕설비에 대한 설명 중 틀린 것은?
    ㉮ 급탕설비에는 공기빼기 밸브를 사용하면 좋다.
    ㉯ 급탕설비의 팽창탱크는 개방형으로 해야 한다.
    ㉰ 중력 순환식 급탕설비에서 배관의 구배를 잘 잡아주면 공기의 정체를 막을 수 있다.
    ㉱ 급탕배관은 급수배관 보다 관의 부식이 적다.

14. 급탕배관에서 안전을 위해 설치되는 팽창관의 위치는?

㉮ 급탕관과 반탕관 사이　　㉯ 반탕관과 순환펌프 사이
㉰ 순환펌프와 가열장치 사이　㉱ 가열장치와 고가탱크 사이

15. 급탕용 배관의 보온 시 생각하지 않아도 되는 것은?
　㉮ 관 외경　　㉯ 관내온도　　㉰ 보온재의 열전도율　　㉱ 관 길이

16. 급탕용 배관의 보온재로 적당하지 않은 것은?
　㉮ 아스펠트 펠트　㉯ 글라스 울　㉰ 퍼라이트　㉱ 락크 울(rock wool)

17. 다음 급탕설비의 안전장치에 관한 설명 중 잘못된 것은?
　㉮ 팽창관은 배관 중에 이상 압력이 생겼을 때 그 압력을 흡수하는 도피구이다.
　㉯ 급탕 배관계통에서 팽창관과 팽창탱크를 설치할 수 없는 특별한 경우에는 안전밸브를 설치하여 장치의 파괴를 방지한다.
　㉰ 급탕설비의 안전장치는 팽창관, 팽창탱크, 안전밸브 등이 사용되고 있다.
　㉱ 팽창관의 도중에는 반드시 체크 밸브(check valve)를 설치하여 온수의 역류를 방지한다.

18. 급탕설비시 팽창탱크의 설치높이는 어느 정도로 하는 것이 이상적인가?
　㉮ 탱크의 밑면이 최고층의 급수전보다 5m 이상 높은 곳에 설치한다.
　㉯ 탱크의 밑면이 최고층의 급수전보다 3m 이상 높은 곳에 설치한다.
　㉰ 탱크의 밑면이 최고층의 급수전보다 3m 이하인 곳에 설치한다.
　㉱ 탱크의 밑면이 건물의 옥상바닥에서 1m 이내인 곳에 설치한다.

19. 관내에서 분리된 증기나 공기를 배출하고 물의 팽창에 따른 위험을 방지하기 위해 설치하는 탱크는?
　㉮ 순환탱크　　㉯ 팽창탱크　　㉰ 옥상탱크　　㉱ 압력탱크

20. 급탕설비 배관에서 가로배관에 구배를 주는 이유 중 가장 관계가 적은 것은?
　㉮ 마찰손실을 적게 하기 위하여
　㉯ 관 속의 흐름을 원활히 하기 위하여
　㉰ 공기가 정체하지 않게 하기 위하여
　㉱ 장치 전체를 수리할 때 물을 완전히 빼기 위하여

21. 급탕배관에 관한 설명 중 <u>틀린 것</u>은 어느 것인가?
    ㉮ 관의 부식에 대비하여 노출배관을 한다.
    ㉯ 공기빼기밸브를 설치한다.
    ㉰ 관 피복전에 사용압력의 2~3배로 수압시험을 한다.
    ㉱ 직선 배관시에는 보통 50m마다 1개의 신축이음을 설치한다.

22. 급탕배관의 시공상 주의사항 중 <u>틀린 것</u>은 어느 것인가?
    ㉮ 배관의 구배는 온수의 순환을 원활하게 하기 위하여 급구배로 한다.
    ㉯ 상향 순환식 급탕에서 수평주관을 올림 구배, 복귀관은 내림 구배로 한다.
    ㉰ 배관 도중에 gate밸브(슬루스 밸브)는 공기층을 만들기 쉬우므로 stop 밸브를 단다.
    ㉱ 이상압이 생겼을 때의 도피구로서 급탕 입주관의 천장부를 연장하여 횡주관으로 중력탱크에 팽창관 장착부의 저탕조 취출구로부터 가장 먼 곳에 단다.

23. 급탕설비에 있어서 동관 직선 배관시에는 대체로 몇 미터마다 1개의 신축이음을 설치하는가?
    ㉮ 10m   ㉯ 20m   ㉰ 30m   ㉱ 40m

24. 벽이나 바닥 등을 배관이 관통하는 경우에는 관통부분에 (   )를 설치하여, 관의 신축에 따른 배관계통이 파손되는 것을 방지한다. 다음 중 (   )에 맞는 것은?
    ㉮ 이음쇠   ㉯ 슬리브   ㉰ 밸브   ㉱ 후렌지

1.㉰	2.㉯	3.㉮	4.㉮	5.㉮	6.㉱	7.㉯	8.㉰	9.㉯	10.㉰
11.㉱	12.㉮	13.㉱	14.㉱	15.㉱	16.㉮	17.㉱	18.㉮	19.㉯	20.㉮
21.㉱	22.㉰	23.㉯	24.㉯						

5. 급탕설계

1. 건물의 급탕량 산정에 대한 일반적인 설명이다. 틀린 것은?
   ㉮ 고급호텔에서는 피크로드는 높지만 1일 사용량이 적고 상업호텔에서는 피크로드는 낮지만 1일 사용량은 많다.
   ㉯ 급탕량 산정은 인원수에 의한 방법이 정확한 값을 얻을 수 있다.
   ㉰ 저탕조 용량은 피크로드시 수량을 근거로 하여 산정한다.
   ㉱ 주택에서 피크아워 때의 수량은 1일 사용수량의 1/7정도로 본다.

2. 간접 가열식 급탕설비에서 1시간당 최대 급탕용량이 10,000ℓ이고 저탕비율이 60%이면 저탕조의 필요 용량은?
   ㉮ 6,000 L   ㉯ 1,660 L   ㉰ 600 L   ㉱ 166 L

3. 급탕량의 산정에는 다음 2가지 방법이 있다. 이들은 계산결과 반드시 일치하지는 않지만 양자의 값을 비교 검토하여 급탕량을 추정한다. 다음 중 2가지 방법은 어느 것인가?
   ㉮ 위생기구수에 의한 방법, 가열코일에 의한 방법
   ㉯ 급탕인원에 의한 방법, 위생기구수에 의한 방법
   ㉰ 급탕인원에 의한 방법, 보일러 부하에 의한 방법
   ㉱ 저탕조 용량에 의한 방법, 보일러 부하에 의한 방법

4. 급탕인원 120명인 아파트의 1일당 최대 예상급탕량은 얼마인가? (단, 1일 1인당 급탕량은 140$l/c/d$로 한다)
   ㉮ 16,800 l/d ㉯ 17,800 l/d ㉰ 15,800 l/d ㉱ 18,000 l/d

5. 팽창탱크 높이 구하는 식은 $h = H\left(\dfrac{\gamma_1}{\gamma_2} - 1\right)$이다. 급탕관의 최저위치에서 고가수조의 수면까지의 높이 24.5m, 물의 비중량 999.73kg/㎥(10℃), 983.2kg/㎥(60℃)이고 급탕 및 급수 온도는 각각 60℃, 10℃로 한다.
   ㉮ 0.41m   ㉯ 0.51m   ㉰ 0.61m   ㉱ 0.31m

6. 다음 중 팽창탱크의 용량 구하는 식은 어느 것인가? (단, VE=팽창탱크 용량

[㎥], **V**=배관 및 기기내의 탕량[㎥], γ_1=물의 비중량[kg/㎥], γ_2=탕의 비중량 [kg/㎥]이다.)

㉮ $VE=1,000V\left(\dfrac{1}{\gamma_1} - \dfrac{1}{\gamma_2}\right)$ ㉯ $VE=1,000V\left(\dfrac{1}{\gamma_2} - \dfrac{1}{\gamma_1}\right)$

㉰ $VE=1,000V(\gamma_2 - \gamma_1)$ ㉱ $VE=1,000V\left(\dfrac{\gamma_1}{\gamma_2} - 1\right)$

7. 급탕인원 200명인 아파트의 1일당 최대 예상급탕량은 16,800 l/d이다. 이 때 저탕조의 유효용량을 구하라. (단, 1일 사용량에 대한 저탕비율은 0.2 이다.)
   ㉮ 3,360 l ㉯ 4,360 l ㉰ 4,500 l ㉱ 3,500 l

8. 주 급탕관이 50m, 주 반탕관이 40m일 때 순환펌프의 양정은 몇 m인가?
   ㉮ 0.65m   ㉯ 0.9m   ㉰ 2m   ㉱ 9m

| 1.㉮ | 2.㉮ | 3.㉯ | 4.㉮ | 5.㉮ | 6.㉯ | 7.㉮ | 8.㉮ |

제4장 배수 및 통기설비

1. 개요

건물 내에서 발생한 여러 종류의 배수를 공공 하수도로 보내기 위해 배수설비가 필요하며, 하수도에서 발생된 유해가스가 실내에 침입하는 것을 방지하기 위해 배수기구 근처에 트랩을 설치해야 하고 트랩보호와 배수관내의 배수흐름을 원활하게 하기 위해 통기설비가 필요하게 된다.

1-1 배수의 종류
[1] 오수(汚水)
주로 인체로부터의 배설물을 지칭하며, 대변기, 소변기 등에서 나오는 배수를 말한다. 공공하수처리나 하수도가 완비되어 있는 지역에서는 오수를 그대로 방류해도 되지만 그 밖의 지역에서는 오수정화조에서 정화처리한 후 하수로 배출해야 한다.

[2] 잡배수(雜排水)
세면기, 욕실, 주방 등에서 나오는 일반 구정물의 배수로 하수로를 거쳐 직접 하천에 방류되는데 하수도처리지역 이외의 지역에서는 합병처리 정화조에서 오수와 함께 처리한다.

[3] 우수(雨水)
우수, 용수(湧水) 등 거의 오염되지 않은 배수를 말하며, 직접 하천으로 방류된다.

[4] 특수배수
공장, 병원, 연구소 등의 배수와 같이 다량의 유독, 유해물을 함유한 물로서 직접 배수 계통이나 하수도에 방류할 수 없다.

1-2 배수방식

배수방법은 처리 방법에 따라 분류배수 방식과 합류배수 방식으로 대별할 수가 있다.

[1] 합류배수 방식

오수·잡배수의 구별없이 양자를 모아서 배수하는 방식으로서, 이 방식은 합류배수관이 설치되어 있는 지역 또는 오수·잡배수의 합류처리시설을 설치한 건물에서만 가능하다.

[2] 분류배수 방식

오수와 잡배수 그리고 빗물로 나누어 각각 배출하는 방식이다. 우리나라 대부분의 지역의 잡배수, 우수는 그대로 하천 등에 방류하고 오수는 사설의 분뇨정화조를 설치하여 잡배수와 우수를 배제하고 처리하고 있다.

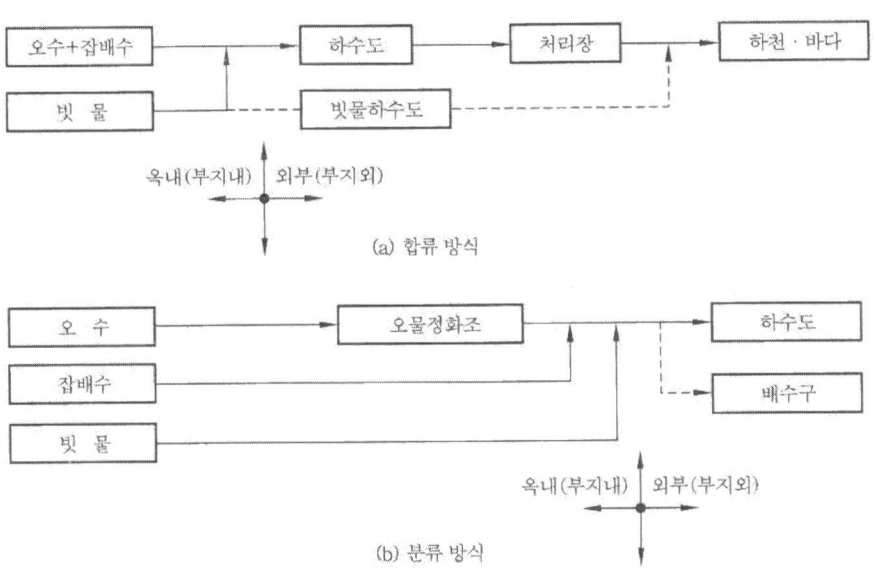

[그림 4-1] 배수처리 방식

2. 옥내 배수설비

옥내의 물을 배수하는 데는 중력식과 기계식의 2종류가 있다. 중력작용에 의하여 높은데서 낮은 곳으로 자연히 흘러내리게 하여 배수하는 데 이를 중력배수식(gravity drainage system)이라고 하며, 지하실 등 공공 하수관보다 낮은 곳의 배수는 최하층 바닥에 설치된 배수피트에 모아 오수펌프를 이용하여 공공하수관으로 배출하는데 이를 기계 배수식(mechanical drainage system)이라고 한다. [그림 4-2]는 옥내배수 및 통기관의 계통도이다.

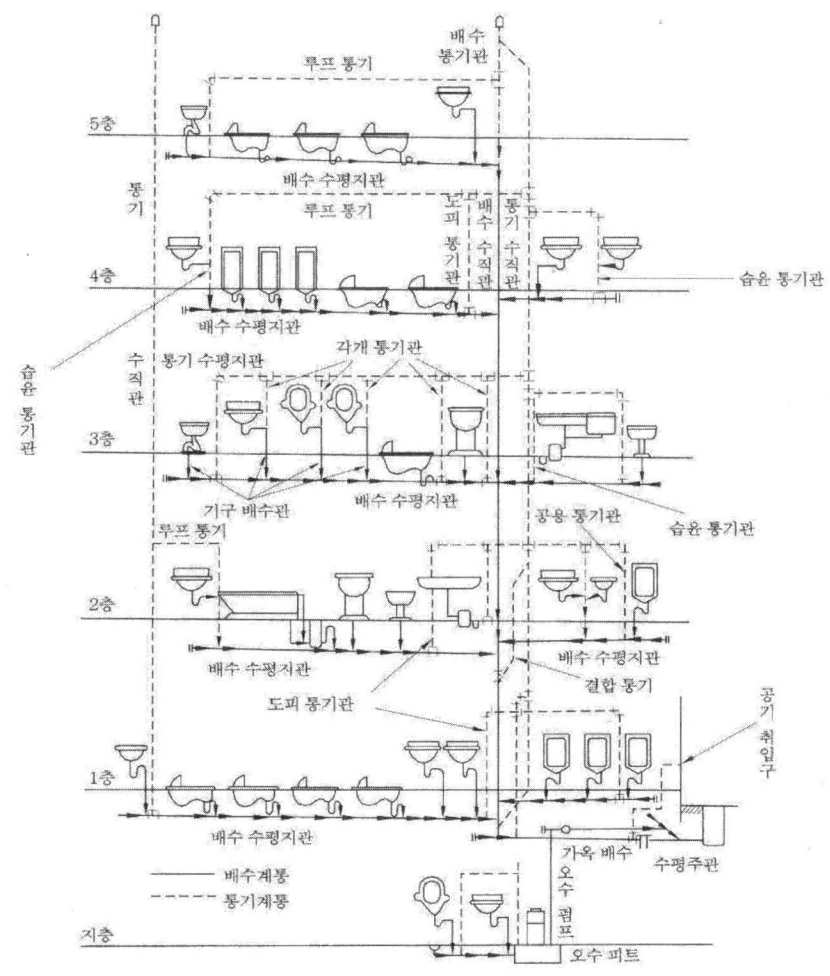

[그림 4-2] 배수 및 통기관의 계통도

2-1 배수관내의 유수상태

일반적으로 배수관에 흘러 들어온 물은 기구에 급수할 때보다 더 빠른 속도로 관내를 흐른다. 기울기가 동일한 경우, 관경이 필요이상으로 크면 유수깊이가 얕아서 **자정유속**(自淨流速) 이하가 되어 관벽에 오물이 부착된다. 또한 관경이 과소하면 물이 관내에 가득차게 되어 충분한 유속을 갖지 못하며, 오물이 관내에 퇴적하여 흐름을 방해한다.

수평관은 관경과 기울기에 상호관련성이 있어서 기울기가 완만하면 유속이 느리고 유량도 적어지므로 관경을 굵게 해야 한다. 반면 기울기를 급하게 하면 유속, 유량이 커져서 관경은 가늘어진다. 따라서 수평관의 유수심은 관내경의 50~70%를 목표로 하며, 유속은 평균 1.2m/s로서 최대 2.4m/s, 최소 0.6m/s 이상 되도록 한다 (표 4-1 참조).

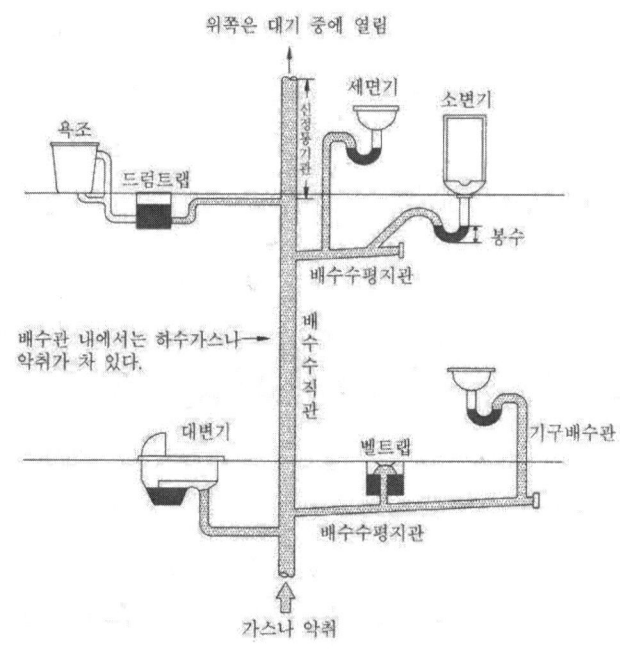

[그림 4-3] 배수관 이름 및 트랩설치 예

[1] 기구 배수관

위생기구의 배수관 접속구에서 배수 수평지관 접속까지의 배수관 부분을 말하며, 일반적으로 기구배수 트랩의 접속구에 접속시켜 관경은 접속구경 이상으로 한다. 수직관 길이가 너무 길면 자기사이펀 작용을 일으키기 쉽다.

[2] 배수 수평지관

　기구 배수관과 배수 수직관을 접속하는 수평관 부분을 말한다. 배수량이 순간적으로 많을 경우, 배수관내의 유수면에 파동을 일으켜서 파동의 꼭대기 부분이 관내면의 상단부에 부딪쳐서 어떤 길이의 만류개소를 만드는 일종의 **맥동수**(脈動水)가 된다. 이것이 물의 피스톤을 형성하여 상류측은 부압(-), 하류측은 정압(+)이 된다. 그래서 상류측에는 외부로부터 공기를 도입하고 하류측에는 공기를 토출하여 관내를 신속하게 대기압 상태로 만들 필요가 있다.

[3] 배수 수직관

　각층의 배수 수평지관을 접속하는 수직배수관을 말한다. 물이 중력에 의하여 낙하할 때 중력과 마찰력과의 균형으로 인하여 일정해진 유속을 **종국유속**이라고 하며, 수직관에 유입하여 종국속도에 이르기까지의 유하길이를 **종국장** 또는 **종국길**이라고 한다. 일반적으로 종국길이는 관경 50~75A의 수직관에서는 약 3~4m, 100A이상의 수직관에서는 4.5~7.5m이다. 또한 수직관에서 수평주관을 향하여 하류측에서 물반지의 상단이 수평방향의 힘을 잃고 중력에 의하여 낙하하므로 갑자기 유수심을 증가시켜 후속되는 물이 평형을 잃고 **도수현상**(跳水現象)을 일으켜서 수평주관의 어떤 길이만큼을 충만하여 흐르게 된다.

<표 4-1> 배수수평관 구배(기울기)

관 경 (mm)	구 배
65이하	최소 1/50
75, 100	최소 1/100
125	최소 1/150
150이상	최소 1/200

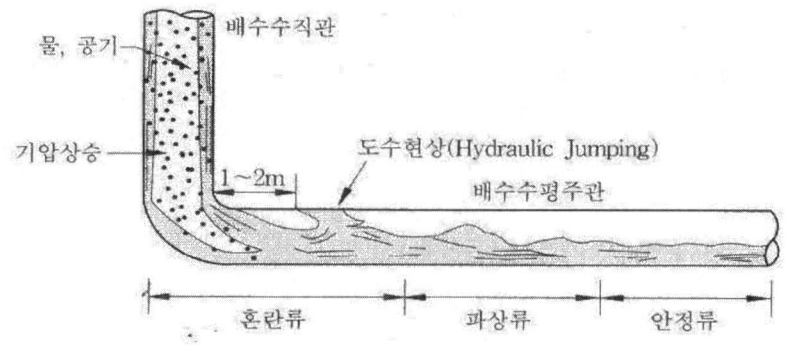

[그림 4-4] 배수 수평주관 내의 흐름

2-2 트랩(trap)

배수관의 내부는 물과 함께 흐르는 오물이나 유기물이 관내에서 부패하여 악취를 발산한다. 배수관내의 악취 및 유해가스를 차단하고 벌레 등이 실내로 침투하는 것을 방지하기 위하여 설치하는 기구를 트랩이라고 한다. 트랩은 배수계통 요소 중 일부분에 물을 저수함으로써 물은 자유로이 유통시키지만 공기나 가스는 유통시키지 못하는 기구로서 이 물을 봉수(封水)라고 한다. 트랩의 봉수깊이는 표준 50~100mm 정도이다.

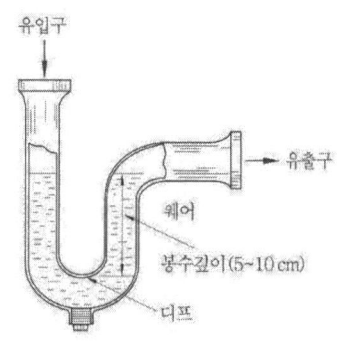

[그림 4-5] 트랩의 봉수

[1] S트랩

사이펀 작용이나 모세관 현상을 일으키기 쉽고, 벽 붙임 기구에서의 배수를 바로 입하시켜 바닥 밑의 배수 횡주관에 접속하는 경우와 벽 매입부가 없는 장소에 편리하다. 대변기 트랩이나 세면기 트랩에 사용한다.

[2] P트랩

주로 세면기에 사용되는 트랩으로 통기관을 설치하면 가장 이상적인 트랩이다. 가장 일반적으로 이용되는 경우는 벽 붙임 기구에서의 배수를 벽 안쪽의 입관에 접속하고, 배관을 은폐시키면 디자인 면에서도 좋다.

[3] U트랩

각 기구마다 트랩을 설치하지 않고 여러 기구의 공통트랩으로서 횡주관의 도중에 설치하는 경우에 사용된다. 옥내에는 설치하지 않고 주로 주택과 하수도와의 사이에 설치하기 때문에 일명 **가옥트랩**이라고 한다.

[4] 드럼트랩

주방싱크의 배수용 트랩에 사용한다.

[5] 벨트랩

바닥 배수용 트랩에 사용한다.

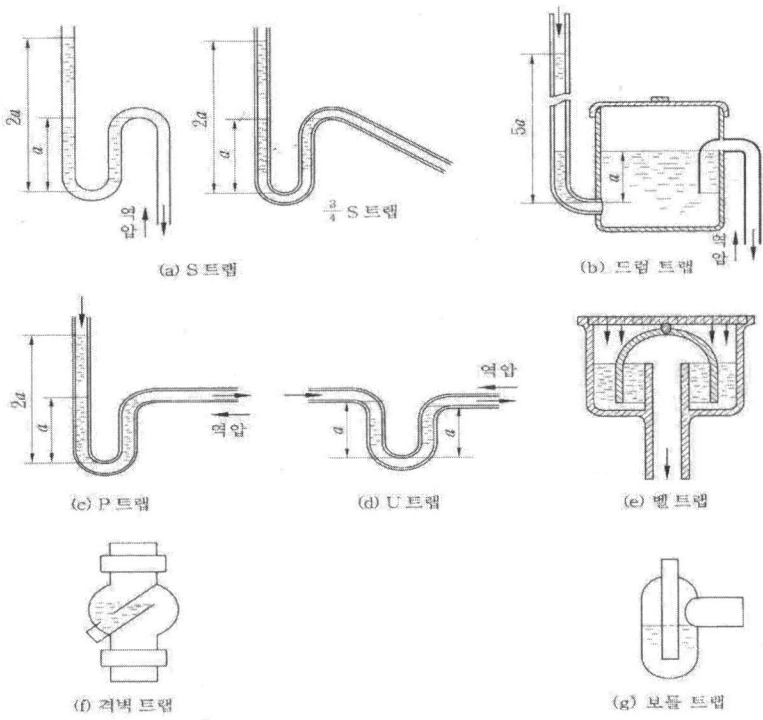

[그림 4-6] 다양한 트랩의 종류

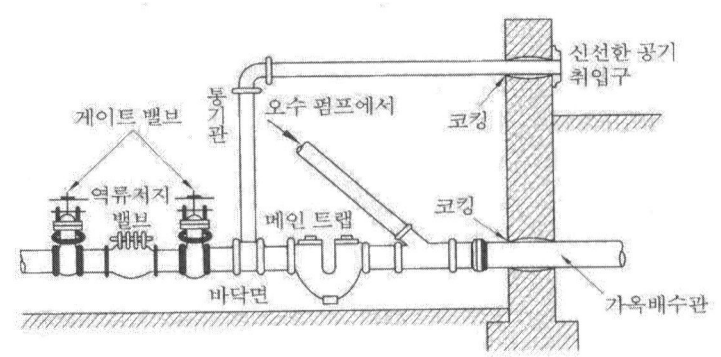

[그림 4-7] 가옥의 U트랩 연결도

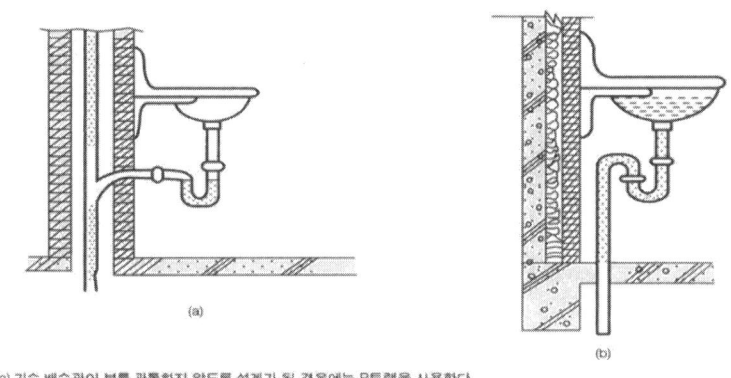

(a) 기구 배수관이 보를 관통하지 않도록 설계가 된 경우에는 P트랩을 사용한다.
(b) 기구 배수관이 보를 관통하지 않도록 S트랩을 사용하여 배수한다.

[그림 4-8] P트랩과 S트랩의 설치도

2-3 조집기(阻集器 또는 捕集器)

배수 중에 혼입한 여러 가지 유해물질이나 기타 불순물 등을 분리 수집함과 동시에 트랩의 기능을 발휘하는 기구를 조집기라고 한다.

[1] 그리스 조집기 (grease intercepter)

주방으로부터의 배수중에는 다량의 지방분이 함유되어 있기 때문에 배수관내에서 냉각되면 관벽에 응고·부착하여 관경이 좁아져 배수의 흐름을 방해한다. 이를 방지하기 위하여 트랩속에서 지방분을 응결시켜 배제하고 하수가스를 저지하기 위해 설치하는 것이다.

[2] 샌드 조집기 (sand intercepter)
배수 중의 진흙이나 모래의 유출을 방지하고 회수하기 위하여 설치하는 것.

[3] 모발 조집기 (hair intercepter)
모발은 배관의 도중에 걸리기 쉽고 장시간 부패하지 않기 때문에 배수관을 막히게 하는 주요 원인이 된다. 이것을 저지하기 위하여 금망상(金網狀)의 것으로 모발을 걸리게 하여 제거한다.

[4] 플라스터 조집기 (plaster intercepter)
치과의 기공실이나 정형외과의 기브스실에서의 석고유출 방지와 금·은 재료의 부스러기 회수용으로 설치한다.

[5] 가솔린 조집기 (gasoline intercepter)
주차장이나 자동차 정비공장 등에서 바닥으로 흘린 가솔린이 실내나 하수관내에서 증발하여 폭발하는 것을 방지하기 위하여 설치하는 것이다.

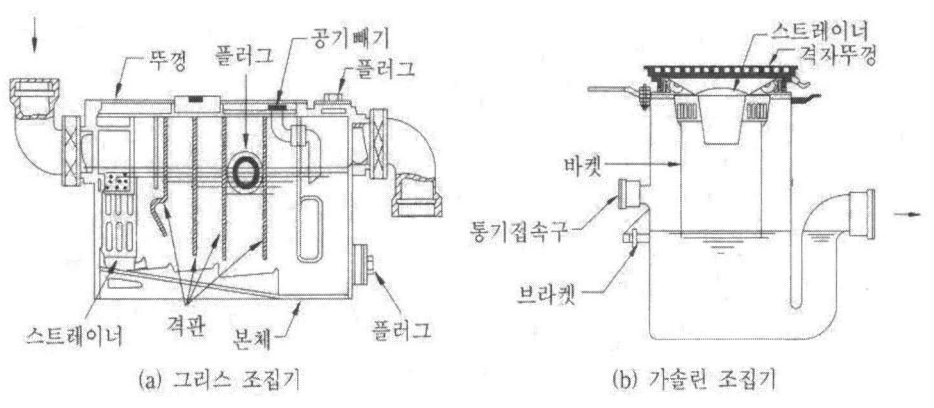

(a) 그리스 조집기   (b) 가솔린 조집기

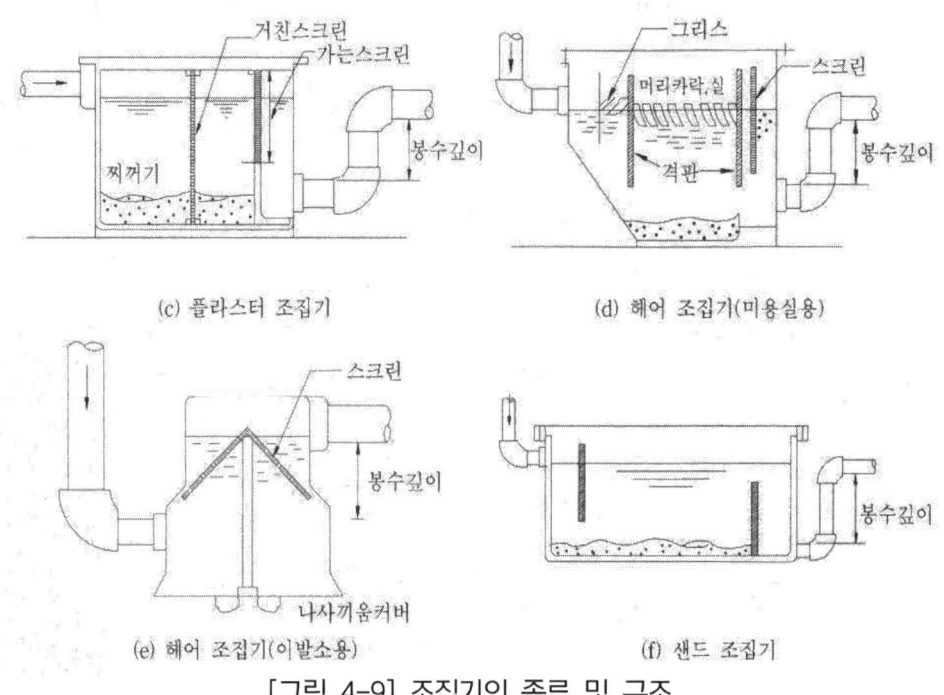

[그림 4-9] 조집기의 종류 및 구조

2-4 트랩의 봉수파괴 원인

[1] 자기사이펀 작용

배수시에 트랩 및 배수관은 사이펀관을 형성하여 기구에 만수된 물이 일시에 흐르게 되면 트랩내의 물이 자기 자기사이펀 작용에 의해 모두 배수관 쪽으로 흡인되어 배출하게 된다.

[2] 흡출작용

수직관 가까이에 기구가 설치되어 있을 때 수직관 위로부터 일시에 다량의 물이 낙하하면 그 수직관과 수평관의 일부분에 순간적으로 진공이 생기고 그 결과 트랩의 봉수가 흡입 배출된다.

[3] 분출작용

트랩에 이어진 기구배수관이 배수 수평지관을 경유 또는 직접 배수 수직관에 연결되어 있을 때, 이 수평지관 또는 수직관 내를 일시에 다량의 배수가 흘러내리는 경우 그 물덩어리가 일종의 피스톤 작용을 일으켜 하류 또는 하충기구의 트랩 속 봉수를 공기의 압력에 의해 역으로 실내 쪽으로 역류하게 된다.

[4] 모세관 작용

트랩의 출구에 솜이나 천 조각, 머리카락 등이 걸렸을 경우 모세관현상에 의해 봉수가 파괴된다.

[5] 증발

위생기구의 사용빈도가 적을 때 봉수가 자연히 증발한다.

[6] 자기운동량에 의한 관성

위생기구의 물을 갑자기 배수하는 경우, 또는 강풍, 기타의 원인으로 배관 중에 급격한 변화가 일어난 경우에 봉수면에 상하동요를 일으켜 사이펀 작용이 일어나거나 봉수가 분출된다.

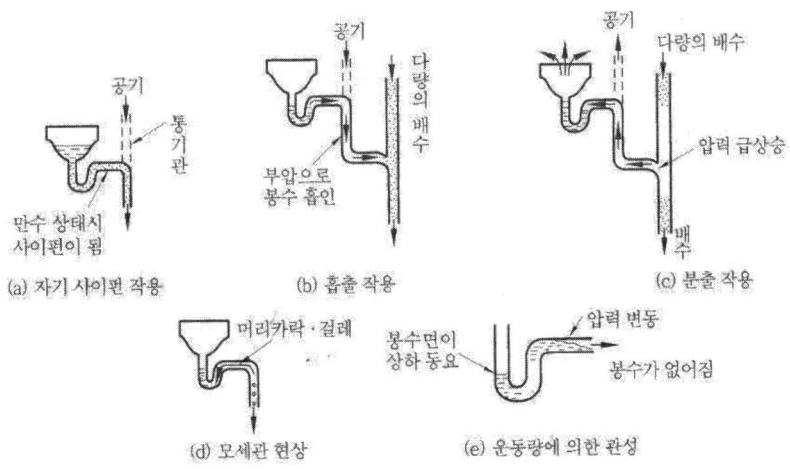

[그림 4-10] 트랩의 봉수파괴 원인

3. 통기설비

통기관의 설치목적은 첫째 사이펀 작용 및 배압으로부터 **트랩의 봉수를 보호**하고, 둘째 배수관내의 **배수흐름을 원활**하게 하며, 셋째 배수관내에 신선한 공기를 유통시켜 배수관내의 환기를 도모하여 **관내를 청결하게 유지**하는 것이다.

3-1 통기관의 종류

[1] 각개 통기관 (individual vent pipe)
위생 기구마다 통기관이 하나씩 설치되는 것으로 통기방식 중에서 가장 이상적이다.

[2] 루프 통기관 (loop vent pipe)
2개 이상의 트랩을 보호하기 위하여, 최상류에 있는 위생기구 배수관을 그 배수 수평지관과 연결하는 바로 하류의 수평지관에서 접속시켜 통기 수직관 또는 신정 통기관으로 연결하는 통기관이다. 최고 감당 기구수는 8개까지이며, 통기 수직관과 최상류 기구까지의 통기관의 연장은 7.5m이내 이어야 한다.

[3] 도피 통기관 (relief vent pipe)
환상 통기배관에서 통기능률을 향상시키기 위해서 설치한 통기관으로, 배수 수평지관의 하류에서 배수 수직관과 가장 가까운 기구배수관의 접속점 사이에 설치한다.

[4] 신정(伸頂)통기관(stack vent pipe)
배수 수직관의 상단을 축소하지 않고 그대로 연장하여 대기중에 개방한 통기관을 말한다.

[5] 습윤 통기관(wet vent pipe)
통기와 배수를 겸한 통기관을 말한다.

[6] 결합 통기관(yoke vent pipe)

고층건물의 경우, 배수수직주관과 통기수직주관을 접속하는 관. 5개 층마다 설치해서 배수수직주관의 통기를 촉진한다.

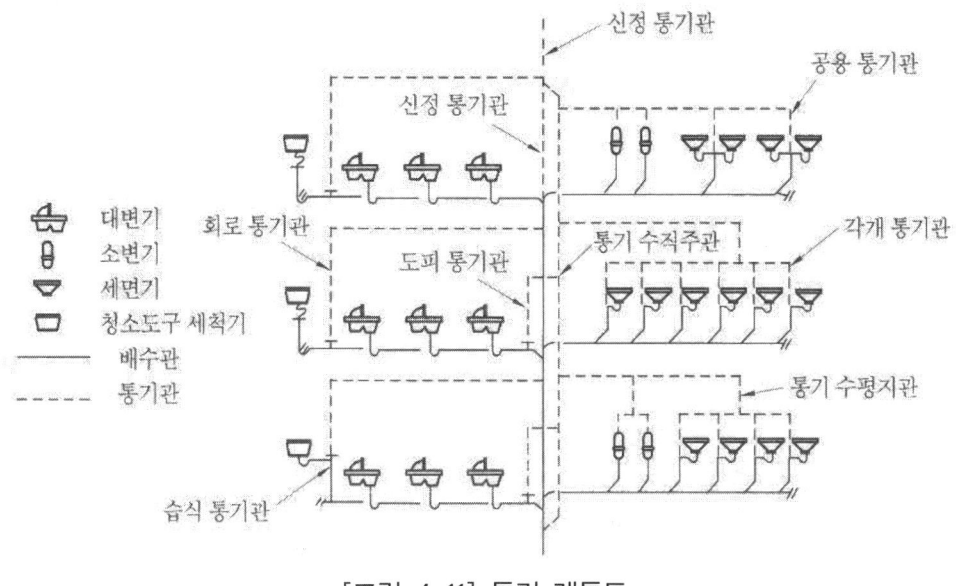

[그림 4-11] 통기 계통도

3-2 특수통기 방식
[1] 소벤트 방식 (Sovent System)

1961년 Fritz Sommer(스위스인)라는 사람이 고안해 낸 것을 발전시켜 개발한 것으로 통기관을 따로 설치하지 않고 수직관 하나만으로 배수와 통기를 겸하는 시스템이다. 배수 수직관과 각층 배수 수평지관을 접속하는 부분에 공기혼합이음(aerator fitting)을 설치하고 배수 수직관이 수평주관과 접속되는 부분에 공기분리이음(de-aerator fitting)을 설치하여, 유입배수와 공기를 혼합하여 비중이 가벼운 수포를 만들어 유하수의 유속을 감속시켜 수직 관상부로 부터의 공기흡입 현상을 방지하며 봉수의 보호에도 효과가 있다.

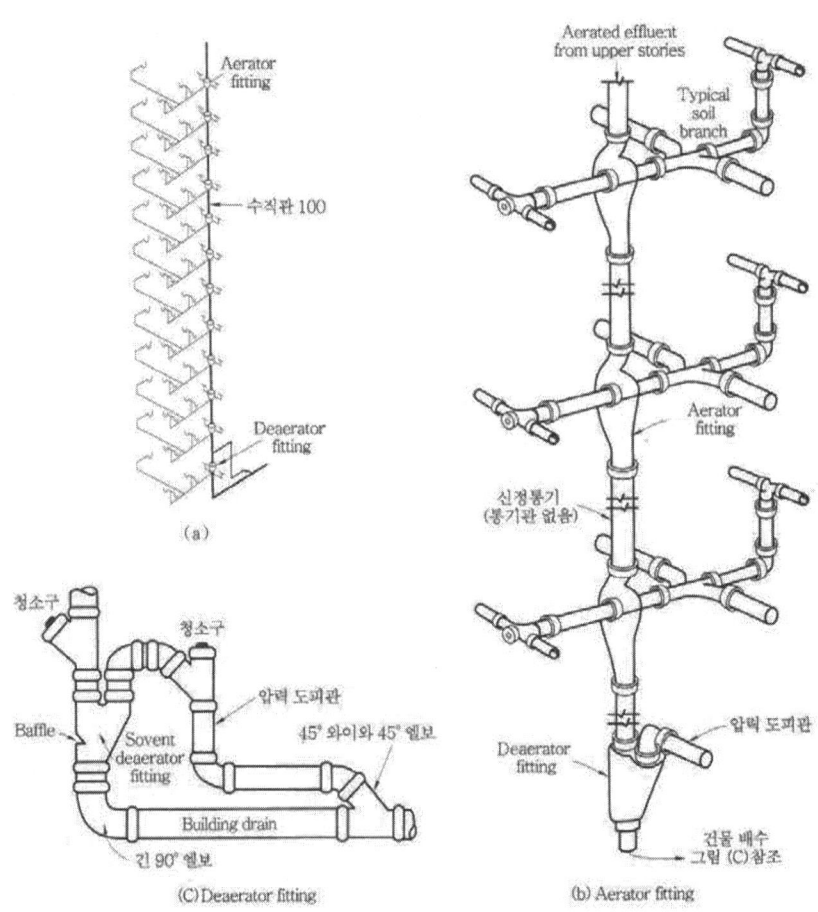

[그림 4-12] 소벤트 방식의 배관 이음

[2] 섹스티아 방식 (Sextia System)

1967년 프랑스의 Roger Legg 등이 개발한 것으로서 Sextia 이음쇠와 배수 수평지관 및 수직관 아래부분에 설치하는 Sextia 벤트관으로 이루어져 있다. Sextia 이음쇠는 수평지관에서의 유수(流水)에 선회력을 줌으로써 관내벽 층을 박층상태로 하고 관 중심부에는 공기코어를 유지하도록 하는 것이다.

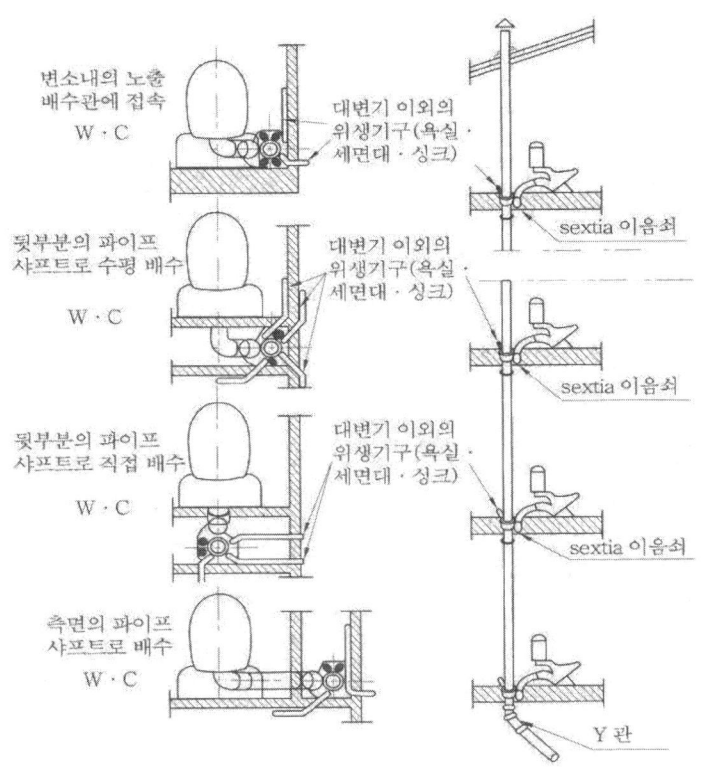

[그림 4-13] 섹스티아 이음새의 설치 예

3-3 통기관의 배관원칙
[1] 통기구 지관의 설치높이

통기관을 가능한 트랩에 근접하게 하고 기구의 일수면(溢水面)보다 약 15cm 높은 레벨에 설치하여 기구배수관이 막혔을 때라도 통기관에로 오물이 유입하는 것을 방지하여야 한다.

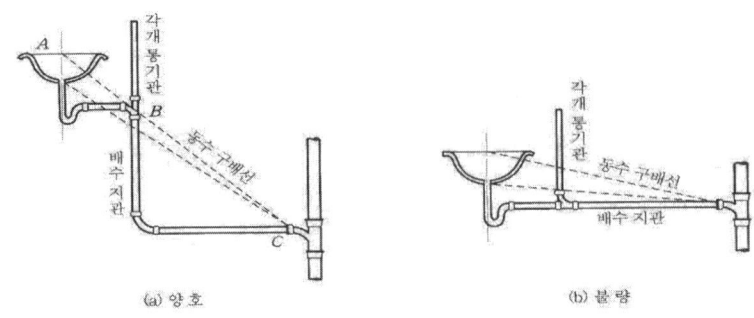

[그림 4-14] 각개 통기관과 동수 구배선

[2] 배수관의 상단

배수수직관의 상단은 배수수직관 그대로의 관경으로 연장하여야 한다. 신정통기관을 전부 없애버리든가, 관경을 너무 작게 하면 배수수직관은 배수가 유하할 때 매우 큰 부압(−)이 생겨서 사이펀 작용을 일으키게 되며 기구트랩의 봉수를 흡출하게 된다.

[3] 통기수직관의 하단

통기수직관의 하단은 수직관 크기의 관경으로 45°보다 작은 예각으로 하며 최저위치의 기구보다 하부에 있는 배수수직관이나 건물배수 수평주관에 접속한다. 관지름을 축소하지 않는 것은 관 내 공기의 유동을 좋게 하기 위하여 필요하며, 45°보다 작은 각도로 접속하는 것은 수직방향에서 수평방향으로 옮겨갈 때에 생기는 난류의 발생을 적게 하며 고형물이 붙어있지 않게 하기 위해서이다.

[4] 통기관의 최소 관지름

각개 통기관의 배수관에서의 접속점은 기구의 최고수면과 배수 수평지관이 수직관에 접속되는 점을 연결한 동수 구배선보다 상위에 있도록 배관하는 것이 바람직하다. 각개 통기관의 접속점이 동수구배선보다 아래에 있으면 오수가 배수지관을 타고 통기관 속으로 흘러 들어와 통기관을 막는 원인이 된다.

[5] 통기 수평지관의 구배

통기관 내에는 습기가 많으므로 냉각된 응축수가 생긴다. 이 물방울이 수평지관내에 고여서 통기단면적을 축소시킨다. 만약 통기횡지관에 U부가 있으면, 이 부분에 물이 고여서 통기를 차단한다. 이 때문에 통기수평지관은 통기수직관에 향해서 선구배로 하는 것이 좋다. 실제로는 가스관 이음의 각도가 90°이므로 경사지게 하기는 어려우나 적어도 수평으로 배관하고 가운데가 쳐져서는 절대로 안 된다.

[6] 통기관의 대기 개구부

① 통기관이 사람이 사용하는 옥상을 관통하는 경우에는 통기관의 말단을 사람의 키보다도 높은 약 2m 이상 세우지 않으면 안 된다. 옥상을 사용하지 않은 경우는 0.15m 세우면 된다.
② 통기관의 대기개구부는 직접 외기에 개방하여야 하며, 건물의 문·창·환기취입구 등의 개구부로부터 3m이상 띄우든가, 또는 개구부의 위쪽에서 0.6m 이상 높게 하지 않으면 안 된다.
③ 한랭지에 있어서는 통기관의 말단이 동결될 염려가 있으므로, 통기관 지름은 75mm 이상으로 하여야 한다.

[7] 금지해야 할 통기관의 배관

① 바닥 아래의 통기배관은 금지한다. 만일 바닥 아래로 통기관을 빼내는 경우, 배수계통 중 특정부위가 막히게 되면 배수중 일부가 통기관 속으로 침입하므로 제구실을 못하게 된다.
② 오물정화조의 개구부는 단독으로 개구해야 하며, 일반 통기관과 같이 연결해서는 안 된다.
③ 통기 수직관과 빗물 수직관은 겸용을 금한다.
④ 오수 피트나 잡배수 피트는 각각 통기관을 설치한다.
⑤ 통기관과 실내환기용 덕트와 연결해서는 안 된다.
⑥ 간접배수 계통의 통기관, 신정통기관 및 통기수직관은 일반가정 오수 계통의 신정통기관과 통기수직관 및 통기헤더에 연결하지 말고 단독으로 대기 중에 개구해야 한다.

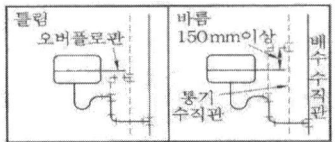
(a) 통기관은 오버플로선 이상으로 입상시킨 다음 통기 수직관에 연결한다.

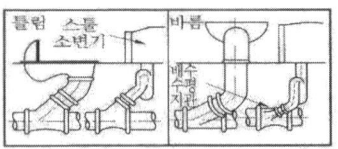
(b) 루프 통기 방식인 경우 기구 배수관은 배수 수평 지관 위에 수직으로 연결하지 말아야 한다.

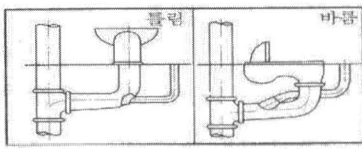
(c) 연관의 굴곡부에 다른 배수 지관을 접속해서는 안 된다.

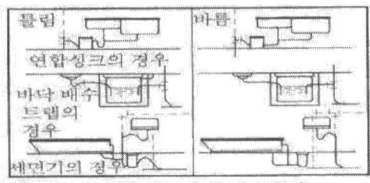
(d) 2중 트랩을 만들지 말아야 한다.

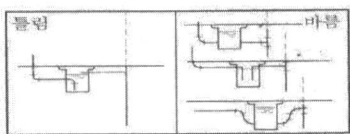
(e) 트랩의 청소구를 열었을 때 금방 냄새가 누설하면 안 된다.

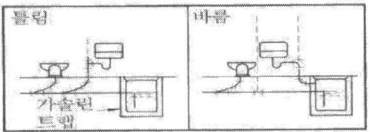
(f) 자동차 차고내의 배수관은 반드시 가솔린 트랩내에 끌어들여야 한다.

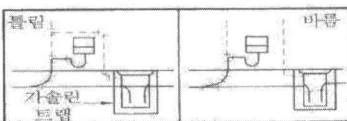
(g) 가솔린 트랩의 통기관은 단독으로 옥상까지 입상하여 대기 중에 개구하여야 한다.

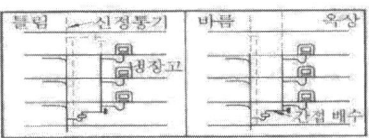
(h) 간접(특수) 배수 수직관의 신정 통기는 다른 일반 배수 수직관의 신정 통기 또는 통기 수직관에 연결시키지 말고 단독으로 옥상까지 입상시켜 대기 중으로 개구하여야 한다.

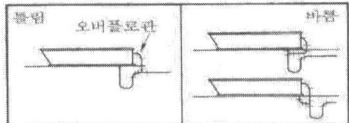
(i) 오버플로관은 트랩의 유입구측에 연결하여야 한다.

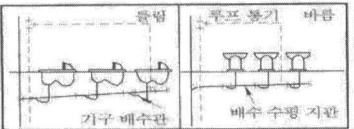
(j) 루프 통기관은 최상류 기구로부터의 기구 배수관이 배수 수평 지관에 연결된 직후의 하류측에서 입상하여야 한다.

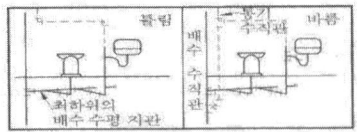
(k) 통기 수직관은 최하위의 배수 수평 지관보다 더욱 낮은 점에서 배수관과 45° Y 조인트로 연결하여야 한다.

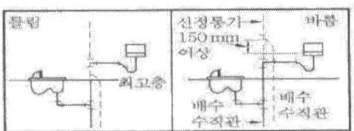
(l) 통기 수직관 정부는 그대로 옥상까지 입상시키거나 최고층 기구의 오버플로선보다 더욱 높은 점에서 배수 수직관의 신정 통기관에 연결하여야 한다.

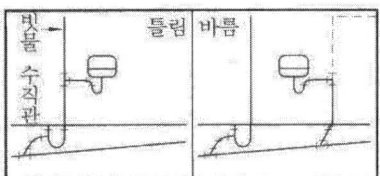
(m) 빗물 수직관에 배수관을 연결하여서는 안된다.

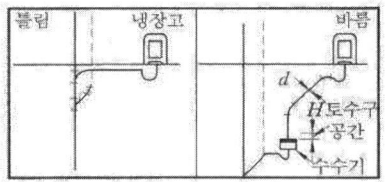
(n) 냉장고로부터의 배수를 일반 배수에 연결하지 말고 간접(특수) 배수관으로 하여 수수기에 배출하여야 한다.
(토수구공간 H는 배수관경 d 이상으로 한다.)

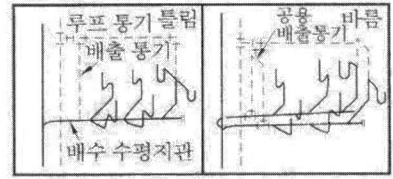
(o) 서로 배향하여 2열로 설치한 기구를 루프 통기관 1개의 배수 수평 지관에 전담시켜서는 안 된다.

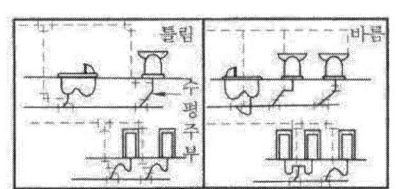
(p) 바닥 아래에서 빼내는 각 통기관에는 횡주부를 형성시키지 말것.

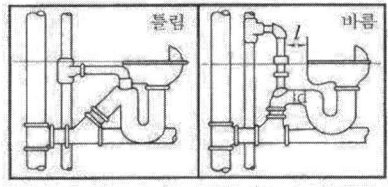
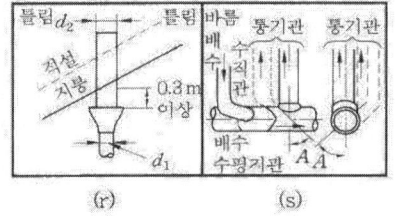

(q) 정부에 통기부 트랩을 만들지 말것(l은 $2d$보다 짧게 하지 말것).
(r) 동결·강설에 의하여 통기구부가 폐쇄될 우려가 있는 지방에서는 $d_2 > 75$ mm일 때는 d_2는 d_1보다 1구경 큰 관경으로 하고, 그 관경을 변경하는 개소는 지붕 아랫면에서 0.3 m 떨어진 하부일 것.
(s) 배수 수평 지관에서 통기관을 빼내는 경우 관의 맨 위에서 수직으로 입상시키거나 A는 45°보다 작게 할 것.

[그림 4-15] 틀리기 쉬운 배수·통기 배관도

4. 배수관경 결정법

① 배수관의 관경은 급수관과 다르게 하류로 갈수록 굵어진다. 기구에 부속되는 기구배수관의 관경은 기구트랩의 구경과 같게 하고 거기에서 배수 수평지관, 배수 수직관, 배수 수평지관 등으로 차츰 크게 하고 도중에 관경을 축소해서는 안된다.

② 배수관경 결정법으로는 미국의 National Pluming Code 등에서 적용하고 있는 기구배수 부하단위법(Fixture unit method)이 가장 유명하며, 우리나라에서도 이 방법이 널리 보급되어 적용되고 있다.

③ 기구배수 부하단위 : 관경을 결정할 때에는 배수관에 흐르는 배수의 최대 유량을 구하고 이에 알맞는 관경을 구해야 한다. 그러나 배수관이 부담하는 기구의 종류, 개수, 사용빈도, 동시사용률 등에 대하여 일일이 계산하기란 대단히 번거롭다. 그래서 기구급수단위(fu)와 같이 세면기를 기준으로 하여 배수관경을 30mm, 단위시간당 평균배수량 28.5 L/min를 1유량 단위로 정하고 타 기구의 배수량을 그 배수로 표시한다. 이것을 각 기구의 배수단위로 해서 기구단위에 따라 배수관의 관경을 결정한다. <표 4-2>는 각종 기구의 배수부하단위를 나타내며, <표4-3>은 기구배수관의 최소관경을 나타내고 있다.

<표 4-2> 각종 기구의 배수 부하 단위

기 구	부호	부속트랩의 구경(mm)	기구배수 부하단위(fu)	기 구	부호	부속트랩의 구경(mm)	기구배수 부하단위(fu)
대 변 기	WC	75	8	청 소 수 채	SS	65	3
소 변 기	U	40	4	세 탁 수 채	LT	40	2
비 데	B	40	2.5	연 합 수 채	CS	40	4
세 면 기	Lav	30	1	오 물 수 채		75	4
소형수세기	WB	25	0.5	요리수채 (주택용)	KS	40	2
음 수 기	F	30	0.5	요리수채 (영업용)	KS	40~50	2~4
욕 조 (주택용)	BT	40~50	2~3	배 선 수 채	PS	40	2
욕 조 (공중용)	BT	50~75	4~6	배 선 수 채	PS	50	4
샤 워 (주택용)	S	40	2	화학실험수채	LS	30	0.5
샤 워 (아파트)	S	50	3	접 시 세 척 기			1.5
욕실 조합 기구	BC		8	바 닥 배 수	FD	50~75	1~2

<표 4-3> 트랩 및 기구 배수관의 최소 관경

기 구	관경(mm)	기 구	관경(mm)	기 구	관경(mm)
음 수 기	32	오 물 수 채	75	요리수채(영업용)	50
세면기·수세기	32	욕 조	40	조 합 수 채	40
대 변 기	75	양 식 욕 조	50	세 탁 수 채	40
소변기 (벽걸이)	40	샤 워	50	청 소 용 수 채	50
소변기 (스 툴)	50	공 동 목 욕 탕	75	양 식 욕 조	40~50
비 데	40	요리수채(주택용)	40	바 닥 배 수	75

5. 배수 및 통기배관 시공상 주의사항

5-1 발포존

발포(發泡)존에서는 기구배수관이나 배수 수평지관을 접속하는 것은 피해야 한다. 아파트와 같은 공동주택 등에서 세탁기, 주방싱크 등에서 세제를 포함한 배수가 위에서 배수되면 아래층의 기구트랩의 봉수가 파괴되어 세제거품이 올라오는 경우가 있다.

5-2 배수관의 구배

배수가 배수관을 타고 흘러갈 때 자정작용이 있어야 한다. 0.6m/s 이상의 유속을 유지케 하여 배수중에 있는 각종 고형물을 흘려보낼 수 있는 구배가 되어야 한다.

5-3 수직주관

배수·통기 수직주관은 파이프 샤프트 내에 배관하고 변기는 되도록 수직관 가까이에 설치한다.

5-4 청소구

배수배관의 관이 막혔을 때 이것을 점검·수리하기 위해 배관 굴곡부나 분기점에 반드시 설치해야 한다. 청소구를 필요로 하는 경우에는 다음과 같다.
 ① 가옥 배수관과 부지하수관이 접속되는 곳
 ② 배수 수직관의 최하단부
 ③ 수평지관의 최상단부

④ 가옥배수 수평주관의 기점
⑤ 배관이 45°이상의 각도로 구부러진 곳
⑥ 수평관의 관경이 100mm 이하인 경우 직진거리 15m 이내마다, 100mm 이상인 경우에는 직진거리 30m 이내마다 설치한다.
⑦ 각종 트랩 및 기타 배관상 특히 필요한 곳

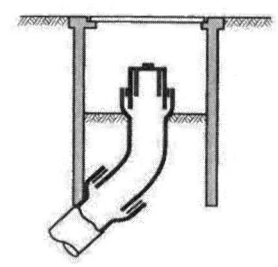
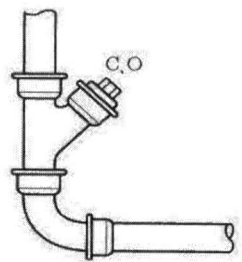

[그림 4-16] 지중매설 청소구   [그림 4-17] 배수수직관의 청소구

5-5 배관의 이음쇠
① 반드시 배수용 이음쇠를 사용해야 한다.
② 지관과 주관의 접속에는 반드시 Y관, 90°Y관을 사용해야 한다.
③ 상향 수직관에는 90°곡관을 사용
④ 수평관을 구부릴 때는 45°Y관과 45°곡관을 조합하여 곡률반경을 크게하여 유수의 저항을 감소시킨다.
⑤ 수평지관과 배수 수직관을 접속하는 경우에는 TY관을 사용하고 수평관에 경사를 둔다.

5-6 시공상 주의점
① 통기관은 기구 넘침선까지 올려 세운 다음 배수 수직관에 접속해야 한다.
② 개라지 트랩의 통기관은 단독으로 옥상까지 올려 대기중에 개구하며, 다른 통기관에 접속해서는 안 된다.
③ 2중 트랩이 되지 않도록 배관해야 한다.
④ 기구 배수관의 곡관부는 다른 배수지관을 접속해서는 안 된다.
⑤ 드럼 트랩 등 트랩의 청소구를 열었을 때 하수가스가 누출되지 않게 배관해야 한다.

⑥ 욕조의 일수관(溢水管)은 트랩의 상류에 접속되도록 배관해야 한다.

5-7 배관의 피복
[1] 방로
배수관 내를 흐르는 배수의 온도가 주변 공기의 노점온도보다 낮으면 관표면에 결로현상이 일어나므로 피복을 해야 한다.

[2] 방음
많은 양의 배수가 배수관내를 흐르면 물 흐르는 소리가 난다. 특히 배수관이 노출되어 있는 경우나 호텔이나 아파트의 파이프 샤프트 내에서는 그 소리가 상당히 심하므로 방로 못지 않게 방음을 위한 피복을 해야 한다.

[3] 피복재료 및 두께
배수관용 피복재료로는 불연재료가 많이 사용되고 있다. 특히 고층건물인 경우에는 불연재료로 시공하는 것이 바람직하다. 피복두께는 10mm 정도가 표준이며, 피복재 위에는 테이프를 감고 페인트칠을 하여 마무리하도록 한다.

5-8 배수 및 통기관의 시험
공사완료 후 트랩과 각 접속부분의 수밀 및 기밀여부를 파악하기 위하여 다음과 같은 시험을 행한다.

[1] 수압시험
배관계의 최고위치의 개구부를 제외하고는 다른 모든 개구부를 폐쇄용 치구로 밀폐하고 최고개구부까지 물을 충만시킨 다음 3m 이상의 수두에 상당하는 수압을 가하여 30분 이상 견디어야 한다.

[2] 기압시험
다른 개구부는 모두 밀폐시키고 공기압축기로 한 개구부를 통해 공기를 압입하여 $0.35kg/cm^2$ 게이지 압이 될 때까지 압력을 상승시켰을 때 15분 이상 그 압력이 유지되어야 한다.

[3] 기밀시험

기밀시험은 최종시험이며, 연기시험과 박하시험 등이 있다.

① 연기시험 : 이 시험은 만수시험으로 확인이 안된 배수관의 기구 접속부나 통기관의 누설, 트랩의 봉수 성능을 최종적으로 확인하는 것이다. 배수통기 공사가 끝난 후 전 트랩을 봉수하고 가연물을 태워 전 계통에 자극성 연기를 송풍기로 불어넣고 개구부를 막은 다음 수두25mmAq 에 해당하는 압력을 가하여 15분 이상 유지되는지를 확인한다.

② 박하시험 : 전 개구부를 밀폐한 다음, 각 트랩을 수봉하고 배수주관에 약 57g의 박하유를 주입한 다음 약 3.8 L의 온수를 부어 그 독특한 냄새에 의해 누설하는 것을 확인하는 방식이다.

5-9 배수 및 통기배관 재료

배수나 통기용 배관에 가장 많이 쓰이는 것은 배수용 주철관, 아연도금 강관, 연관 등이다.

① 주철관 : 가격도 비교적 싸고 내구성·내식성이 풍부하여 많이 사용되며, 최소구경이 50mm이하이므로 소구경 지관에는 사용할 수 없다.

② 아연도금 강관 : 외관이 좋아 노출배관에 좋다. 또한 연관은 가소성이 좋아 도기와 배관할 경우 시공이 용이하다.

③ 동관, 황동관 : 재질은 매우 우수하나 가격이 비싸 특수한 경우를 제외하고는 사용하지 않는다.

◆ 건축산업기사 예상문제집

1. 트랩 (trap)

1. 배수관의 트랩설치 이유에 관한 설명 중 맞는 것은?
   ㉮ 배수의 역류방지　　㉯ 청소를 쉽게 하기 위하여
   ㉰ 배수의 유속 조정　　㉱ 하수도로부터의 악취방지

2. 배수용 트랩이 <u>아닌 것은</u>?
   ㉮ P 트랩　　㉯ S 트랩　　㉰ 벨로스 트랩　　㉱ 드럼 트랩

3. 다음 트랩(trap)중 기름기를 많이 취급하는 곳의 배수용 트랩으로 적당한 것은?
   ㉮ S-trap　　㉯ U-trap　　㉰ bell-trap　　㉱ grease-trap

4. 세면기에 설치하는 배수트랩으로 가장 적당한 것은?
   ㉮ 드럼 트랩　　㉯ U 트랩　　㉰ 그리스 트랩　　㉱ P 트랩

5. 호텔 식당의 조리실 바닥배수에 사용하는 트랩은?
   ㉮ 드럼 트랩　　㉯ U 트랩　　㉰ 그리스 트랩　　㉱ P 트랩

6. 다음 중에서 사용장소와 트랩과의 조합 중 <u>부적당한 것은</u>?
   ㉮ 세면기 - U형 트랩　　㉯ 주방 - 그리스 트랩
   ㉰ 차고, 주차장 - 가솔린 트랩　　㉱ 치과 기공실 - 석고 트랩

7. 배수트랩과 <u>관련이 없는 것은</u>?
   ㉮ U 트랩　　㉯ 드럼 트랩　　㉰ 관말 트랩　　㉱ 벨 트랩

8. 부엌싱크에 적합한 트랩은?
   ㉮ S 트랩　　㉯ 바닥배수 트랩　　㉰ 드럼 트랩　　㉱ 벨 트랩

| 1.㉱ | 2.㉰ | 3.㉱ | 4.㉱ | 5.㉰ | 6.㉮ | 7.㉰ | 8.㉰ |

2. 트랩의 봉수(封水)

1. 트랩의 적당한 봉수 유효 높이는?
   ㉮ 50~100mm ㉯ 100~120mm ㉰ 120~150mm ㉱ 150~200mm

2. 다음 중 위생기구의 트랩에서 봉수(封水)가 파괴되는 원인으로 옳지 않은 것은?
   ㉮ 모세관현상 ㉯ 흡출작용 ㉰ 사이펀작용 ㉱ 마모작용

3. 집을 오랫동안 비워두어서 트랩의 봉수가 파괴되었다. 그 원인 중 가장 가능성이 있는 것은?
   ㉮ 증발 ㉯ 자기 사이펀작용 ㉰ 모세관현상 ㉱ 역압에 의한 작용

4. 트랩의 봉수파괴 원인 중 옳지 않은 것은?
   ㉮ 자기 사이펀작용 ㉯ 감압에 의한 흡인 작용
   ㉰ 봉수의 증발 ㉱ 통기관의 설치

5. 트랩의 봉수가 없어지는 원인으로서 옳지 않은 것은?
   ㉮ 모세관현상 ㉯ 증발 ㉰ 사이펀작용 ㉱ 여과작용

6. 트랩의 봉수파괴 현상이다. 잘못된 것은?
   ㉮ 배수가 만수상태로 흐르면 사이펀 작용으로 트랩의 봉수가 파괴된다.
   ㉯ 감압에 의한 흡인 작용으로 압력을 감소시켜 봉수를 파괴한다.
   ㉰ 역압에 의한 봉수파괴 현상은 상층부기구에서 자주 발생한다.
   ㉱ 모세관작용은 헝겊 등에 의한 흡인식 사이펀을 작용한다.

7. 봉수를 보호하려면 어떤 방법이 가장 좋은가?
   ㉮ 통기관을 설치하여 보호한다.
   ㉯ 압력차를 크게 한다.
   ㉰ 증발하지 않는 구조로 한다.
   ㉱ 배수펌프를 설치한다.

1.㉮ 2.㉱ 3.㉮ 4.㉱ 5.㉱ 6.㉰ 7.㉮

3. 통기설비

1 통기관 설치목적

1. 다음 중에서 통기관의 설치 목적이 <u>아닌 것은</u>?
   ㉮ 배수의 능력을 원활히 한다.
   ㉯ 배수관내의 환기를 도모한다.
   ㉰ 모세관 현상에 의한 봉수를 파괴한다.
   ㉱ 트랩의 봉수를 보호한다.

2. 배수관에 통기관을 설치하는 가장 적당한 목적은?
   ㉮ 배수관의 관경을 경제적으로 가늘게 하기 위하여
   ㉯ 배수관의 구배를 없게 하여도 통수가 용이하게 하기 위하여
   ㉰ 배수관내의 악취를 실외로 배출하기 위하여
   ㉱ 배수관내의 공기유통을 자유스럽게 하여 관내 기압변화를 최소로 하고 트랩의 봉수를 보호하기 위하여

3. 배수관에 통기관을 설치하는 이유 중 <u>옳지 않은 것은</u>?
   ㉮ 배수의 능력을 촉진시킨다.
   ㉯ 트랩의 봉수를 보호한다.
   ㉰ 배수관의 청결을 유지한다.
   ㉱ 악취의 침입을 방지한다.

4. 트랩의 봉수가 빠지는 원인에는 다음 4가지가 있다. 통기관은 어느 현상을 방지하기 위한 것인가?
   ㉮ 모세관현상   ㉯ 증발   ㉰ 사이펀작용   ㉱ 흡출작용

1.㉰   2.㉱   3.㉱   4.㉰

제2편 급배수·위생설비

2 통기관의 종류

1. 다음 통기방식 중 가장 이상적인 통기방식은?
   ㉮ 각개 통기   ㉯ 도피 통기   ㉰ 회로 통기   ㉱ 습윤 통기

2. 가옥배수 수직주관을 최상층의 수평지관보다 높게 연장하여 외부로 돌출시키는데 이 부분의 관 명칭은?
   ㉮ 통기 수직관   ㉯ 신정 통기관   ㉰ 습윤 통기관   ㉱ 도피 통기관

3. 배수수직관 상부를 연장하여 대기에 개구한 통기관은?
   ㉮ 신정통기관   ㉯ 습윤통기관   ㉰ 각개통기관   ㉱ 결합통기관

4. 배수수평지관의 최상류에 있는 기구의 바로 아래로 부터 뽑아내어 통기와 배수를 겸한 것은?
   ㉮ 습식 통기관   ㉯ 결합 통기관   ㉰ 회로 통기관   ㉱ 도피 통기관

5. 배수 횡지관의 최상류 기구의 바로 아래에서 연결하는 통기관의 이름은?
   ㉮ 도피 통기관   ㉯ 결합 통기관   ㉰ 습식 통기관   ㉱ 회로 통기관

6. 회로 또는 환상통기(루프통기)에서 1회로에 묶어서 통기할 수 있는 기구의 수는 몇까지 인가?
   ㉮ 8개   ㉯ 10개   ㉰ 12개   ㉱ 14개

7. 다음 중 그 최소 관경이 가장 커야 하는 통기관은?
   ㉮ 각개 통기관   ㉯ 결합 통기관   ㉰ 회로 통기관   ㉱ 도피 통기관

8. 결합 통기관은 아래 해설 중 어느 것을 말하는가?
   ㉮ 배수 입상관과 통기 입상관을 연결하는 통기관이다.
   ㉯ 통기 입상관과 배수 횡지관을 연결하는 통기관이다.
   ㉰ 환상 통기관과 배수 횡지관을 연결하는 통기관이다.
   ㉱ 도피 통기관과 습통기관을 연결하는 통기관이다.

9. 배수관, 트랩, 통기관의 배관에서 옳지 않은 것은?

㉮ 차고내 배수는 개라지 트랩을 거쳐 가옥하수관에 방류한다.
㉯ 통기관은 기구의 오버플로면 밑에서 통기입관에 연결한다.
㉰ 2중트랩이 되지 않도록 연결한다.
㉱ 냉장고에의 배수는 일반 배수관에 직결해서는 안된다.

10. 통기배관에 대한 설명 중 틀린 것은?
㉮ 통기 수직관과 빗물 수직관은 겸용하는 것이 경제적이며 이상적이다.
㉯ 통기관과 실내환기 덕트는 서로 연결해서는 안 된다.
㉰ 오물정화조 배기관은 별도배관으로 하여야 한다.
㉱ 오수피트나 잡배수 피트는 각개 통기관을 설치하는 것이 좋다.

11. 통기관에 관한 기술 중 옳지 않은 것은?
㉮ 통기 입관경은 접속하는 배수관경과 같다.
㉯ 배수 입주관과 통기 입주관을 연결하는 통기관을 결합통기라 한다.
㉰ 통기관은 트랩의 하류에 설치한다.
㉱ 통기관의 배관방식에는 각개 통기식과 환상 통기식의 두가지 방법이 있다.

12. 통기관에 대한 기술 중 잘못 기술된 것은?
㉮ 배수관내의 유수를 원활하게 하며 봉수를 보호한다.
㉯ 통기관의 종류에는 각개, 환상, 신정통기관 등이 있다.
㉰ 통기관은 해당 층 화장실 하부로 배관하여 수직통기관에 연결시킨다.
㉱ 통기 수직관은 우수(雨水) 수직관에 연결하지 않는다.

13. 배수관에서 소벤트(sovent)이음을 사용하는 목적은?
㉮ 별도의 통기입관을 사용치 않음
㉯ 배수시 소음을 흡수함
㉰ 굴곡부에서 흐름을 원활하게 함
㉱ 겨울철 굴곡부의 동파를 방지함

14. 각개 통기관의 최소구경은 얼마인가?
㉮ 25mm ㉯ 32mm ㉰ 40mm ㉱ 50mm

15. 통기배관에서 바닥아래 횡주 통기배관을 금하는 이유 중 맞는 것은?
   ㉮ 배수배관이 막히기 쉽다.
   ㉯ 배관시공이 어렵고 공사비가 많이 든다.
   ㉰ 통기관 관경이 커진다.
   ㉱ 배수관이 막혔을 경우 통기관에도 영향을 줄 수 있다.

16. 배수·통기 겸용부속의 일종인 섹스티아 이음쇠에 부착된 디플렉터의 목적 중 <u>틀린 것은?</u>
   ㉮ 배수의 유속을 감소시킨다.
   ㉯ 원심력을 발생시킨다.
   ㉰ 이음쇠 부분에서 유수층을 절단시킨다.
   ㉱ 횡부관내 공기와 입관 내 공기를 차단시킨다.

| 1.㉮ | 2.㉯ | 3.㉮ | 4.㉮ | 5.㉰ | 6.㉮ | 7.㉯ | 8.㉮ | 9.㉯ | 10.㉮ |
| 11.㉮ | 12.㉰ | 13.㉮ | 14.㉯ | 15.㉱ | 16.㉱ | | | | |

4. 배수관

1. 배수관의 설명 중 <u>옳지 않은 것은?</u>
   ㉮ 배수관의 관경이 크면 클수록 오히려 배수능률은 감퇴될 수 있다.
   ㉯ 관경이 너무 크면 자기 세정작용이 감퇴된다.
   ㉰ 배관의 물매와 배수관내의 자기세정과는 무관하다.
   ㉱ 옥내배수관의 물매는 75mm이하에서 1/50, 100mm이상은 1/100보다 완만해서는 안된다.

2. 다음 배수관에 관한 기술 중 <u>틀린 것은?</u>
   ㉮ 배수관의 표준구배는 1/50~1/100 정도가 적당하다.
   ㉯ 배수관의 유속은 0.6m/sec정도 이상이어야 한다.
   ㉰ 배수관 관경은 최대한 크게 한 것이 바람직하다.
   ㉱ 기름섞인 배수관의 유속은 1.2m/sec 이상이어야 한다.

3. 배수관에서 청소구 설치위치에 관한 기술 중 <u>옳지 않은 것은?</u>

㉮ 가옥 배수 횡주관이 부지 하수관에 접속되는 곳
㉯ 횡주관의 최상단부
㉰ 배관이 45°이상의 각도로 굽은 곳
㉱ 횡주관 5m 마다

4. 배수 배관에서 청소구(clean out)가 없어도 관계가 없는 곳은?
 ㉮ 각종트랩   ㉯ 배수 수직관의 하단부
 ㉰ 배수 수평관의 상단부   ㉱ 배수 수직관의 상단부

5. 다음 급수배관 시공상의 주의점에서 잘못된 것은?
 ㉮ 각층의 수평주관은 선하향 구배로 하고 각층마다 개구부를 만들어 최하부에는 배수밸브를 설치한다.
 ㉯ 수평주관에서 분기점, 각층 수평관의 분기점 등에서 지수밸브를 설치한다.
 ㉰ 급수배관의 바닥이나 벽을 관통하는 부위에는 콘크리트를 칠 때 미리 슬리브(sleeve)를 넣어두어야 한다.
 ㉱ 수격작용(water hammering)방지를 위해서는 기구류 가까이에 통기관을 설치함으로써 완화한다.

6. 배수관내의 종국유속에 관한 설명 중 옳은 것은?
 ㉮ 배수수직관 내의 유하(流下) 충격압에 의해서 일정해진 유속이다.
 ㉯ 배수수평관 내 1.2m/sec로 흐를 때의 유속이다.
 ㉰ 기구 배수관 접속구에서 배수수평지관까지의 유속이다.
 ㉱ 배수관내의 유수면에 파동을 일으킬 때의 유속이다.

7. 배수관에 관한 설명 중 틀린 것은?
 ㉮ 옥내배수관의 물매는 75mm이하에서 1/50, 100mm이상은 1/100보다 높게 한다.
 ㉯ 배수관의 관경이 너무 크면 배수능률은 감퇴된다.
 ㉰ 관경이 크면 클수록 유속이 감소하여 자기세정작용이 감퇴한다.
 ㉱ 배수관내의 배수가 원활히 되도록 트랩을 설치한다.

8. 배수관에 관한 기술 중 틀린 것은?

㉮ 배수관내에서 일정 유속을 유지하게 되는 것을 종국유속이라 한다.
㉯ 배수관경 결정법에는 정상 유량법과 기구단위법이 있다.
㉰ 기구 단위법에서는 최대 배수시 유량을 채택하고 있다.
㉱ 배수관내의 물이 바닥 횡주관까지의 도달거리를 종국장이라고 한다.

9. 배수관의 관경결정에 **필요없는** 사항은?
   ㉮ 기구의 배수부하 단위   ㉯ 기구수   ㉰ 배수관의 구배   ㉱ 기구의 크기

10. 다음 중 배수관의 관경결정을 위해 사용되는 배수기구단위(fixture unit)는 어느 것을 기준으로 정해지는가?
    ㉮ 대변기 배수량   ㉯ 세면기 배수량   ㉰ 소변기 배수량   ㉱ 비데 배수량

11. 다음 기구 배수관경 계산시 이용되는 배수부하단위 중 그 값이 기본이 되는 위생기구는?
    ㉮ 세면기   ㉯ 대변기   ㉰ 소변기   ㉱ 비데

12. 다음 중 배수부하단위가 가장 큰 것은 어느 것인가?
    ㉮ 소변기   ㉯ 비데   ㉰ 대변기   ㉱ 바닥배수

13. 사무소 건물에 다음과 같이 위생기구를 배치하였을 경우의 배수 수평지관의 관경은 어느 것이 적당한가?

기구종류	대변기	소변기	세면기	바닥배수
기구수	10개	3개	4개	2개
배수단위(F.U)	8	4	1	2

㉮ 75mm   ㉯ 100mm   ㉰ 125mm   ㉱ 150mm

14. 수세식 변소의 대변기에 연결하는 배수관의 일반적인 안지름은? (B=inch)
    ㉮ 2B   ㉯ 3B   ㉰ 4B   ㉱ 5B

15. 배수 수평관과 배수 수직관의 합류점에는 어느 연결부속을 사용하는 것이 좋은가?
    ㉮ tee   ㉯ 90°TY관   ㉰ Y   ㉱ 이경 티(tee)

16. 배수설비에 관해 옳은 것은?
    ㉮ 변기의 세정방식은 수압이 약할 때는 플러시밸브 (flush valve)를 쓰고 수압이 강할 때는 시스턴 탱크를 쓴다.
    ㉯ 위생기구와 배수관이 연결되는 곳에는 트랩을 설치한다. 트랩은 머리털이나 쓰레기 모으는 장치이다.
    ㉰ 통기관의 배관방식은 개별식과 중앙식이 있다.
    ㉱ 배수입관의 상부는 관경을 줄이지 않고 신장하여 통기관으로 한다.

17. 다음 기구 중에서 간접배수를 해야 되는 것은?
    ㉮ 접시 세정기   ㉯ 의료싱크   ㉰ 냉장고   ㉱ 세탁기

| 1.㉰ | 2.㉰ | 3.㉱ | 4.㉱ | 5.㉱ | 6.㉮ | 7.㉱ | 8.㉱ | 9.㉱ | 10.㉯ |
| 11.㉮ | 12.㉰ | 13.㉰ | 14.㉰ | 15.㉯ | 16.㉱ | 17.㉯ | | | |

5. 위생설비
1 세정밸브 (flush valve)

1. 대변기를 세정하는 플러시 밸브와 관련없는 것은?
    ㉮ 급수관경이 타 방식보다 크다.   ㉯ 설치면적이 크다.
    ㉰ 수압을 필요로 한다.   ㉱ 세정시 소음이 크다.

2. 대변기 세정 급수방식에서 역류방지기 부착을 필요로 하는 것은?
    ㉮ 하이 탱크식   ㉯ 기압탱크식   ㉰ 로탱크식   ㉱ 세정밸브식

3. 한번 핸들을 돌리면 급수의 압력으로 일정량의 물이 나온 다음 자동적으로 잠겨지도록 되어 있는 밸브(valve)는?
    ㉮ 게이트 밸브   ㉯ 글로브 밸브   ㉰ 플러시 밸브   ㉱ 볼탭

4. 세정밸브의 최저 필요압력은?
    ㉮ $0.7kg/cm^2$이상   ㉯ $0.5kg/cm^2$이상   ㉰ $0.8kg/cm^2$이상   ㉱ $0.1kg/cm^2$이상

5. 대변기 세척용 밸브 중 플러시 밸브의 급수관의 구경은 최소 얼마 이상으로 해야 하는가?
　㉮ 20A　㉯ 25A　㉰ 30A　㉱ 35A

6. 역류방지기는(avaccum breaker)는 대변기의 어느 방식에 부착 사용하는가?
　㉮ 하이 탱크식　㉯ 로우 탱크식　㉰ 사이폰 방식　㉱ 세정밸브식

7. 세정밸브(flush valve)식 대변기의 관련기술 중 옳지 않은 것은?
　㉮ 급수관경은 최소 20A를 필요로 한다.
　㉯ 급수압력은 최저 0.7kg/cm²를 필요로 한다.
　㉰ 설치공간이 거의 필요없고 단시간에 다량의 물을 사용한다.
　㉱ 세정시 소음이 크며 고장이 나면 수리하기 어려운 편이다.

| 1.㉯ | 2.㉱ | 3.㉰ | 4.㉮ | 5.㉯ | 6.㉱ | 7.㉮ |

② 위생기구

1. 하이 탱크식 대변기에서 탱크의 하단높이는 변기의 상단에서 얼마 정도의 높이에 설치하는 것이 표준인가?
　㉮ 2.2m　㉯ 1.9m　㉰ 1.7m　㉱ 1.5m

2. 대변기 세정 급수장치 중에서 수압의 제한을 가장 많이 받는 것은?
　㉮ 세정탱크식　㉯ 세정밸브식　㉰ 기압탱크식　㉱ 시스턴 밸브식

3. 다음 변기세정 방식 중 가장 많은 면적을 차지하는 방식은?
　㉮ 하이 탱크식　㉯ 기압 탱크식　㉰ 로 탱크식　㉱ 세정밸브식

4. 다음사항은 위생기구에 연결되는 급수관지름이다. 급수관 지름이 옳지 않은 것은?
　㉮ 세면기-15mm　㉯ 대변기 (하이 탱크식)-15mm
　㉰ 대변기 (세정 탱크식)-20mm　㉱ 욕조수전-20mm

5. 샤워, 세면기, 수세기 등에 연결하는 급수관의 관경은?

㉮ 15mm   ㉯ 20mm   ㉰ 25mm   ㉱ 32mm

6. 대변기 세정 급수장치에서 로 탱크식의 급수관의 크기가 가장 적당한 것은?
㉮ 15mm   ㉯ 25mm   ㉰ 32mm   ㉱ 50mm

7. 급수 연결관의 관경이 가장 큰 것은?
㉮ 세탁싱크   ㉯ 욕실용 조합기구   ㉰ 벽걸이 소변기   ㉱ 대변기 세정변

1.㉯   2.㉰   3.㉰   4.㉰   5.㉮   6.㉮   7.㉯

6. 시험 및 검사

1. 배수관 및 통기관을 수압 시험할 때 보통 시험압력은?
㉮ $0.1kg/cm^2$ ㉯ $0.2kg/cm^2$ ㉰ $0.3kg/cm^2$ ㉱ $0.4kg/cm^2$

2. 배수 및 통기배관의 시험에 관한 설명 중 틀린 것은?
㉮ 시험시에는 모든 수전은 개방 상태여야 한다.
㉯ 수압시험은 3mAq 압력에 15분간 이상 지탱하여야 한다.
㉰ 기압시험은 $0.35kg/cm^2$ 압력에서 15분간 압력변화가 없어야 한다.
㉱ 최종시험은 연기시험과 박하시험을 한다.

3. 배수 및 통기관의 시험방법 중 수압시험을 바르게 설명한 것은 어느 것인가?
㉮ 수두 1m 이상의 압력으로 15분간 유지해야 한다.
㉯ 수두 3m 이상의 압력으로 15분간 유지해야 한다.
㉰ 수두 1m 이상의 압력으로 30분간 유지해야 한다.
㉱ 수두 3m 이상의 압력으로 30분간 유지해야 한다.

1.㉰   2.㉮   3.㉯

제5장 오물정화설비

1. 개요

 건물에서 배출되는 모든 배수는 오수 및 분뇨처리에 관한 법에 의하여 처리하도록 규정되어 있다. **오수(汚水)**라 함은 「액체성 또는 고체성의 더러운 물질이 섞이어 그 상태로는 사람의 생활이나 사업활동에 사용할 수 없는 물로서 사람의 일상생활과 관련하여 수세식변소, 목욕장, 주방 등에서 배출되는 것을 말한다.」라고 규정하고 있다.
 또한 오수처리시설을 계획할 때에 가장 중요한 사항은 오수량을 추정하는 일이다. 일반적으로 1인 1일 분뇨 배출량은 1.0~1.3 L 정도이고, 수세식 변소의 오수배출량은 대략 40~60 L/인·일 정도이다.

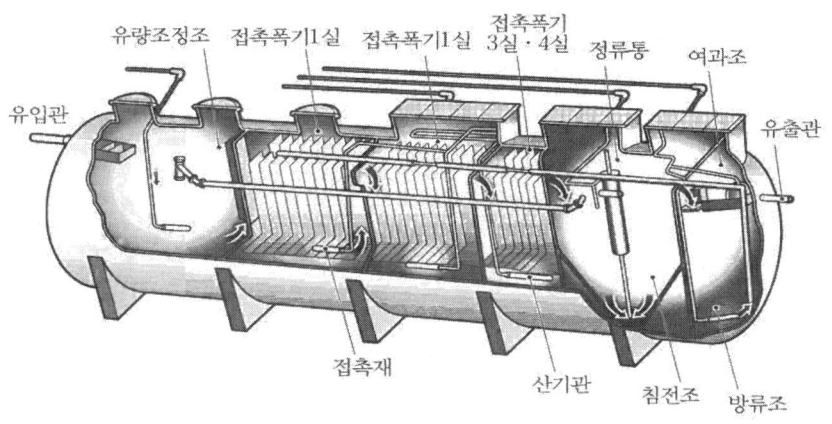

[그림 5-1] 오수처리시설의 구조

1-1 오수의 수질 지표
[1] BOD (Biochemical Oxygen Demand)
 생물화학적 산소요구량의 약자로 오수 중의 오염물질(유기물)이 미생물에 의하여 분해되어 안정된 물질(무기물, 물, 가스)로 변할 때에 소비된 오수중의 산소량을 ppm으로 나타낸 값이다. BOD는 20℃에서 5일간 시료(sample)를 배양했을 때 소모된 산소량을 나타내며 그 값이 클수록 물이 오염되어 있는 것을 나타낸다. 주로 생활하수에 의한 물의 오염정도를 측정한다.

[2] COD (Chemical Oxygen Demand)

화학적 산소요구량으로, 오수중의 산화되기 쉬운 오염물질(유기물)이 미생물에 의하지 않고 화학적으로 분해되어 안정된 물질(무기물, 물, 가스)로 변화하는데 필요한 산소량을 ppm으로 나타낸 것이며, 주로 공장 폐수에 의한 물의 오염정도를 측정한다.

[3] DO (Dissolved Oxygen)

DO는 오수중의 용존산소량을 ppm으로 나타낸 것이며, DO가 클수록 정화능력이 큰 수질인 것을 표시한다. 용존산소는 주로 공기주의 산소가스에 의하여 수명을 통하여 공급된다.

[4] SS (Suspended Solid)

SS는 오수 중에 함유하는 부유물질량을 ppm으로 나타낸 것이며 수질의 오염도를 표시한다. 부유물질은 무기물과 유기물을 함유하는 고체의 물질로서 그 크기는 0.1μ이상의 입자로서 침전가능한 물질과 침전 불가능한 물질로 구분되고 탁도를 유발한다.

[5] BOD 제거율

BOD의 제거율이란 오물 정화조의 유입수와 유출수 사이의 BOD의 차를 유입수의 BOD로 나눈 값으로 식은 아래와 같다.

$$BOD 제거율 = \frac{유입수 BOD - 유출수 BOD}{유입수 BOD} \times 100 \, (\%)$$

【예제-1】 오물정화조로 유입되는 오수의 BOD 농도가 150ppm이고 방류수의 BOD의 농도는 60ppm일 때 이 정화조의 BOD 제거율은?

☞ $BOD 제거율 = \dfrac{150-60}{150} \times 100 = 60\%$

1-2 오수정화의 방법

오수의 처리에는 물리적, 화학적, 생물학적의 각종 방법이 이용되고 있지만, 주로 자연계에 생존하는 미생물의 활동을 이용하여 유기물을 처리하는 생물학적 처리가 이용되며 물리적, 화학적 처리는 보조적으로 이용된다.

[1] 물리적 처리방법

① 스 크 린 : 비교적 굵은 부유물질을 제거하는 기구이다.
② 침 전 : 오수 중의 부유성 고형물을 침전, 분리시키는 방법이며, 일차 처리의 침전은 본처리가 행해지기 전의 자연하강에 의한 침전을 말한다.
③ 교 반 : 교반은 폭기조 등에서 오수 속으로 공기를 혼입시키기 위하여 기계적으로 교반시키는 것이다. 교반에는 날개의 회전, 스크류 펌프, 젯트 펌프에 의한다.
④ 여 과 : 여과는 스크린 외에 오수를 여재에 살수하여 정화하는 방법이다.

[2] 화학적 처리방법

① 중 화 : 오수중의 수질이 산성 또는 알칼리성이 특히 강할 때 산성제나 또는 알칼리제를 혼입하여 중화하는 방법이다.
② 소 독 : 처리수의 방류전의 차아염소산 소다나 차아염소산 칼슘 및 액체 염소 등을 처리수에 주입하여 소독처리를 하는 방법이다.

[3] 생물학적 처리

① 미생물의 활동 : 미생물은 오수중의 오염원인 어떤 유기화합물을 영양원으로 섭취하고, 외부에서 섭취한 산소로 물, 가스 등 여러 가지 무기물까지도 산화 분해한다. 증식 때문에 산소를 필요로 하는 미생물을 **호기성 미생물**(好氣性 微生物)이라 하는데, 공기가 충분하지 않은 장소에서는 생존하지 않는다. 산소의 유무에 관계없는 미생물을 **통성혐기성 미생물**

(通性嫌氣性 微生物)이라 하며, 공기가 적은 장소나 많은 장소에 구분 없이 생존한다. 또 산소가 없는 상태에서도 증식하는 것을 **혐기성 미생물**(嫌氣性 微生物)이라 하고, 공기가 없는 상태는 생존하지 않는다.

<표 5-1> 주택의 오수량과 수질

종 류	오 수 량 (m³/인·일)	BOD농도 (g/m³)	BOD부하량 (g/인·일)	비 고
수세식 변소 오수	0.05	260	13	260×0.05/0.2=65
주방배수	0.03	600	18	600×0.03/02=90
목욕탕·세탁배수	0.12	75	9	75×0.12/0.2=45
계	0.20	200(평균)	40	계 200

<표 5-2> 오수정화시설 및 정화조의 방류수 수질기준

시설 구분	시설용량(m³)	성 능	
		방류수의 BOD(mg/ℓ)	BOD 제거율(%)
오수정화시설	100 미만	100 이하(30 이하)	-
	100 이상~200미만	80 이하(30 이하)	-
	200 이상	60 이하(30 이하)	-
정 화 조	-	- (1000이하)	50 이상(65 이상)

토양침투법에 의한 정화조의 방류수 수질기준은 1차처리 장치에 의한 부유물질이 55% 이상 제거되고 1차 처리장치를 거쳐 토양침투시킬 때의 방류수의 부유물질량이 250mg/ℓ이하로 한다.

골프장의 오수정화시설의 방류수 수질기준은 BOD 10mg/ℓ로 한다.

주) ① ( )의 숫자는 특정지역에서의 기준으로 특정지역은 수도법 제2조의 규정에 의한 상수보호구역, 환경정책 기본법 제22조의 규정에 의한 특별대책지역 및 수질환경 보전법 제33조의 규정에 의한 특정 호소수질 관리구역으로 한다.
② 주택건설 촉진법에 의한 국민 주택 규모 600세대 이하를 처리 대상으로 하여 설치되는 오물 정화 시설은 BOD제거율 50% 이상, 방류수의 BOD 100ppm(mg/ℓ) 이하이다.

2. 오수정화시설과 분뇨정화조

2-1 개요

화장실에서 배출되는 오물을 하수도법에서 규정하는 하수종말처리장이 있는 공공하수도 이외에 방류하고자 하는 경우에는 위생상 지장이 없는 구조의 분뇨정화조 또는 오수정화시설을 설치해야 한다.

일반 건물에서는 오수와 잡배수로 나누어서, 즉 오수만을 처리하는 조를 **분뇨정화조**라고 하고, 잡배수를 포함하여 처리하는 조를 **오수정화조**라고 하는

데 여기서 말하는 오수처리시설은 이들을 총칭한다.

관련법규를 보면, 분뇨정화조는 ①수세식변소를 설치하고 있거나 설치하고자 하는 건물, 공원, 광장 기타 공중 집합장소 ②건물 연면적이 1600m²이하

오수정화시설은 ①오물 청소법에서 규정하고 있는 특별 청소지역과 주촉법의 규정에 의한 공동주택을 건설하는 지역 ②건물의 연면적 1600m²이상의 것과 2동 이상의 공동주택을 건설하는 경우, 각 건축연면적을 합산한 면적이 1600m²이상의 시설로 되어 있다.

2-2 분뇨정화조의 종류
(1) 소형정화조
(2) 부패탱크
(3) 임호프 탱크
(4) 폭기조
(5) 접촉 폭기조
(6) 상수여상방식
(7) 살수형 부패탱크식

2-3 오수정화조의 종류
오수정화시설은 침전, 호기성 또는 혐기성 분해 등의 방법에 의하여 분뇨와 생활하수를 함께 처리하는 정화시설로서 우리나라의 오수분뇨 및 축산폐수의 처리 법률에서는 다음과 같이 분류하고 있다.
(1) 장기폭기 방법
(2) 표준활성오니 방법
(3) 접촉산화 방법
(4) 접촉안정 방법
(5) 살수여상 방법
(6) 임호프탱크 방법
(7) 회전원판접촉 방법

2-4 오수정화시설의 처리공법
[1] 호기성 생물학적 처리방법

(1) 활성오니법에 속하는 것
　　① 표준활성오니 방법
　　② 장기폭기 방법
　　③ 접촉안정 방법

(2) 고정 미생물막법에 속하는 것
　　① 접촉산화 방법
　　② 살수여상 방법
　　③ 회전원판 접촉 방법

[2] 물리적 처리방법에 속하는 것
　　① 임호프 탱크 방법

3. 오수정화시설

[1] 장기폭기 방법

　활성오니의 한 방법으로 폭기조의 용량을 크게 하고 활성오니의 체류일수를 길게 하여 또 다시 산소를 보급하게 되면 생명이 다 된 세포물질 자체가 산화하여 이산화탄소 또는 물에 분해되어 잉여오니의 발생량이 극히 적어진다.

　장시간 폭기방법은 유기물질을 폭기조에서 제거되도록 고안한 것으로 BOD 제거효율이 높고, 적고 안정된 슬러지를 얻을 수 있어 유지관리시 오니처분을 위한 운전경비가 적게 드나 폭기조가 커지는 등 건설비가 많이 들고 에너지를 많이 소비되는 결점이 있다.

　우리나라에서는 잉여오니처리가 비교적 용이하다는 이점 때문에 업무용건물이나 아파트단지 등에 가장 많이 보급되어 있으나, 소음진동이 심하고 운전동력비가 높다는 단점 때문에 수요가 점차 줄어들고 있다.

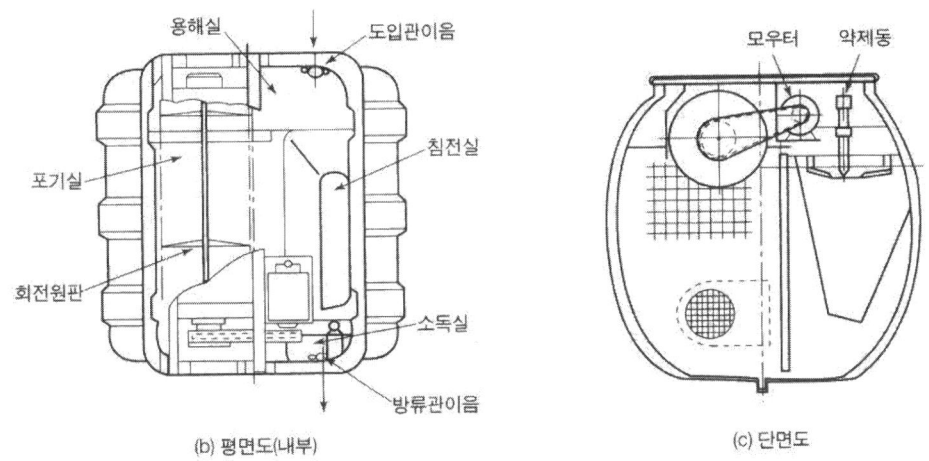

[그림 5-2] 폭기방식

[2] 표준 활성오니법

　부유 생물법이라고도 불리는 생물처리법이다. 하수에 공기를 장시간 불어 넣으면, 하수는 차츰 갈색을 띠며 하수 특유의 악취는 없어지고, 또 그때 폭기를 멈춰 정지하면, 하수중의 오니는 응집하여 침전되고 상징액이 깨끗하게 된다. 이 침전된 오니를 새로운 하수에 대하여 체적비로 25%정도 가해, 다시 여러시간 폭기하여 침전하므로 상징수가 깨끗해 진다. 이 오니는 최초 침전지의 오니와 같이 악취는 없고, 하수를 정화하는 능력을 갖추고 있다. 이것을 **활성오니**라고 한다.

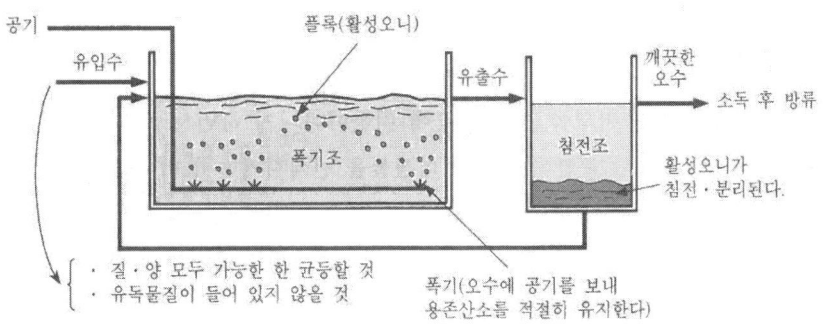

[그림 5-3] 활성 오니법에 의한 오수처리

[3] 접촉산화 방법

접촉산화방법은 폭기조 내에 활성오니가 부착·고정할 수 있는 접촉재를 충진하여 놓고 활성오니가 여기에서 고정 생활할 수 있도록 하여 주고 오수만 유동 순환하여 정화처리하는 시설이다. 주변 환경변화에 대한 대응력이 강하고 잉여오니의 발생이 적어서 오니반송 방치가 필요 없다는 장점이 있는 반면, 부착된 미생물의 양을 임의로 조정하기 어렵고 BOD부하가 높을 때 여상이 쉽게 막힐뿐만 아니라 고도의 운전기술이 요구된다는 등의 단점이 있다.

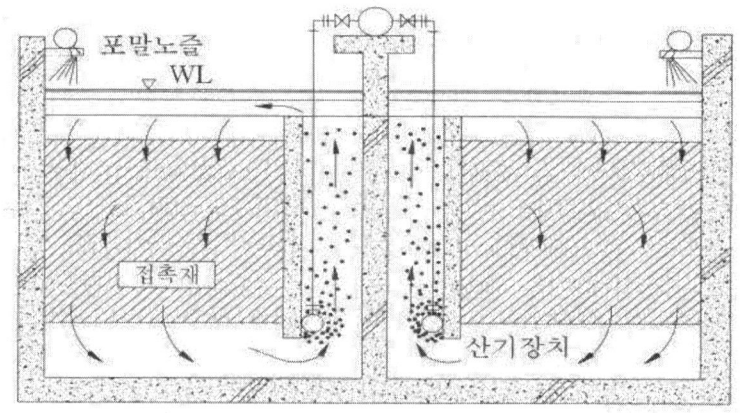

[그림 5-4] 접촉폭기조의 구조

[4] 접촉안정 방법

접촉안정법은 활성오니군의 흡착과 흡착된 오니군의 산화 또는 안정화를 별개의 폭기조에 분리하여 처리하는 방법이다. 따라서 소량의 반송오니를 장시간 포기시킴으로써 재래식 활성오니법에 비해서 폭기조의 용적이 약 50% 정도 감소된다는 장점이 있으나, 자동제어장치가 복잡하고 운전관리가 어렵다는 단점이 있다.

[5] 살수여상 방법

살수여상방법은 여상에 살포된 오수가 여재를 통과하면서 여재표면에 부착 성장한 호기성 미생물군의 생물화학적 작용에 의하여 오수 중의 유기물을 제거하는 생물화학적 처리방법의 일종이다. 운전관리가 용이하고 유지관리비가 저렴하나 시설소요면적이 과대해지고 악취 및 파리, 모기 등이 발생하기 쉽고 움푹 파이는(Ponding) 현상이 일어나는 수가 있으므로 주의를 요한다.

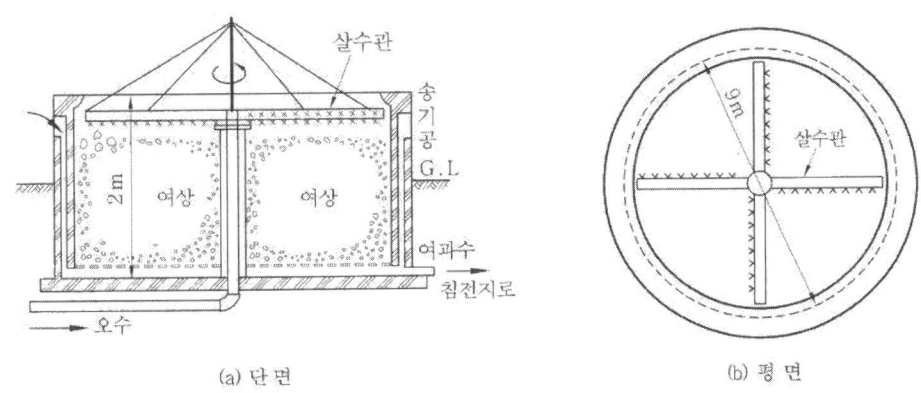

[그림 5-3] 살수여상 방식

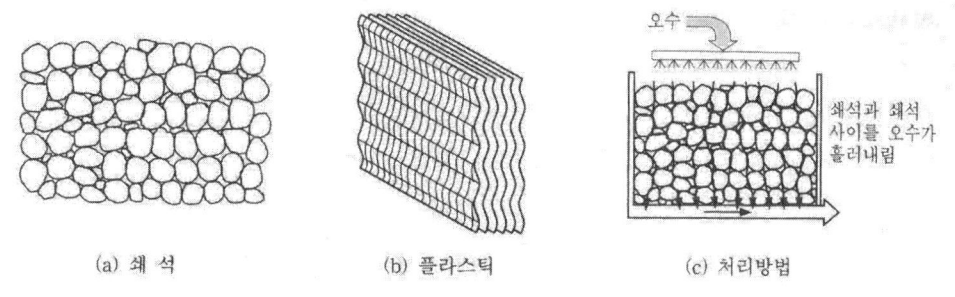

[그림 5-4] 다양한 살수여상 재료

[6] 임호프 탱크방법

분뇨정화조의 임호프 탱크보다 규모가 큰 방법으로 하나의 탱크를 2개층으로 나누어, 상부는 오수중의 부유물을 침전시키는 침전조로서 호기성 분리가 이루어지고 하부는 분리한 고형물의 혐기성 분해를 위하여 소화실을 거친다. 즉, 보통침전과 오니소화가 동시에 이루어지도록 하는 방법이다.

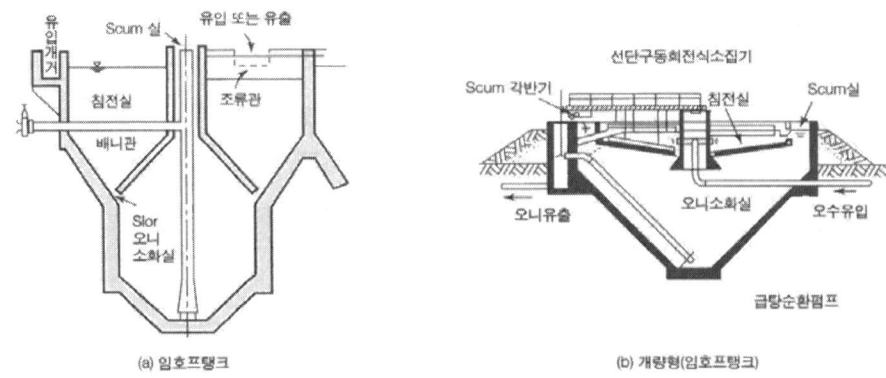

[그림 5-5] 임호프 탱크식

[7] 회전원판 접촉방법

1960년에 개발된 처리방식으로 오수정화시설 중 가장 최근의 형태이다. 처리방식은 원형플라스틱을 조밀하게 짜서 회전축에 취부시키고, 원형판 직경의 40%정도가 오수에 잠기도록 설치하여 천천히 축을 회전시키면, 플라스틱 표면에 미생물막이 형성되면서 오수 중에 있는 유기물을 정화한다. 우리나라에서는 설치한 장소가 많지 않으나 표준활성오니방식의 취약점인 겨울철 정화효율이 떨어짐을 보완할 수 있다. 이 공법은 회전판의 운전을 저속회전(1~3rpm)하므로 운전비가 저렴하고 소음, 진동이 없으며 잉여오니 생성이 적어서 오니반송장치가 필요 없으며 환경변화에 대한 적응력이 강한 장점이 있으나 회전운동 지지부분에 대한 철저한 관리가 요망된다.

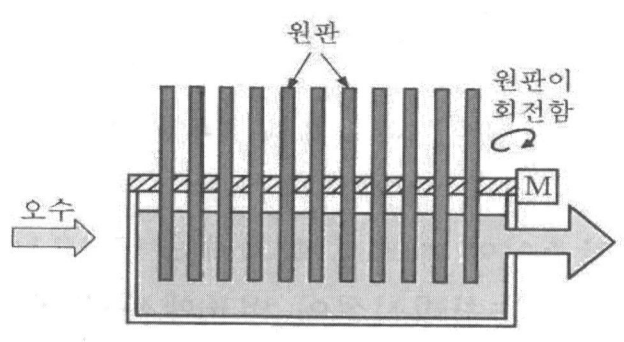

[그림 5-6] 회전원판 접촉 방식

4. 분뇨정화조

[1] 부패탱크 방법
부패탱크 방식의 구조는 다음과 같다.
① 오물정화조는 부패조, 산화조, 소독조의 순서로 조합한 구조일 것
② 오물정화조의 천장,바닥, 주벽과 격벽은 내수재료로 만들고, 방수 모르타르를 바르거나 이와 유사한 방수재료로 시공하여 누수가 없도록 할 것.
③ 부패조, 산화조 및 소독조에는 각각 내경 40cm이상의 맨홀을 설치하고 밀폐 가능한 내수재료 또는 주철제 뚜껑을 덮을 것
④ 부패조는 침전분리조와 예비 여과조를 조합한 구조로 할 것

(1) 부패조
① 2개 이상의 부패조와 예비 여과조로 구성한다.
② 제1, 제2 부패조와 여과조의 용적비는 4 : 2 : 1 또는 4 : 2 : 2이다.
③ 공기를 차단하여 혐기성균(10~15℃에서 가장 활발)으로 하여금 오물을 소화시킨다.
④ 오수 저유깊이는 1.2m이상 4m 이내로 한다.
⑤ 부패조의 유효용량은 유입 오수량의 2일분(48시간) 이상을 기준으로 한다.
⑥ 부패조의 용량을 구하는 식은 아래와 같다.

<표 5-3> 부패조의 용량 [m^3]

처리대상 인원	용량산식
5인 이하	$V = 1.5$
5~500인 이하	$V = 1.5 + (n - 5) \times 0.1$
500인 이상	$V = 51 + (n - 500) \times 0.075$

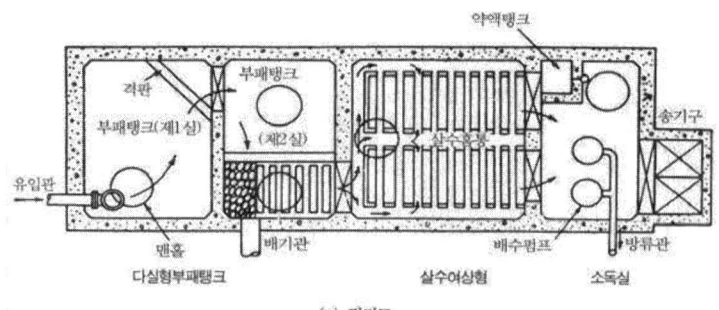

[그림 5-5] 부패 탱크식 분뇨정화조의 구조

(2) 산화조
① 산소의 공급으로 호기성균에 의하여 산화 처리시킨다.
② 배기관의 높이는 지상 3m 이상으로 한다.
③ 산화조의 밑면은 소독조를 향하여 1/100정도의 내림구배로 한다.
④ 산화조의 용량은 부패조 용량의 1/2에 해당한다.

$$V_1 = V \times \frac{1}{2} \ (m^3)$$

【예제-2】 처리대상 인원이 300명인 수세식 변소의 오물정화조의 부패조 용량은 최소 얼마 정도가 좋은가?

☞ $V = 1.5 + (n-5) \times 0.1 = 1.5 + (300-5) \times 0.1 = 31 m^3$

(3) 여과조
① 쇄석층의 윗면은 오수면보다 10cm 정도 아래에 둔다.

② 여과층은 수심의 1/3로 하고 쇄석의 크기는 5~7.5cm 정도가 적당한다.

(4) 소독조

산화조에서 나오는 오수는 각종 세균을 포함하고 있으므로 소독조에서 멸균 소독한 후 방류시킨다. 소독액은 염소계통인 차아염소산 소다(NaClO)등을 침전 침하시키거나 또는 소독제인 차아 연소산 칼슘($Ca(ClO)_2$)을 방류수에 접촉시켜 소독한다.

[2] 임호프 탱크식 분뇨정화조

수심이 약간 깊은 부패탱크의 일종으로 상부에 침전실과 배기실, 하부에 소화실의 3부분으로 되어있다.

(1) 침전 및 소화실

침전실의 하부에 소화실을 설치하고 오수가 침전실을 경유하여 소화실로 유입하는 구조로 되어있고, 유입관 개구부의 위치는 수면으로부터 유효수심의 1/3의 깊이로 하여야 한다.

(2) 스캄(Scum)실

스캄실은 부유물을 모으는 실로서 표면적이 전체면적의 25~30%가 되도록 한다.

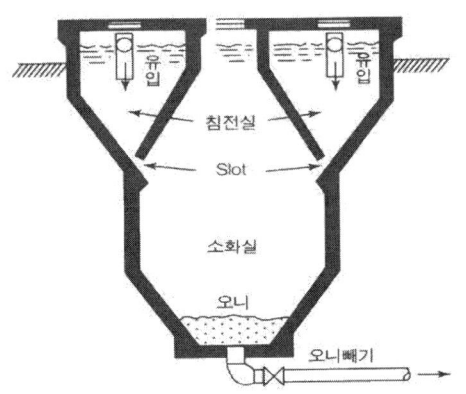

[그림 5-5] 임호프 탱크식 분뇨정화조

◆건축산업기사 예상 문제

1. 수질오염의 지표

1. 다음 중 생물화학적 산소요구량을 나타내는 것은?
   ㉮ P.P.M   ㉯ S.S   ㉰ C.O.D   ㉱ B.O.D

2. 수질오염의 단위 중에서 서로 연결한 것 중 옳지 않은 것은?
   ㉮ P.P.M - 백만분율   ㉯ C.O.D - 화학적 산소요구량
   ㉰ S.S - 부유물질   ㉱ D.O - 침전 오니 퍼센트율

3. BOD란 무엇인가?
   ㉮ 고속도로변의 소음의 크기를 나타내는 지표
   ㉯ 물의 더러운 정도를 나타내는 지표
   ㉰ 실내환경의 쾌적정도를 나타내는 지표
   ㉱ 클린룸의 청정도를 나타내는 지표

1.㉱   2.㉱   3.㉯

---

2. 정화조의 구조 및 원리

1. 다실형 부패탱크식 오물정화조의 오물정화순서를 올바르게 표시한 것은?

   | A : 부패조   B : 여과조   C : 산화조   D : 소독조   E : 방류 |

   ㉮ A → B → C → D → E   ㉯ B → C → D → A → E
   ㉰ A → C → B → D → E   ㉱ B → A → C → D → E

2. 부패조는 제1, 제2부패조 및 예비 여과조로 되어있는데 그 용적비율로 가장 적합한 것은?
   ㉮ 5 : 2 : 1   ㉯ 5 : 3 : 3   ㉰ 4 : 2 : 1   ㉱ 4 : 2 : 3

3. 정화조에서 호기성(好氣性)균의 작용이 이루어진 곳은?
   ㉮ 부패조   ㉯ 여과조   ㉰ 산화조   ㉱ 소독조

4. 혐기성 박테리아는 다음 중 어느 곳에서 활동하는가?
   ㉮ 산화조   ㉯ 부패조   ㉰ 소독조   ㉱ 여과조

5. 오물 정화조에서 살수홈통을 설치해야 하는 곳은?
   ㉮ 제1부패조   ㉯ 여과조   ㉰ 산화조   ㉱ 소독조

6. 다음 산화조에 대한 설명 중 틀린 것은?
   ㉮ 산화조에는 살수홈통을 설치한다.
   ㉯ 산화조의 밑면은 소독조를 향하여 1/100의 내림구배를 둔다.
   ㉰ 산소의 공급으로 혐기성균에 의해 산화처리시킨다.
   ㉱ 배기관의 설치높이는 지상 3m 이상으로 한다.

7. 부패탱크식 오물정화조의 원리는?
   ㉮ 조내에서 약물로 오물을 분해한다.
   ㉯ 많은 물로 오물을 씻어 내린다.
   ㉰ 쇄석에 오물을 부착시켜 여과한다.
   ㉱ 혐기성균의 생육작용으로 오물을 부패 분해하여 소독조에서 소독하여 방류한다.

8. 오물 정화조에 있어서 산화조 쇄석층의 깊이는?
   ㉮ 900mm 이상   ㉯ 900mm 이하   ㉰ 800mm 이상   ㉱ 800mm 이하

9. 산화조의 밑면은 소독조를 향하여 얼마의 내림구배로 해야 하나?
   ㉮ 1/50   ㉯ 1/100   ㉰ 1/200   ㉱ 1/300

10. 다조식(多槽式) 개량변소를 사용하는 이유는?
    ㉮ 제거의 횟수를 적게 한다.
    ㉯ 전염병균이나 기생충균을 사멸시킨다.
    ㉰ 취기를 적게 한다.

㉴ 제거액을 그대로 사료로 사용한다.

> 1.㉮ 2.㉯ 3.㉰ 4.㉯ 5.㉰ 6.㉰ 7.㉱ 8.㉮ 9.㉯ 10.㉯

3. 정화조의 용량산정

1. 수세식변소의 정화조크기를 결정할 때 기준이 되는 것으로 가장 적당한 것은?
   ㉮ 대소변기의 수량   ㉯ 건물의 층수   ㉰ 변소의 사용인원   ㉱ 변소의 위치

2. 105인용 수세식 변소에 있어서 정화조의 부패조 용적으로 가장 적합한 것은?
   ㉮ 2m×3m×2m   ㉯ 2m×3m×1m   ㉰ 2m×2m×2m   ㉱ 1m×1m×5m

3. 부패탱크방식의 정화조에서 사용인원 5인까지의 부패조 용량으로 적당한 것은?
   ㉮ $0.8m^3$ ㉯ $1.2m^3$ ㉰ $1.5m^3$ ㉱ $1.8m^3$

4. 어느 아파트 1동(棟)에 주민 200명이 살고 있다. 이 동에 정화조 (septic tank)를 설치할 경우 부패조의 크기로 적당한 것은?
   ㉮ $11m^3$ 이상   ㉯ $21m^3$ 이상   ㉰ $31m^3$ 이상   ㉱ $41m^3$ 이상

5. 오물정화시설을 설치하여야 할 대상건물의 건축연면적은? (단, 특별 청소지역에 한한다.)
   ㉮ $1,600m^2$ 이상   ㉯ $2,400m^2$ 이상   ㉰ $3,600m^2$ 이상   ㉱ $4,200m^2$ 이상

> 1.㉰ 2.㉮ 3.㉰ 4.㉯ 5.㉮

제6장 위생기구설비

1. 개요

얼마 전 영국왕실 소속의 과학위원회에서 오랜 연구결과를 토대로 작성한 보고서 「21세기 위생백서」에 의하면 "21세기에 가장 무서운 무기는 핵무기나 에너지, 식량이 아니라 음료용 물이 될 것"이라고 결론을 내리고 있다. 우리나라에서는 옛날부터 물은 가장 흔하고 구하기 쉬워 값이 싼 것으로 인식되어져 왔으나 환경파괴가 진전됨에 따라 대기오염으로 인한 산성비와 수질오염으로 인한 수자원의 부족현상이 진전되고 있는 실정이다. 물 부족 현상이 심화됨에 따라 최근들어 정책당국에서도 "우리나라는 수자원이 부족한 나라이고, 머지않아 물 부족 사태가 발생할 것임으로 물을 절약해야 한다"는 홍보를 시작한 적이 있다.

물사용 실태에 관한 보고서에 따르면 우리나라의 1인당 하루수돗물 사용은 408 L로 일본 397 L, 영국 393 L, 대만 318 L와 비교할 때 과다하게 물을 소비하고 있다. 그래서 환경부는 '98년도부터 1인당 생활용수 소비량을 10% 줄이는 수돗물 절감대책을 마련하고 수도요금 인상을 시행할 단계에 이르렀다. 이러한 움직임에 부응하여 위생기구를 만드는 업체에서는 절수(節水)개념을 도입한 위생기구를 개발하고 있으며 일부 제품은 이미 시판되고 있다.

2. 위생기구

위생기구(plumbing fixtures)란 물의 공급 또는 세정되어야할 오물의 저장 및 배출을 위해 설치되어진 급수기구, 물받이용기, 배수기구 및 그 부속품을 지칭한다. 위생기구는 다음과 같이 분류한다.

<표 6-1> 위생기구의 분류

급수기구	급수전 세정밸브 볼탭
위생기구	변기류 세면기류 싱크류 욕조류
배수기구	배수금구류 각종 트랩 바닥배수구
부속품	거울 종이걸이

2-1 위생기구의 소요개수

위생 기구수는 건물내의 상주 인원수, 외래방문자수, 건물의 사용기간 등을 분석하여 설치한다.

<표 6-2>는 건물의 유효면적에 대한 건물사용 인원을 나타낸 것이고, <표 6-3>, <표 6-4>는 위생기구 소요수 산출에 대한 표준적인 수치를 나타낸 것이다.

<표 6-2> 건물의 종류별 사용인원

건물종별	사용인원 [인/m^2]	건물종별	사용인원 [인/m^2]
사 무 실	0.20	공 회 당	1.50
백 화 점	1.00	극 장	1.50
점 포	0.16	도 서 관	0.40
연 구 실	0.06	여 관	0.24
공장 (앉아 일할 때)	0.30	호 텔	0.17
공장 (서서 일할 때)	0.10	숙 박 시 설	0.60
공 동 주 택	0.16	초 등 학 교	0.25
기 숙 사	0.20	중 학 교	0.14
병 원	침상 1개당 3.5	고등·대학교	0.10

<표 6-3> 위생기구의 소요수(기구 1개에 대한 사용 인원수)

건물종류별 사용상태		대변기		소변기	세면기	수세기	비고
		남	여				
공장·작업장	100인 이하	20	20	15	20~25		
	100인 이상	30	30	20			
공장기숙사	100인 이하	15	15	15	5~10		부속기숙사
	100인 이상	20	20	20			
	500인 이상	25	25	25			
주차장	여객전용 (최대동시 상주인원)	25	25	남자용 대변기 : 소변기 : 여자용 대변기 = 4 : 8 : 3			철도기준
	직원용	25	25	남자용 대변기 : 소변기 = 7 : 10			
학교	초등과정	40	15	20	20~25	50~70	
	중등과정	50	20	25			
학교기숙사	중등과정	10	10	10	5~10	50~70	
유치원	80인 이하	20	20	20	20~25	50~70	
	81~240인	30	30	30			
	241인 이상	40	40	40			
아동복지시설	고아원	-	20	-	5~10	50~70	아동복지시설 최저기준
	보육원	20	20	20			
	조산시설	-	20	-			
	양호시설	15	15	15			
도서관	성인	80	30	40	20~25	50~70	열람자 정원수
	아동	40	15	20			
수 영 장		60	40	60	60		
극장 영화관 연예장 관람장 공회당 집회장	객석의 바닥 면적 300m²이하 30m²마다	1	1	5			
	300~600m² 40m²마다	1	1	5			
	600~900m² 60m²마다	1	1	5			
	900m²이상 120m²마다	1	1	5			
호 텔·여 관		객실 5개당 대1, 소1					
공 동 주 택		주거 2~3마다 1개씩 대소변기는 같은 수로					

주) 대변기·소변기는 기준에 의한

<표 6-4> 위생기구의 소요수 (기구 1개에 대한 건물의 유효면적 : m²/개)

건 물	대변기	소변기	세면기	수세기	청소용수채	싱 크
사무실	120~170 (30~60)	150~180 (25~50)	150~180 (30~60)	300~350 (50~120)	400~550 (100~150)	300~350 (55~100)
은행	80~140 (20~40)	80~120 (20~40)	80~120 (20~40)	150~250 (35~80)	300~500 (80~130)	200~250 (20~40)
병원	80~100 (17~50)	30~60 (8~25)	30~60 (8~25)	150~200 (30~90)	300~400 (50~180)	45~80 (8~25)
백화점	130~160	140~180	140~180	450~550	280~320	400~500
아파트·호텔	35~60	50~80	50~80	50~120	250~300	60~90

주) 대변기 1개의 남녀 사용비율 - 일반건물 남 : 여 = 2 : 1, ( )안의 숫자는 기구 1개에 대한 사용인원수 (인/개)

2-2 위생기구의 조건

위생기구의 구비조건은 아래와 같다.
① 항상 청결하게 유지할 수 있어 위생적일 것
② 내식성, 내마모성이 있고 흡수성이 있을 것
③ 미관이 수려할 것
④ 제작가공성이 어느 정도 용이할 것
⑤ 설치가 용이할 것
⑥ 건축마무리의 끝맺음이 양호할 것

현재 위생기구로 사용되고 있는 재료는 도기(陶器), 청동, 황동, 동, 연, 주철, 스테인레스강, 프라스틱, 유리섬유 강화 플라스틱(FRP) 등이다. 가장 많이 사용되고 있는 도기는 다음과 같은 특징이 있다.

[1] 장점
① 경질이며 산·알칼리에도 침식되지 않으며 내구성이 뛰어나다.
② 표면이 깨끗하고 매끄러워 작은 오물도 눈에 잘 띄므로 위생적이다.
③ 흡수성이 없고 오수나 악취 등이 흡수되지 않으며 변질도 안된다.

[2] 단점
① 탄력성이 없어 외부충격에 쉽게 파손된다.
② 파손되며 보수가 불가능하다.
③ 팽창계수가 작기 때문에 금속기구나 콘크리트와의 접속에는 특수공법이 요구된다.

3. 위생기구의 종류

3-1 대변기

대변기는 서양식 변기와 동양식 변기로 분류하고 기능적으로는 다음과 같은 것이 있으며, 최근에는 세정수를 최소화한 절수형이 개발되고 있다.

[1] 세출식(wash out type)

동양식 대변기 특우의 방식이다. 오물을 받는 수심이 얕아서 오물이 노출되므로 냄새가 많이 나고 변기에 오물이 부착하기 쉬워서 양식변기에서는 거의 사용되지 않고 있다.

[2] 세락식(wash down type)

오물을 직접 트랩봉수 중에 낙하시켜 물의 낙차에 의하여 오물을 배출시키는 방식이다. 세출식에 비하여 냄새의 발산은 적지만 유수면이 좁아서 변기에 붙기 쉽다.

[3] 사이펀식(siphon type)

배수의 트랩에 많은 굴곡을 주어 저항을 만들어서 세정시에 자기 사이펀 작용을 일으켜서 오물을 포함한 배수를 세정하는방식. 유수면이 넓어서 오물이 부착하지 않으며 세정기능은 세락식이나 세출식에 비해 우수하다.

[4] 사이펀 제트식(siphon-jet type)

사이펀식의 자기 사이펀 작용을 촉진시키기 위하여 분수구멍을 설치한 것. 자기 사이펀 작용이 강력해서 세정 시에는 수면이 변기전체를 적시므로 오물이 부착하지 않기 때문에 수세식 대변기 중에는 가장 좋은 방식이다.

[5] 취출식(blow out type)

작은 구멍에서 강력한 물을 분출시켜 유수를 배수관 쪽으로 취출시키는 방식으로 세정기능은 좋지만 소음이 크다는 단점이 있다.

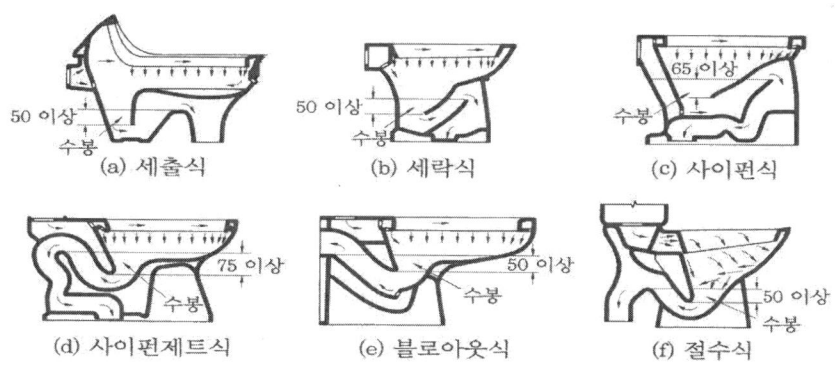

[그림 6-1] 대변기의 종류

3-2 세정방식

[1] 세정밸브(flush valve system)

세정밸브를 이용하여 급수관에서 물을 직접 대변기에 급수하는 방식이며, 연속적으로 사용할 수 있으나 세정밸브의 구조상 급수압력이 0.7kgf/cm^2 이상이 필요하다. 또한 순시유량이 많아야하기 때문에 급수관경은 **25mm 이상**의 굵은 급수관이 필요하며, 단시간에 많은 물이 흐르기 때문에 소음이 크다. 일반주택에서는 사용이 곤란하고, 학교, 호텔, 사무실 등 적합하다.

세정밸브식에서는 급수관과 변기를 직결하기 때문에 대변기 내의 배수의 흐름이 나빠지거나 변기가 막혀 있어서 변기 안에 오수가 차 있을 경우, 급수관내가 부압이 형성되면 오수가 급수관 내를 역류할 위험이 있다. 이와 같이 오수가 급수관으로 역류하는 것을 방지하기 위하여 세정밸브와 변기사이에 **역류방지기**(vaccum breaker)를 설치해야 한다.

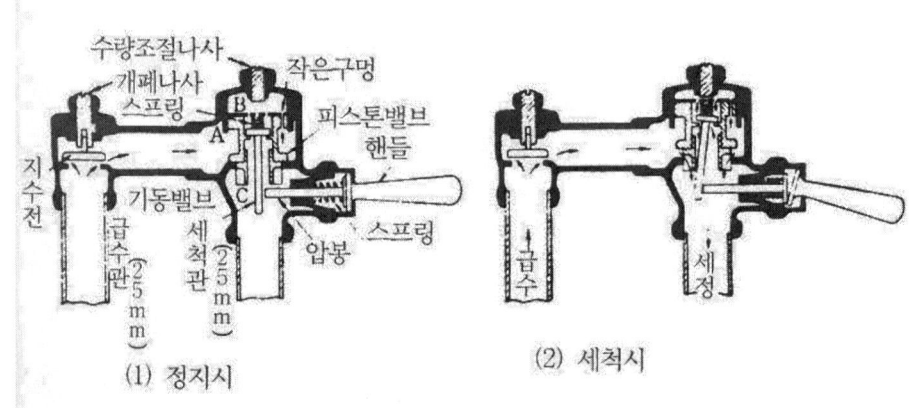

[그림 6-2] 세정밸브

[2] 로탱크식(low tank)

우리나라 아파트나 호텔에 주로 사용하는 것으로 탱크에 일정량의 물을 모아 두었다가 변기에 급수하는 방식이며, 사용 후 다시 탱크에 만수시키는 시간이 필요하므로 연속사용은 어렵지만 급수관의 압력은 0.3kgf/cm^2 이상으로 낮아도 되고 세정시의 소음이 적다. 특징은 설치면적이 크며, 탱크가 낮아 세정관은 50mm 이상이 되어야 한다.

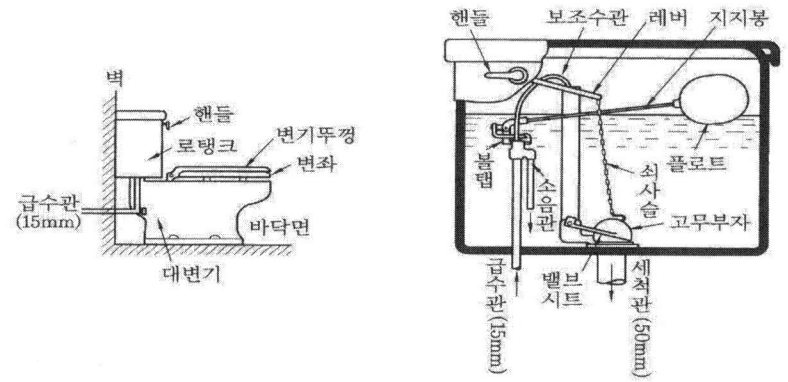

[그림 6-3] 로 탱크식

[3] 하이 탱크식(high tank)

하이탱크에 일정량의 물을 모아 두었다가 세정시에 대변기에 급수하는 방식이며, 낙차가 크기 때문에 로탱크에 비하여 세정시의 소음이 크고 설치, 보수 등의 작업이 불편하다. 탱크 표준높이는 1.9m이며, 탱크용량은 15L 정도이다.

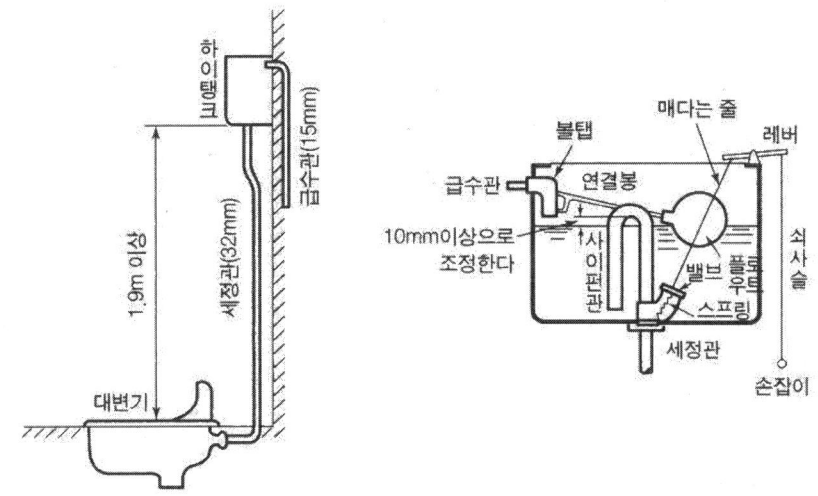

[그림 6-3] 하이 탱크식

3-3 소변기

[1] 종류

소변기의 종류에는 벽걸이형(wall type)과 바닥설치형(stall type)이 있으며, 기능상으로 구분하면 트랩 일체식과 트랩별도 설치식이 있다. 바닥설치형은 일반적으로 스톨형이라 부르며 어른이나 어린이들이 함께 사용할 수 있으므로 백화점, 대합실 등의 공중용으로 사용한다.

[2] 세정방식

소변기의 세정방법에는 다음과 같이 4종류가 있다.

① 자동 사이펀식 : 자동 사이펀 장치를 구비한 하이탱크에 급수하고 탱크 내에 급수하고 탱크내의 수위가 규정수위로 상승하면 사이펀 작용을 일으켜서 자동적으로 탱크 내의 물을 방출하여 일정한 간격을 두고 변기를 자동적으로 세정하는 방식이다.

② 전동(전자)밸브식 : 최근 자동 사이펀식이 물을 낭비하는 것을 방지하기 위하여 개발한 것으로 이 방식은 급수관의 도중에 전자밸브 또는 전동밸브를 설치하고 타이머 또는 소변기트랩의 염분검출기 등에 의하여 밸브를 작동시킨다.

③ 세정밸브식 : 소변기에 소변기용 세정밸브를 설치하고 세정밸브의 누름단추를 누름으로써 일정시간 물을 흘려서 소변기를 세정하는 것이다. 세정밸브는 급수압력에 따라서 유량이 변화하므로 벽걸이형은 $0.3kg/cm^2$ 이상, 벽걸이 스톨형은 $0.5kg/cm^2$ 이상, 스톨형에는 $0.8kg/cm^2$ 이상의 급수압력이 필요하다.

④ 세정수전식 : 소변기에는 세정수전을 설치하고 이것을 소변기를 사용할 때마다 열어서 세정하는 것으로 세정밸브보다 더 사용빈도가 낮아서 부득이한 경우가 아니면 사용하지 않는 것이 좋다.

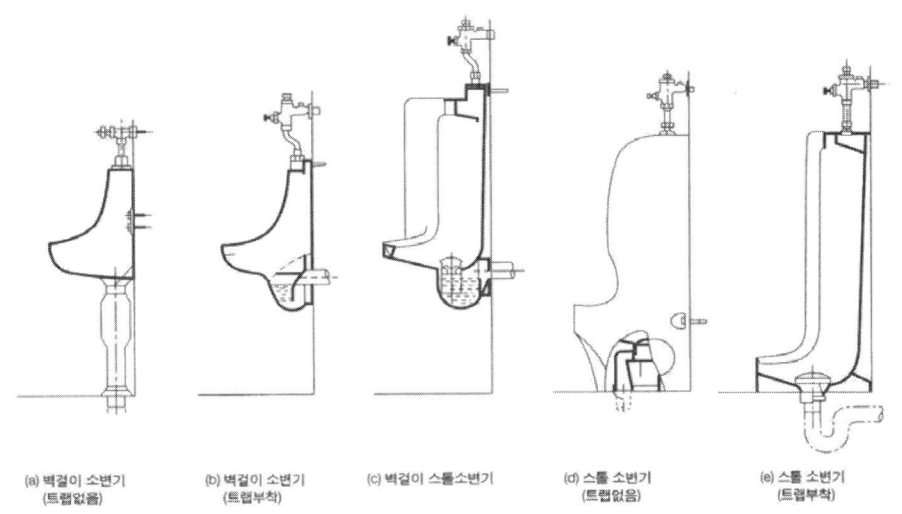

[그림 6-4] 소변기의 종류

3-4 수세기, 세면기

수세기와 세면기는 기구의 외형으로 구별하기는 어려우나 일반적으로 실용량 3 L 이하의 것을 수세기라 하고 그 이상의 것을 세면기라 하며, 수세기는 급수용 수전만으로 설치하지만 대체적으로 세면기는 급수, 급탕용 수전을 함께 설치한다.

[그림 6-4] 수세기와 세면기의 외관

3-5 절수용 기구

우리나라의 1인당 하루 수돗물 사용량은 480 L로 일본 397 L, 영국 393 L, 대만의 318 L와 비교할 때, 과다하게 물을 소비하고 있다. 심문 1톤을 만드는데 150톤의 물이 필요하고, 승용차 1대를 만드는 데는 380톤이 필요하다. 그래서 환경부는 '98년도부터 1인당 생활용수 소비량을 10%줄이는 수돗물 절감대책을 시행키로 했다.

환경부는 이를 위해서 현재 원가대비 77%에 불과한 수도요금을 90%까지 끌어올려 수돗물 사용을 억제하고, 현재 연면적 $100m^2$ 이상 건축물과 20가구 이상의 공동주택에 한해 설치토록 되어있는 절수설비 설치대상을 '98년 상반기부터 모든 건축물에 확실시하기로 했다. 또한 절수설비 설치 의무화 대상을 현재 대변기에서 200년부터는 소변기, 샤워헤드, 수도꼭지까지 확대해 나가기로 했다.

절수를 위해 개발된 위생기구 제품은 다음과 같은 것들이 있다.

[1] 절수식 양변기

대·소변 세척구분을 두어 필요 이상의 물 낭비를 방지하는 것으로, 소변 세척시에는 7L의 세척수만 유출된 후 자동적으로 지수가 된다.

[2] 절수형 양변기

6L의 세척수로 일반 양변기 13L용과 동일한 세척력을 얻을 수 있는 양변기이다.

[3] 전자 감지식 소변기

적외선 센서로 인체를 감지하여 용변 후에 자동으로 소변기를 세척해 주는 제품이다. 기존 수동식 세척밸브는 용변 중에 통상적으로 사용자가 2회 작동으로 물소비가 많았으나 이 제품은 사용자가 임의조작이 불가능하고 용변 후 1회의 최적 세척량만 토출되므로 물을 절약할 수 있다.

[4] 자폐식 수도꼭지

핸들을 누르면 일정시간 토출된 후 자동으로 지수되는 급수전이며, 공공건물의 세면기에 설치하여 물의 낭비를 방지할 수 있는 제품이다. 핸들을 누르면 수압에 따라 4~12초간 약 1L의 물이 토출된 후 자동으로 지수되므로 사용자가 필요없는 물을 틀어 놓거나 사용 후 수도꼭지를 잠그는 것을 망각해서 발생되는 물의 낭비를 막아 절약할 수 있다.

[5] 전자 감지식 수도꼭지

적외선 센서가 사용자 손을 감지하여 사용 후 자동으로 지수되는 세면기 수도꼭지이다. 기존제품은 사용자가 비누칠 등으로 필요 없는 물을 틀어 놓거나 사용 후에 물을 잠그는 것을 망각하여 발생되는 물의 낭비가 많았으나 이것은 사용 중에만 물이 나오므로 그만큼 물 절약이 된다.

[6] 절수식 샤워해드

샤워해드를 손으로 쥐면 물이 토수되고 놓으면 물이 지수되는 제품이다. 공중 목욕탕에서 사용자가 통상 몸에 비누칠이나 때를 밀 때에도 샤워해드를 틀어놓고 있어서 물 낭비가 많았으나 이것은 작동버턴을 눌러야만 물이 나오므로 기존의 기구보다 물 절약이 된다.

[7] 다단계 절수형 수도꼭지

수도꼭지 핸들을 단계적으로 작동시켜 물의 사용량을 제어하는 제품이다. 기존의 싱글레버류 수도꼭지는 토수되는 물의 세기를 사용자가 보고 핸들의 각도를 임의로 조정하여 사용하였으나 이 제품은 사용자가 핸들 작동시 손의 느낌으로 단계를 느끼게 하여 용도에 맞게 수도꼭지를 사용함으로써 기존제품보다 물 절약이 된다. 1단계는 간단한 세수, 먼지세척, 칫솔질 등이고 2단계는 접시 및 그릇세척, 야채세척 등이며, 3단계는 샤워 등 많은 양의 물을 사용할 경우이다.

◆ 건축산업기사 예상문제집

1. 세정밸브 (flush valve)

1. 대변기를 세정하는 플러시 밸브와 관련없는 것은?
   - ㉮ 급수관경이 타 방식보다 크다.
   - ㉯ 설치면적이 크다.
   - ㉰ 수압을 필요로 한다.
   - ㉱ 세정시 소음이 크다.

2. 대변기 세정 급수방식에서 역류방지기 부착을 필요로 하는 것은?
   - ㉮ 하이 탱크식
   - ㉯ 기압탱크식
   - ㉰ 로탱크식
   - ㉱ 세정밸브식

3. 한번 핸들을 돌리면 급수의 압력으로 일정량의 물이 나온 다음 자동적으로 잠겨지도록 되어 있는 밸브(valve)는?
   - ㉮ 게이트 밸브
   - ㉯ 글로브 밸브
   - ㉰ 플러시 밸브
   - ㉱ 볼탭

4. 세정밸브의 최저 필요압력은?
   - ㉮ $0.7 kg/cm^2$ 이상
   - ㉯ $0.5 kg/cm^2$ 이상
   - ㉰ $0.8 kg/cm^2$ 이상
   - ㉱ $0.1 kg/cm^2$ 이상

5. 대변기 세척용 밸브 중 플러시 밸브의 급수관의 구경은 최소 얼마 이상으로 해야 하는가?
   - ㉮ 20A
   - ㉯ 25A
   - ㉰ 30A
   - ㉱ 35A

6. 역류방지기는(avaccum breaker)는 대변기의 어느 방식에 부착 사용하는가?
   - ㉮ 하이 탱크식 (high tank)
   - ㉯ 로우 탱크식 (low tank)
   - ㉰ 사이폰 방식 (siphon)
   - ㉱ 세정밸브식 (flush valve)

7. 세정밸브(flush valve)식 대변기의 관련기술 중 옳지 않은 것은?
   - ㉮ 급수관경은 최소 20A를 필요로 한다.
   - ㉯ 급수압력은 최저 $0.7 kg/cm^2$를 필요로 한다.
   - ㉰ 설치공간이 거의 필요없고 단시간에 다량의 물을 사용한다.
   - ㉱ 세정시 소음이 크며 고장이 나면 수리하기 어려운 편이다.

1.㉯ 2.㉱ 3.㉰ 4.㉮ 5.㉯ 6.㉱ 7.㉮

2. 위생기구

1. 하이 탱크식 대변기에서 탱크의 하단높이는 변기의 상단에서 얼마 정도의 높이에 설치하는 것이 표준인가?
   ㉮ 2.2m   ㉯ 1.9m   ㉰ 1.7m   ㉱ 1.5m

2. 대변기 세정 급수장치 중에서 수압의 제한을 가장 많이 받는 것은?
   ㉮ 세정탱크식   ㉯ 세정밸브식   ㉰ 기압탱크식   ㉱ 시스턴 밸브식

3. 다음 변기세정 방식 중 가장 많은 면적을 차지하는 방식은?
   ㉮ 하이 탱크식   ㉯ 기압 탱크식   ㉰ 로 탱크식   ㉱ 세정밸브식

4. 다음사항은 위생기구에 연결되는 급수관지름이다. 급수관 지름이 옳지 않은 것은?
   ㉮ 세면기 - 15mm   ㉯ 대변기 (하이 탱크식) - 15mm
   ㉰ 대변기 (세정 탱크식) - 20mm   ㉱ 욕조수전 - 20mm

5. 샤워, 세면기, 수세기 등에 연결하는 급수관의 관경은?
   ㉮ 15mm   ㉯ 20mm   ㉰ 25mm   ㉱ 32mm

6. 대변기 세정 급수장치에서 로 탱크식의 급수관의 크기가 가장 적당한 것은?
   ㉮ 15mm   ㉯ 25mm   ㉰ 32mm   ㉱ 50mm

7. 급수 연결관의 관경이 가장 큰 것은?
   ㉮ 세탁싱크   ㉯ 욕실용 조합기구   ㉰ 벽걸이 소변기   ㉱ 대변기 세정변

1.㉯ 2.㉯ 3.㉰ 4.㉰ 5.㉮ 6.㉮ 7.㉯

제7장 배관 및 밸브

1. 배관

배관공사의 계획에 있어서 먼저 공사의 종류에 따라 관 재료를 무엇으로 할 것이냐 하는 것이 가장 중요한 문제이며, 관 재료의 선택시 고려할 사항은 유체의 화학적 성질, 유체의 온도, 유체의 압력, 관의 외벽에 대한 조건, 관의 외압, 관의 접합, 관의 중량과 수송조건 등이다. 그리고 관의 내압력과 재료의 허용 응력과의 관계를 나타내는 관의 스케줄 번호에 따른 관의 허용 내압력도를 충분히 고려하여 관재료를 선택하는 것이 바람직하다.

배관재료를 재질로 대별하면 아래와 같이 분류할 수 있다.
① 철금속관: 강관, 주철관
② 비철금속관: 연관, 동관, 알루미늄관, 스테인레스관
③ 비금속관: 플라스틱관, 석면시멘트관, 철근콘크리트관, 도관(陶管)

1-1 관재료의 종류 및 특성
[1] 강관 (steel pipe)

강관은 배관공사에 가장 많이 사용하는 관으로 연관이나 주철관에 비하여 가볍고 인장강도가 크다. 또 충격에 강하고 굴곡성이 좋으며, 관의 접합도 비교적 쉽다. 그러나 주철관에 비하여 부식하기 쉽고 내용연수(耐用年數)도 비교적 짧은 것이 결점이다.

(1) 용도
 물, 기름, 가스, 공기, 온수, 증기용

(2) 성질
① 연관이나 주철관에 비해 가볍다.
② 인장강도가 크다.
③ 충격에 강하고 굴곡성이 좋다.

④ 관접합이 비교적 쉽다.
⑤ 열매체에 대해서 부식이 쉽게 일어난다.
⑥ 가격이 싸다.

(3) 관의 접합
① 나사접합: 강관은 10kg/cm² 이하의 증기, 물, 기름, 가스, 공기 등의 배관
② 플랜지 접합:
③ 용접 접합:

(4) 강관의 이음분류
각종 관은 그 용도에 따라서 아래와 같이 구분된다.
① 배관을 휠 때 : 엘보, 벤드
② 분기관을 뽑아낼 때 : T, 크로스, Y
③ 직관의 접합 : 소켓, 플랜지, 유니언
④ 구경이 다른 관을 접합할 때 : 이경소켓, 이경엘보, 이경 티, 부싱
⑤ 배관의 말단부 : 플러그, 캡

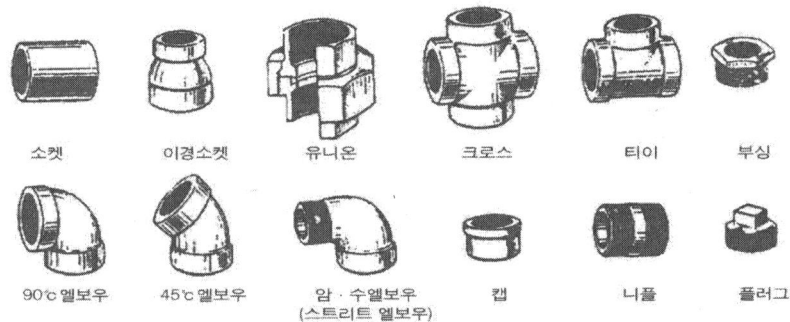

[그림 7-1] 각종 이음류의 모양

[2] 주철관 (cast iron pipe)

다른 관에 비해 특히 내식성, 내구성, 내압성이 뛰어나 위생설비(급수관, 배수관, 통기관)를 비롯하여 가스배관, 광산용 양수관, 공장배관, 지중매설배관 등 광범위하게 사용되고 있다. 종류로는 최대사용 정수두에 따라 10kg/cm² 이하에 사용되는 고압관을 비롯하여 7.5kg/cm² 이하의 중압관, 4.5kg/cm² 이하의 저압관 등 3가지 종류가 있다.

(1) 용도

급수관, 오배수관, 통기관, 가스공급관, 지중 매설배관, 화학공업용 배관 등

(2) 성질

① 내식성, 내마성이 좋다.
② 압축력에 가하지만 인장력엔 약한 편이다.
③ 충격에 약하다.
④ 저압($10kg/cm^2$ 이하)에 적합하다.

(3) 관의 접합

① 소켓접합 : 주철관의 허브(hub) 쪽에 스피것(spigot)이 있는 쪽을 맞춘 다음, 마(yarn)를 단단히 꼬아 감고 정으로 박아 넣는 접합 방법이다.
② 플랜지 접합 : 플랜지가 달린 주철관을 서로 맞추어 볼트로 죄어 접합하는 방법이다.
③ 메커니컬 접합 : 주철관의 기계적 접합은 소켓접합과 플랜지 접합의 장점을 채택한 방법으로 특히 외압에 대한 가소성과 누수가 우려되는 곳에 사용한다.
④ 빅토리 접합 : 빅토리형 주철관을 고무 링과 금속제 칼라(collar)를 사용하여 잇는 접합법으로 관속의 압력이 증가함에 따라 고무링은 더욱 더 관벽에 밀착하게 되어 누수를 막는 작용을 한다.

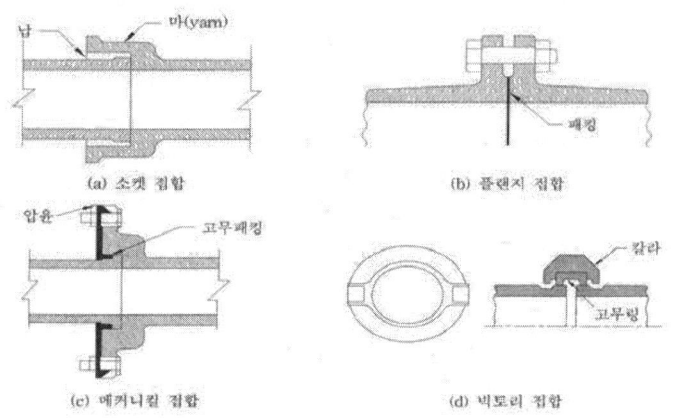

[그림 7-2] 주철관의 접합

[3] 연관 (lead pipe)

납은 금, 은, 동과 함께 오래 전부터 인류가 사용해온 금속으로서 오늘날에는 대·소변기 등의 배수관, 굴곡이 많은 수도 인입관, 가스배관 등에 널리 사용되고 있다. 특히 연관은 알칼리에는 침식이 되지만 산에는 거의 영구적이며 신축성이 풍부하여 겨울철 동결에 의한 피해를 줄일 수 있다.

연관의 접합에는 플라스턴 접합, 과잉 용접 땜납접합, 땜납접합, 용접이음이 있다.

(1) 용도
화공배관, 가스배관, 수도관, 기구배수관

(2) 성질
① 산에 강하고 알칼리에 약하다.
② 내식성이 좋아 해수, 수도, 천연수 등에 견딘다.
③ 초산, 진한 염산, 증류수, 극연수 등에 침식된다.
④ 전연성(展延性)이 풍부하고 굴곡 가공이 용이하다.
⑤ 비중이 크다(11.37).

(3) 관의 접합
① 플라스턴 접합 : 용융점이 낮은 플라스턴 합금을 녹여 연관을 접합하는 방법 ※ 플라스턴: 주석 40%와 납 60%로 된 합금
② 납땜 접합

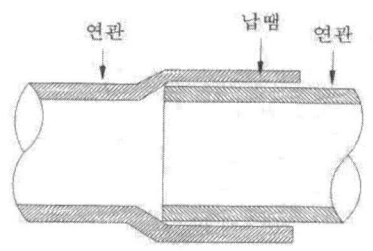
(a) 플라스턴에 의한 끼워넣기 접합

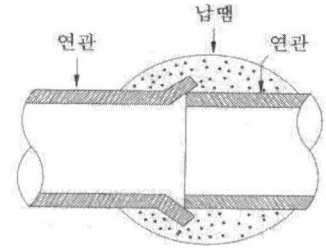
(b) 육성납땜 접합

[그림 7-3] 연관의 접합

[4] 동관 (copper pipes)

동 및 동합금은 대기, 염수 및 해수는 물론 염류, 산, 알칼리 등의 수용액이나 유기화합물에 대하여 상당한 내식성을 지니고 있으며, 관내 마찰손실도 다른 종류의 관에 비하여 적은 편이다. 또한 열 및 전기전도성이나 기계적 성질도 우수하고 단조성과 열전도율이 커서 저탕조 및 가열관에 적합하다.

접합법에는 납땜접합, 압축접합, 용접이음 등이 있다.

(1) 용도
급수관, 급탕관, 급유관, 압력계관, 냉매관, 열교환기용관

(2) 특성
① 유연성이 커서 가공이 용이하다.
② 알카리 성분에 강하다.
③ 가격이 비싸다.
④ 내식성 및 열전도율이 크다.
⑤ 마찰손실저항이 적다.
⑥ 외부충격에 약하다.
⑦ 극연수에 부식된다.

(3) 관의 접합
동관의 접합은 아래와 같이 플랜지 접합, 끼워넣기 접합, 플레어 접합, 유니온 접합이 있다.

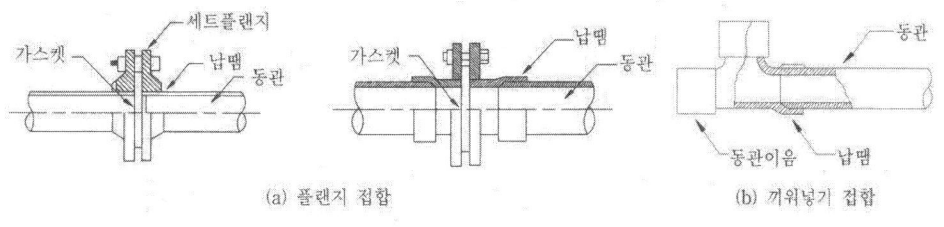

(a) 플랜지 접합 　　　　　　 (b) 끼워넣기 접합

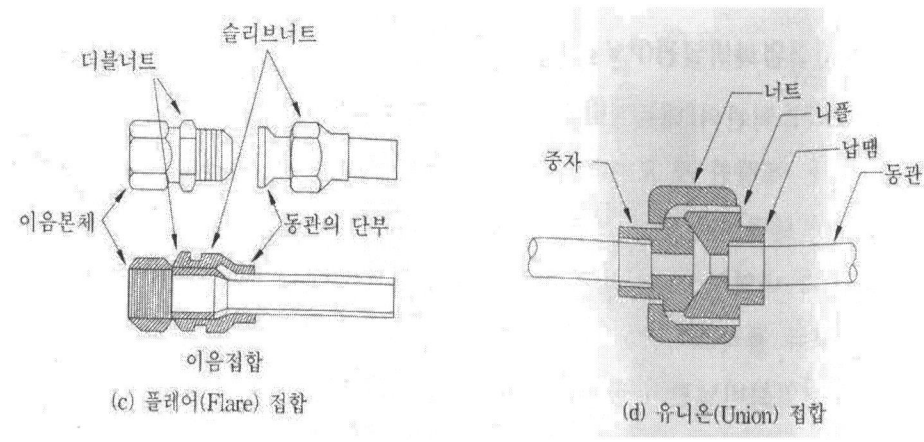

[그림 7-4] 동관의 접합

[5] 경질 염화비닐관 (rigid polyvinylchloride pipe)

경질 염화비닐관은 무기질이나 금속관에 비하여 유기용제에 침식되는 성질이 있어 이 관을 사용할 때는 특히 주의하여 사용하여야 한다. 이 관의 장점은 가볍고 강하며, 내식성이 뛰어나고 마찰손실이 적으며, 배관가공이 용이하다. 반면 단점으로는 열에 약하며, 유기용제 쉽게 침식되고, 충격에 약하다는 점이다.

(1) 특성
① 산·알칼리 성분에 강하며 내해수, 내약품성이 우수한다.
② 전기절연성이 크고 금속관과 같은 전식작용의 염려가 없다.
③ 관 내면에 스케일이 잘 끼지 않는다.
④ 굴곡, 접합, 용접 등의 가공이 용이하다.
⑤ 무독, 무취로 위생적이며 가볍고 강하다.
⑥ 열과 외부충격에 약하다.
⑦ 열팽창이 크다(강관의 7~8배).

(2) 관의 접합
① 냉간공법: 접착제를 발라 접착하는 간단하고 정확한 접합법으로 널리 이용된다.
② 열간공법: 열가소성, 복원성 및 융착성을 이용하여 접합하는 방법이다.

가공온도는 보통 110~130℃가 바람직하다.

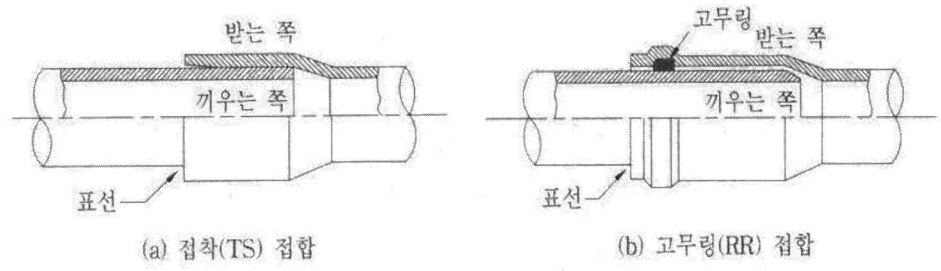

[그림 7-5] 경질비닐관의 접합

[6] 콘크리트관 (concrete pipe)

콘크리트관은 용도와 종류에 따라 원심력 철근 콘크리트관(일명 흄관), 석면 시멘트관, 철근콘크리트관 등이 있다.

(1) 특성
① 주로 옥외 배수관 재료로 많이 사용되고 있다.
② 특히 흄관은 외부압력에 견디도록 만들어진 관으로 철도부지 하수관 및 하수매설 배수관에 주로 사용된다.

(2) 관의 접합
① 칼라조인트(collar joint): 관과 관 사이에 철근콘크리트로 만든 칼라를 씌운 다음 컴포(compo)를 채워서 접합하는 방법
② 기볼트 조인트(gibault joint): 2개의 플랜지와 2개의 고무링, 1개의 슬리브로 이루어져 있으며 일반적으로 석면 시멘트관의 접합에 사용되며, 배관의 굴곡성과 신축성이 요구되는 곳에 사용한다.
③ 심플랙스 조인트(simplex joint): 이터닛 칼라와 2개의 고무링으로 접합하는 방법
④ 모르타르 조인트: 접합부에 모르타르를 발라 접합하는 방법

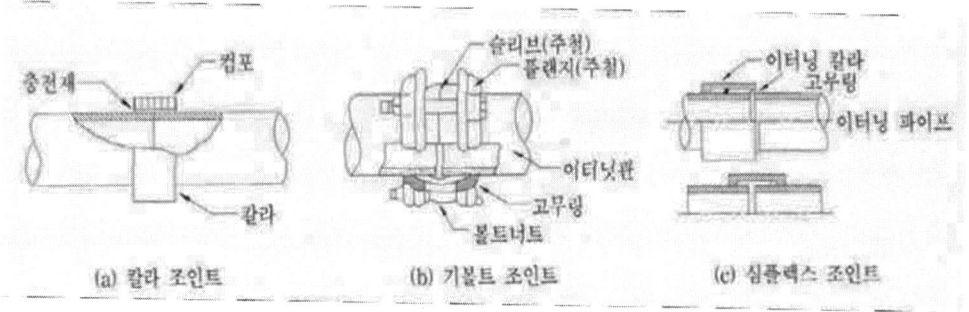

[그림 7-6] 콘크리트관의 접합

1-2 배관의 접속법

배관의 접속법은 배관의 재질, 관두께, 구경, 용도 등에 따라서 각기 다른 방법이 있다.

<표 2-4> 관의 종류와 접속방법

접속방법	중요 적용 관의 종류
나사 접합	강관, 라이닝 강관(배구용 제외)
용접 접합	강관, 스테인레스 강관
납땜 접합	동관
플랜지 접합	대구경의 강관, 라이닝 강관(배수용 제외), 스테인레스 강관
메커니컬 접합	주철관, 강관, 스테인레스 강관, 가교화 폴리에틸렌관, 폴리부틸렌관
접착 접합	염화 비닐관, 내열 염화비닐관, 폴리부틸렌관

1-3 배관의 피복

배관공사가 완료되면 관내 유체의 사용목적에 따라 보온 및 방동, 방로를 위한 피복을 해야 한다. 일반적으로 증기관 및 온수관에는 보온공사를 하고, 냉매관에는 공기 중의 습기에 의한 결로방지를 위한 보냉공사를 하며 위생설비배관에는 겨울철 동파 방지를 위한 보온 피복공사를 해야 한다.

[1] 피복재의 종류

① 암면: 암면은 규산칼슘의 광석을 적당 배합하여 1,500~1,700℃의 고열로 용융액화시켜 압축공기로 분사하여 만든 순수한 무기질 섬유로서 판 및 롤

모양으로 가공한 것이다. 진동이 있는 곳의 보온에 적합하여 주로 400℃이하의 파이프, 덕트, 탱크 등의 보온재로 사용된다.

② 유리섬유: 양질의 규석을 주원료로 하여 장석 등을 적당량 배합하여 1,500~1,600℃의 고온으로 용융 섬유화하고 다시 화염분사시킨 미세한 무기질의 섬유이다. 따라서 글라스 울은 300℃이하의 보온재로 사용되며 특히 보냉재로 우수한 특성을 지니고 있으며, 그 외 특징은 다음과 같다.
- 불에 타지 않는 불연재이다
- 열전도율이 매우 낮아 단열효과가 우수하다.
- 기공이 많은 섬유이므로 흡음에도 효과가 있다.

③ 실리카: 규산질 원료와 소석회에 암면을 배합 수열합성 한 규산칼슘계의 착화합물인 토바모라이트를 주재로 한 보온재로서 보온판 및 보온통 카바 등의 제품이 있다. 용도는 보일러벽, 덕트, 배관, 탱크, 열교환기 등에 널리 사용되며 그 외 특징은 다음과 같다.
- 열전도율이 극히 낮아 보온효과가 뛰어나다.
- 비중이 낮고 기계적 강도가 높기 때문에 현장 작업성이 좋으며 파손에 의한 손실이 적다.
- 완전 불연성이기 때문에 화재위험이나 유독가스 발생이 전혀 없다.
- 시공이 간편하며 가공성이 좋아 공기가 단축된다.
- 고온에 견디므로 650℃까지 안전하게 사용할 수 있다.
- 내수성이 우수하고 수명이 반영구적이다.

[2] 피복재 두께

피복재의 두께는 어느 정도의 두께 이상이 되면 오히려 열의 손실이 커지고 두께에 비례하여 공사비가 비싸게 되기 때문에 적당한 두께가 필요하다. 시공법은 우선 관 외벽을 방수지로 감고, 관경 15~50mm 정도일 때는 두께 20~25mm, 관경 50~150mm정도 일 때는 두께 25~30mm 정도로 피복재를 단단히 감고 그 위에 다시 비닐테이프 등으로 감은 다음 아연철 밴드로 군데군데 동여매어 시공한다.

2. 밸브(valve)의 종류 및 구조

밸브는 관로에 설치하여 유체의 흐름을 막거나 방향을 바꾸고 또한 흐르는 양을 조절하는 등의 목적을 가지고 있다.

2-1 자동밸브
밸브의 개폐조정을 프로세스 중의 유체에너지(압력, 온도, 부력) 등을 직접 쓰는 밸브이다.

[1] 자력식 밸브
밸브의 개폐조절을 수동이외의 방법. 예를들면 압력, 부력, 원심력, 전력 등으로 행하는 것.

[2] 조절식 밸브
밸브의 조절을 공급원에게 주어지는 공기압, 유압, 전력 등의 보조에너지를 쓰는 것. 예를들면, 공기자동식 조절밸브, 전자밸브, 전동밸브

2-2 수동밸브
밸브의 개폐조절을 보조매체를 쓰지 않고 직접 수동으로 하는 것.

[1] 게이트 밸브(gate valve)
일명 슬루스 밸브(sluice valve)라고도 한다. 일반적으로 전개 또는 전폐의 상태에 사용. 유체의 통로를 밸브체에 수직으로 차단하는 것이며, 밸브를 완전히 열면 구경과 같은 단면적을 가지며, 압력손실이 작고, 핸들의 회전력도 글로브 밸브에 비해 가볍다. 다만 개폐에 시간이 걸린다.

[2] 글로브 밸브(glove valve)
스톱밸브(stop valve)라고도 하며, 밸브가 구형(球形)이다. 밸브내의 유체가 관축에 직각방향으로 변하고 유로도 좁아 게이트밸브에 비해서 손실수두가 크지만 유량조절에 주로 사용. 앵글밸브(angle valve)는 글로브 밸브와 사용목적이 같지만 흐름방향을 직각으로 구부려 배관할 경우에 사용. 니들밸브

(niddle valve)는 밸브체가 송곳과 같이 가늘고, 끝이 뾰족하게 되어 있는 것으로 유체의 통로가 협소하여 유량을 미조정하도록 되어 있다.

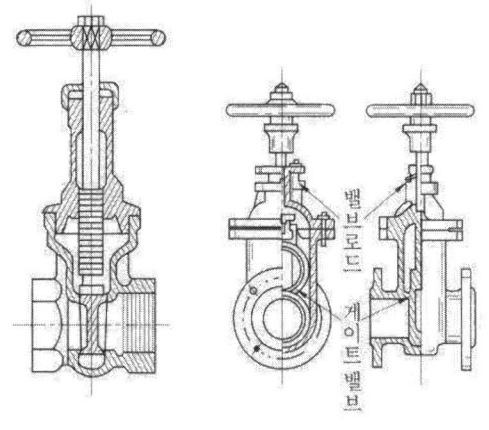

[그림 7-7] 게이트 밸브

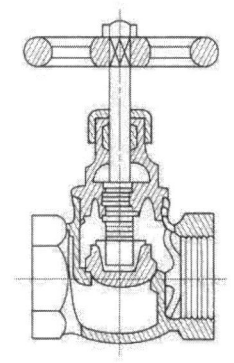

[그림 7-8] 글로브 밸브

[3] 콕(cock)

flug밸브라고도 말하며, 원추상의 플러그를 콕 핸들로 90°회전만 시키면 개폐되는 것으로 유로를 급속히 개폐할 필요가 있는 곳에 적합하다.

[4] 체크 밸브(check valve)

역지(逆止)밸브라고도 한다. 유체를 일정 방향으로만 흐르고 역류하지 않도록 방지하기 밸브이며, 펌프의 토출측에 사용한다. 체크밸브는 스윙식(swing tipe)과 리프트식(lift type)이 있다.

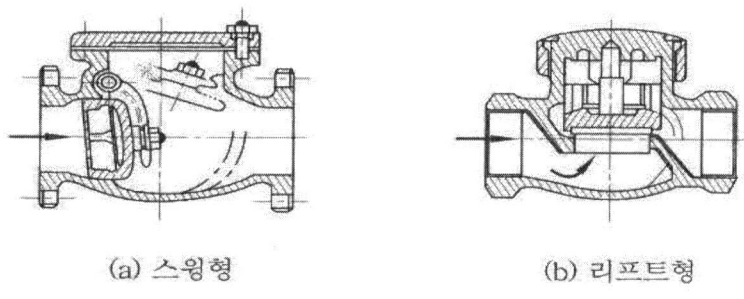

(a) 스윙형 (b) 리프트형

[그림 7-9] 체크 밸브

[5] 버터플라이 밸브

원판형의 밸브체가 90°회전하여 개폐하는 것으로 주로 저압의 가스배관, 공기배관 등에 사용한다.

[6] 스트레이너(strainer)

배관도중에 먼지, 흙, 모래, 쇠 부스러기 등을 제거하기 위한 부속품으로 반드시 밸브류 등의 앞에 설치한다.

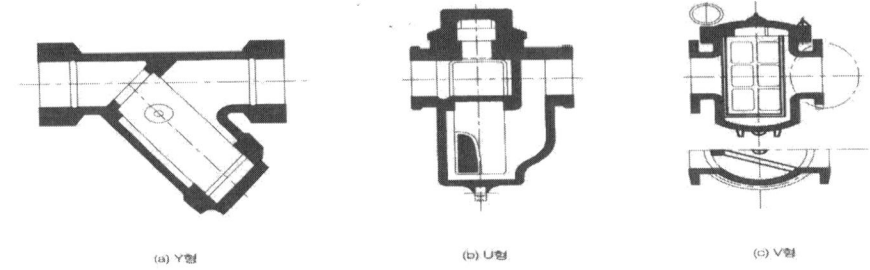

[그림 7-10] 각종 스트레이너

3. 배관의 도시기호

3-1 관

관은 실선으로 표시하며 같은 도면 속의 관을 나타낼 때는 같은 굵기의 선으로 표시함을 원칙으로 한다.

3-2 유체의 종류와 표시법

관속을 흐르는 유체의 종류, 상태, 목적을 표시할 때는 인출선을 그어 문자기호로 도시하는 것을 원칙으로 한다. 유체의 흐름방향을 표시하는 경우에는 화살표로 표시하며, 유체의 종류에 따른 기호 및 도시법은 <표 7-1> 과 같다.

<표 7-1> 유체의 종류와 기호 및 도시법

유체의 종류	기 호
공 기	A
가 스	G
유 류	O
수증기	S
물	W

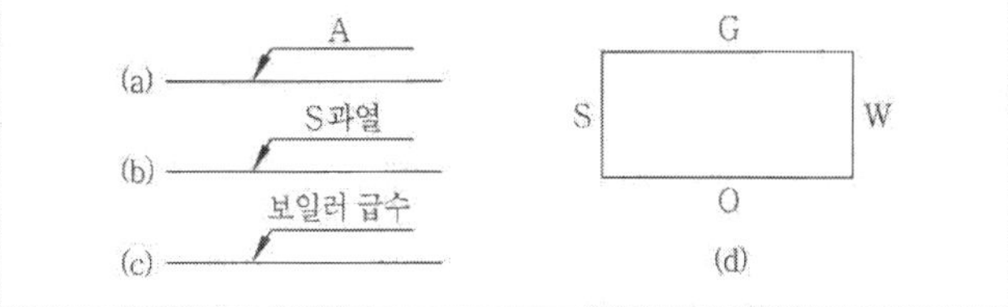

3-3 배관계의 시방 및 유체종류·상태 표시방법

표시항목은 아래 그림과 같이 1. 관의 호칭지름 2. 유체의 종류 3. 배관계의 시방 4. 관의 외면에 실시하는 설비·재료 등의 순서로 글자와 기호를 사용하여 그림(b)와 같이 관을 표시하는 선위에 선을 따라서 표시함을 원칙으로 한다.

2B	- S115	- A10	- H20
1	2	3	4

(a) 표시 방법

2B - S115 - A10 - H20

(b) 도시 예

(c) 흐름방향 표시

[그림 7-11] 배관계 표시방법

<표 7-2> 관·신축이음·콕·밸브의 도시기호 일람

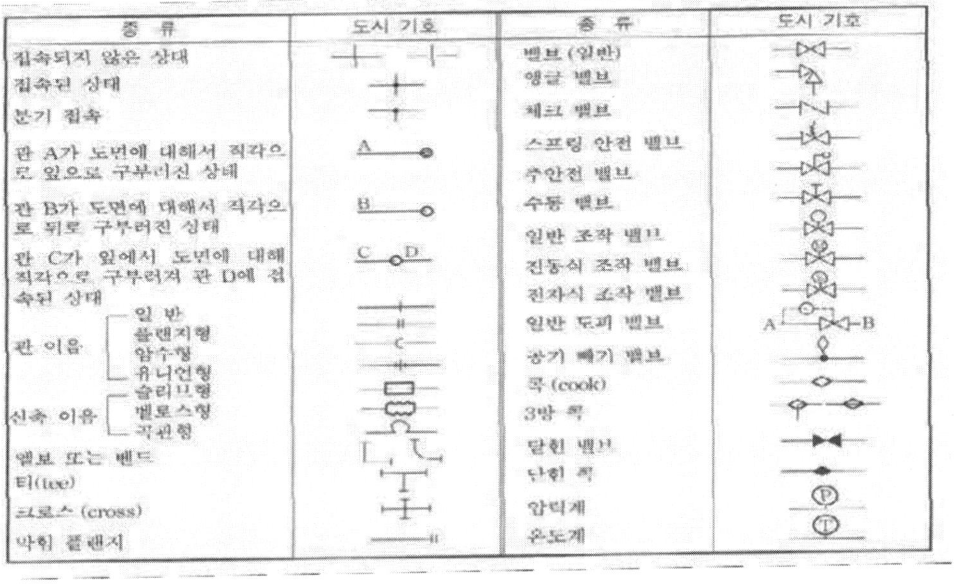

종 류	도시 기호	종 류	도시 기호
접속되지 않은 상태		밸브(일반)	
접속된 상태		앵글 밸브	
분기 접속		체크 밸브	
관 A가 도면에 대해서 직각으로 앞으로 구부러진 상태	A	스프링 안전 밸브	
관 B가 도면에 대해서 직각으로 뒤로 구부러진 상태	B	추안전 밸브	
관 C가 앞에서 도면에 대해 직각으로 구부러져 관 D에 접속된 상태	C D	수동 밸브	
관 이음 – 일 반		일반 조작 밸브	
관 이음 – 플랜지형		전동식 조작 밸브	
관 이음 – 암수형	C	전자식 조작 밸브	
관 이음 – 유니언형		일반 도피 밸브	A B
신축 이음 – 슬리브형		공기 빼기 밸브	
신축 이음 – 벨로스형		콕(cook)	
신축 이음 – 곡관형		3방 콕	
엘보 또는 벤드		닫힌 밸브	
티(tee)		닫힌 콕	
크로스(cross)		압력계	P
막힌 플랜지		온도계	T

3-4 색채에 의한 배관의 식별

배관의 식별은 관속을 흐르는 물질의 종류에 따라 <표 7-3>과 같이 색깔로 표시한다. 배관에 색을 표시할 때는 원으로 표시하는 방법, 꼬리표 또는 벤드를 관에 달고 표시하는 방법 중 적당한 방법을 선택하도록 하며 표시장소는 밸브 이음관 등의 장소에 한다. 기타 유체흐름의 방향, 온도, 유속 및 위험표시 등도 함께 표기한다.

<표 7-3> 색채에 의한 배관의 식별

종 류	색 깔	종 류	색 깔
공 기	백 색	기 름	진한 황적색
가 스	황 색	산·알칼리	회 자 색
증 기	적 색	전 기	엷은 황적색
물	청 색		

◆ 건축산업기사 예상문제

1. 배관재료/이음

1. 주철관(cast iron)을 설명한 것 중 옳은 것은?
   ㉮ 나사접합과 소켓접합이 있다.
   ㉯ 충격에는 약하나 인장강도가 크다.
   ㉰ 고급 주철관일수록 선철외 함량이 많다.
   ㉱ 보통 강관에 비해서 염가이며 내구성도 있다.

2. 건축설비에 이용하는 경질 염화비닐관의 특성으로 옳지 않은 것은?
   ㉮ 급탕관, 증기관으로의 사용은 적합치 않다.
   ㉯ 관내 마찰손실이 적다.
   ㉰ 열팽창률이 작다.
   ㉱ 온도의 상승에 따라 인장강도는 떨어진다.

3. 배관공사에서 주철관의 접합방법으로 옳지 않은 것은?
   ㉮ 소켓접합   ㉯ 플랜지접합
   ㉰ 플라스턴 접합   ㉱ 메커니컬 접합

4. 주철관에 소켓접합할 때 제일 먼저 하는 것은?
   ㉮ 관의 차구를 수구에 끼운다.
   ㉯ 납이 고화하면 클립을 푼다.
   ㉰ 코킹한다.
   ㉱ 접합부 주위에 클립을 장치하여 상부의 탕구에서 용연을 붓는다.

5. 배관 조립시나 막힘 등을 쉽게 수리하기 위해서 적당히 사용해야 하는 배관 부속품은?
   ㉮ 티   ㉯ 소켓   ㉰ 엘보   ㉱ 유니언

6. 배관용 재료에서 관을 직접 접합하는데 쓰이는 것은?

㉮ 플러그, 캡　　㉯ 소켓, 플랜지
㉰ 엘보, 밴드　　㉱ 크로스, 티

7. 다음 중 접촉면의 압착으로 기체의 누설을 방지하는 것은?
　　㉮ 플랜지 조인트　　㉯ 소켓 조인트
　　㉰ 신축 조인트　　　㉱ 플라스턴 조인트

8. 지름이 다른 철관을 직선으로 연결하기 위해서 사용되는 것은?
　　㉮ 부싱　㉯ 티　㉰ 엘보　㉱ 소켓

9. 배관이음용 부속 중 관지름이 서로 다를 때 사용되는 것은?
　　㉮ union　㉯ tee　㉰ nipple　㉱ reducer

10. 배관의 횡주관에서 이형 직관의 접합에 사용되는 방법은?
　　㉮ 유니언 이음　㉯ 편심 이음　㉰ 신축 이음　㉱ 크로스 이음

11. 관이음을 할 때 상호 짝지어진 것 중 관련성이 없는 것은?
　　㉮ 직관의 이음 : 유니언(union)
　　㉯ 구경이 서로 다른 관을 접속시킬 때 : 레듀서(reducer)
　　㉰ 배관의 말단부분 : 슬리브(sleeve)
　　㉱ 분기관을 낼 때 : 티(tee)

12. 수도본관에서 관경 50mm이하의 급수관이 분기될 경우에 사용하는 배관부속품은?
　　㉮ 슬루스 밸브　　㉯ 글로브 밸브
　　㉰ 지수전(止水栓)　㉱ 분수전(分水栓)

| 1.㉱ | 2.㉰ | 3.㉰ | 4.㉮ | 5.㉱ | 6.㉯ | 7.㉮ | 8.㉮ | 9.㉱ | 10.㉯ |
| 11.㉰ | 12.㉱ | | | | | | | | |

2. 밸브의 종류

1. 다음의 밸브 및 이음류의 국부마찰저항이 가장 적은 것은?
   ㉮ 게이트 밸브   ㉯ 글로브 밸브   ㉰ 앵글 밸브   ㉱ 90°엘보

2. 다음에서 국부저항 상당관장(相當管長)이 가장 큰 것은?
   ㉮ 90°엘보   ㉯ 티(tee)   ㉰ 게이트 밸브   ㉱ 글로브 밸브

3. 체크 밸브(check valve)의 설치에 관한 기술 중 옳지 않은 것은?
   ㉮ 유체의 흐름과 부착방향을 고려해야 한다.
   ㉯ 스윙형(swing type)은 수평관에 사용할 수 있다.
   ㉰ 리프트형(lift type)은 수직관에 사용할 수 있다.
   ㉱ 스윙형(swing type)은 수직관에 사용할 수 있다.

4. 배관부속품으로 유량조절이나 지수전으로서 그 기능을 발휘할 수 없는 것은?
   ㉮ Cock   ㉯ Check valve
   ㉰ Sluice valve   ㉱ Globe valve

5. 다음 밸브 중 유량조절에 불가능한 것은?
   ㉮ 글로브 밸브 (glove valve)   ㉯ 앵글밸브 (angle valve)
   ㉰ 게이트밸브 (gate valve)   ㉱ 체크밸브 (check valve)

6. 한번 핸들을 돌리면 급수의 일정압력으로 일정량의 물이 나온 다음 자동적으로 잠겨지도록 되어있는 밸브는?
   ㉮ 게이트밸브   ㉯ 글로브밸브
   ㉰ 플러시밸브   ㉱ 볼탭

7. 유체의 흐름에 대하여 마찰저항손실이 가장 작기 때문에 급수, 급탕배관에 가장 적합한 밸브는?
   ㉮ 체크 밸브   ㉯ 글로브 밸브
   ㉰ 다이어프램 밸브   ㉱ 슬루스 밸브

8. 앵글 밸브(angle valve)를 잘못 나타낸 것은?
  ㉮ 앵글 밸브는 게이트 밸브의 일종이다.
  ㉯ 유체입구와 출구와의 이루는 각이 90°이다.
  ㉰ 주로 관과 기구의 접속에 많이 사용된다.
  ㉱ 배관 중에 사용되는 경우는 드물다.

9. 다음 밸브 중에서 급수용 가장 많이 사용되는 것은?
  ㉮ 게이트 밸브   ㉯ 스톱 밸브
  ㉰ 앵글 밸브   ㉱ 체크밸브

1.㉮ 2.㉱ 3.㉰ 4.㉯ 5.㉱ 6.㉰ 7.㉱ 8.㉮ 9.㉮

3. 배관의 기호 및 색깔

1. 배관 속을 흐르는 물질의 종류에 따른 식별 색의 조합이 틀린 것은?
  ㉮ 물 : 청색   ㉯ 공기 : 백색
  ㉰ 가스 : 적색   ㉱ 산 또는 알칼리 : 회색

2. 배관의 색별 표시방법에서 공기가 흐르는 관을 표시하는 색깔은?
  ㉮ 파랑   ㉯ 빨강   ㉰ 백색   ㉱ 노랑

3. 건물의 파이프 샤프트(pipe shaft)의 배관에 백색표시가 된 관은 어떤 종류의 물질을 나타내는가?
  ㉮ 증기관   ㉯ 공기   ㉰ 냉수   ㉱ 가스

1.㉰ 2.㉰ 3.㉯

제3편 특수설비

【세부목차】

제1장 가스설비

제2장 소방설비

제1장 가스설비

1. 개요

일반적으로 건물에서 사용하는 가스는 조리, 급탕, 냉난방용이며 최근 들어 클린에너지로 우리나라 도시에서는 에너지의 공급을 가스에너지에 의존하는 경향이 높아지고 있다.

현재 국내에서 사용되고 있는 가스는 수소, 일산화탄소, 메탄 등의 혼합물인데, 원료에 따라 분류하면 석탄계, 석유계, 천연가스계로 나눌 수 있다. 또한 국내에서는 에너지가 석탄에서 석유로 변함에 따라 가스의 원료로서 석유가 차지하는 비율이 높다. 가스 에너지의 특징은 대개 아래와 같다.

① 연소시 재나 매연이 발생하지 않는다.
② 무공해 연료이다.
③ 중량비 열량이 크다.
④ 보일러 등의 부식이 적다.
⑤ 폭발위험이 있다.
⑥ 무색·무취이므로 누설시 감지가 어려워 위험하다.

<표 1-1> 가스의 종류

원 료	명 칭	제 조 법	비 고
석탄 (코크스)	석탄가스 발생로가스	석탄의 건류 공기와 수증기의 혼합기를 코크스 밑에서 불어 넣는다.	석탄을 원료로 하는 방법은 고체 연료에서 액체 연료로의 에너지혁명으로 인해 점점 줄어드는 추세에 있다.
석유	기름가스	석유분해의 방법에 따라 열분해식 기름가스와 접촉분해식 기름가스의 2종류가 있다.	현재 주류를 이루고 있는 가스나, 원료의 저유황화가 강요되고 있는 등 문제가 있다.
	나프타 가스	나프타란 석유중의 輕質留分의 총칭으로 기스화방법에 따라 ICI식 개질가스, CRG식개질가스, 사이클릭식 나프타 분해가스의 3종류가 있다.	
	LPG	석유제품의 제조시 부생하는 프로판, 부탄 등을 액화한 것이다.	
	SNG	나프타에 특수촉매를 사용하여 스팀분해 한 것이다.	

천연가스	천연가스	주로 매탄을 주성분으로한 가스로 가스정, 석유정에서 산출한다.	가스원료의 무공해성 및 열량이 란 점에서 장차 위의 가스에 대신해야 할 성질의 것이다.
	LNG	1기압, -162℃에서 액화한다. 위의 가스를 액화한 것이다.	

1-1 LP가스 (LPG : Liquified Petroleum Gas)

LP가스는 액화석유가스로 주로 용기에 담아 가정용 연료뿐만 아니라 가스 절단 등 공업용으로 많이 사용된다. 석유 중에 액화하기 쉬운 프로판(C_3H_8) 과 부탄(C_4H_{10}) 등을 액화한 것으로 주성분이 프로판이므로 프로판가스라고도 한다.

천연가스나 석유정제 과정에서 채취한 가스를 압축·냉각하여 액화시킨 것으로 LP가스는 상온에서 $6 \sim 7 kg/cm^2$ 압력을 가하면 간단히 액화되어 용기에 담을 수 있다. 1 L의 프로판은 0.53kg의 액체밀도를 가지며 기화하면 약 250 L의 가스로 변한다. 1 L의 부탄은 0.60kg의 액체밀도를 가지며 기화하면 약 225 L의 가스로 변한다. 이러한 부탄과 프로판가스는 액화에 의하여 부탄은 1/ 225, 프로판은 1/250으로 체적이 축소되므로 액화된 액체는 압력에 견딜 수 있는 용기에 넣어 보관한다.

1-2 LN가스(Liquified Natural Gas)

원유생산을 목적으로 유정(油井)에 깊이 묻은 파이프를 통하여 유정에서 생산되는 가스이며, 유정가스 중에서 메탄 성분만을 추출한 가스이다. 천연적으로 산출하는 천연가스를 -162℃까지 냉각·액화한 것이다. 액화할 때 탄산가스, 유화수소, 중탄화수소 등을 정제 제거하므로 기화된 LNG는 전혀 불순물을 함유하지 않은 가스이다. 액화 시에 체적이 1/600으로 축소된다. LNG의 특성은 아래와 같다.

① LNG는 공급의 안정성, 청결, 편의, 안정
② 알래스카, 보르네오, 아부다비, 인도네시아 LNG 등이 있다.
③ 무색·무취이고 공기보다 가볍다.
④ 대규모 저장시설로 공급해야 한다.
⑤ 발열량이 높고 무공해이다.

1-3 나프타

원유를 150~220℃ 정도에서 증류시킨 조제 석유를 말하는 것으로, 비등점 200℃ 이하의 유분 속에 경질의 것이 도시가스의 원료로 사용된다.

2. 도시가스 설비

2-1 도시가스의 종류와 특성

도시가스는 제조소에서 도로에 매설되어 있는 배관에 의하여 수요자에게 공급되는데, 도시가스의 원료인 석탄, 코크스, 나프타, LPG, 천연가스를 제조·정제·혼합하여 소정의 발열량으로 조정한 것을 말한다. 따라서 도시가스는 원료별로 조성이 서로 다르기 때문에 비중뿐만 아니라 연료의 특성이 달라지므로 가스의 배관설계나 기구선정에 주의해야 한다. <표 1-1>은 연료용 가스를 원료별로 분류한 것이다.

[1] 제조가스

석탄, 코크스, 원유, 나프타, LPG, 중유, 천연가스, 액화천연가스 등을 원료로 사용해서 제조한 가스를 정제 혼합하여 소정의 발열량을 조정한 것을 말한다.

[2] 천연가스

천연가스는 지하로부터 발생하는 메탄 등을 주성분으로 하는 가연성 가스이며, 구조성 가스, 수용성 가스 등으로 분류된다. 천연가스는 연료용으로 화학공업의 원료용에 이르기까지 다양하게 사용되고 있으며 도시가스로 사용되기 위해서 여러 가지 방법으로 가공되어 공급된다.

2-2 도시가스의 공급방식

[1] 개요

국내의 경우 도시가스의 공급은 인도네시아로부터 도입되어 평택에서 액체상태로 하역 저장된 후 기화시설을 거쳐 지하간선 배관망을 통하여 도시가스 공급회사와 화력발전소에 $20 \sim 70 kg/cm^2$의 고압으로 공급되고 있다.

도시가스 회사는 가스공사의 각 지역별 수급지정으로부터 감압시설과 계량시설을 거쳐 $1 \sim 10 kg/cm^2$ 이하의 중압으로 공급받아 자체 배관망을 통하여 중압 A와 중압 B로 최종소비지 인근까지 공급되고, 각 지역에 설치된 지역 정압기를 통하여 필요한 적정압력으로 감압시켜 단독주택, 집단주택 및 일반 건물과 산업체에 공급되고 있다.

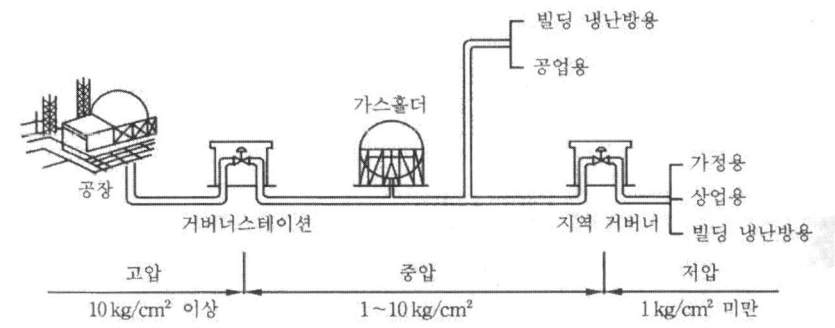

[그림 1-1] 도시가스 공급 계통도

[2] 도시가스 배관방법

도시가스의 일반적인 배관방법은 아래 그림과 같이 도로에 매설된 공급본관에서 분지된 인입관에 개폐밸브를 설치하여 가스미터까지 지중 매설배관으로 한다. 가스미터에서 각 층의 가스기구까지 배관을 하고 가스를 공급한다.

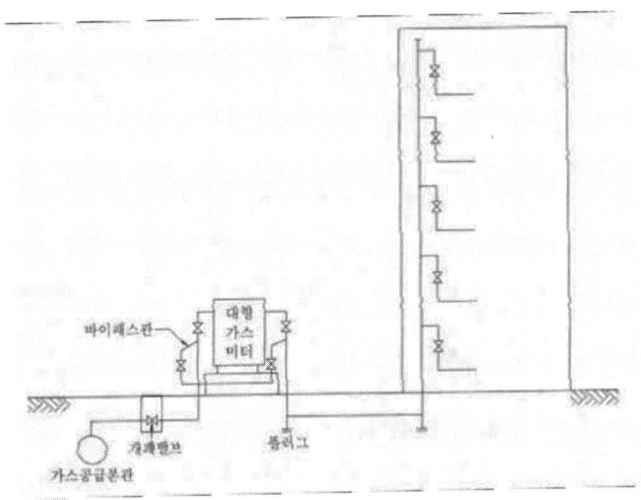

[그림 1-2] 도시가스 배관법

도시가스 배관을 매설할 경우 아래 그림과 같은 방법으로 시공한다.

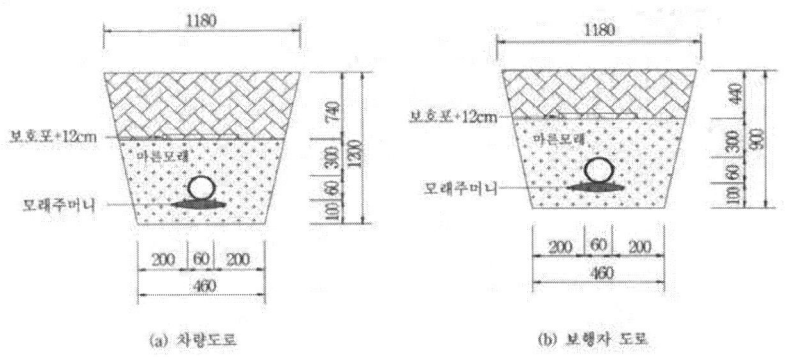

[그림 1-3] 가스배관 매설도

3. LPG설비

3-1 LPG 특성

[1] LPG 특성
① LP가스는 공기의 약 1.5배, 부탄은 공기의 약 2배 정도 무겁다
② 액화 및 기화가 용이하다. LPG는 상온 상압하에서 기체이지만 가압이나 냉각을 하면 쉽게 액화한다.
③ 무색, 무미, 무취하다. 누출시 감지를 위하여 향료를 혼합한다.
④ 연소범위가 좁다.
⑤ 중독성이 없다.
⑥ 발열량이 높다. 1kg당 프로판이 약 12,000kcal, 부탄은 약 11,800kcal. 기체 $1m^3$당의 발열량은 프로판이 약 24,000kcal, 부탄이 약 31,000kcal, 도시가스의 7,000~11,000kcal에 비하여 높다.

[2] 종류
LPG는 가정용, 영업용, 자동차용 연료 및 공업용 연료 등으로 사용되고 있으며 KS규격에는 1종과 2종으로 구분한다.

3-2 LPG 공급 및 배관방식

[1] 공급방식

(1) 봄베 공급방식

　LP가스를 5kg, 10kg, 20kg, 50kg, 500kg 등 크기의 봄베에 충전하여 수용가까지 운반하고, 각 수용가마다 조정기를 통하여 기화가스로 하고, 연소기 등에서 소비하는 방식이다. LP가스는 용기나 조정기를 제외하고는 일반 도시가스의 배관설계와 같으나 특히 용기나 조정기를 설치할 때는 고려할 사항은 다음과 같다.

　① 통풍이 잘 되는 옥외에 설치하고 직사광선을 피한다.
　② 용기는 40℃이하로 보관한다.
　③ 용기 2m 이내는 화기접근을 피한다.
　④ 부식되지 않도록 습기 등을 피한다.
　⑤ 용기는 충격을 피하고 안전한 장소에 설치할 것.

(2) 도관 공급방식

　LP가스를 대형 봄베에 저장하고 이것을 가스발생장치에서 기화시켜 일반의 수요에 맞게 도관에 의해 가스를 공급하는 방식을 말한다.

[2] 배관방식

　배관방식은 도시가스배관과 큰 차이가 없지만, 공급압력을 감압하거나 일정한 공급압력으로 유지하기 위해 배관중간에 조정기를 설치할 필요가 있다.

　연소가스 기구에 대한 LPG 공급압력은 $200 \sim 300 mmAq$이며 소주택 등에 공급는 비교적 소규모 장치에서는 $0.5 \sim 0.8 kg/cm^2$정도의 용기에서 나오는 고압가스를 조정기에 의하여 $230 \sim 330 mmAq$정도로 감압 조정하여 각 기구에 공급한다.

　공동주택 등과 같이 공급량이 많고 공급배관이 긴 때에는 배관의 압력손실이 크므로 2단계로 나누어서 감압 조정한다.

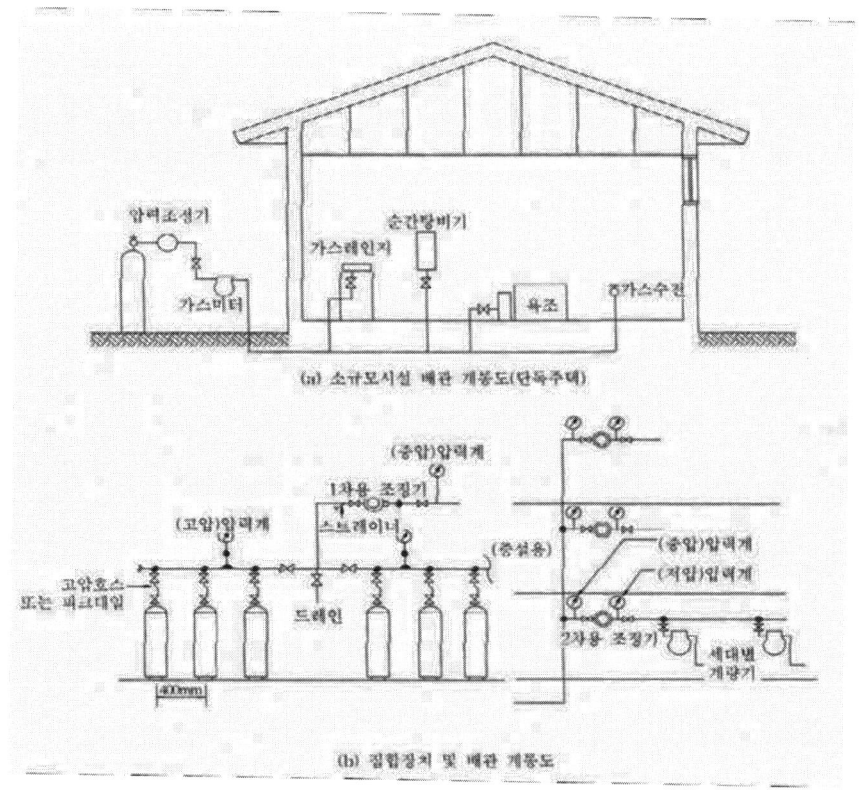

[그림 1-4] LPG 배관

4. 가스설비 기기

4-1 연소기구와 급배기

최근들어 주택생산 기술의 발달로 주택이 점점 더 단열화·기밀화 되어가고 있으며, 연소기구에 의한 가스중독 사고도 더욱 위험한 요소로 대두되고 있는 실정이다. 따라서 충분한 급·배기 설비를 갖추어 불의의 사고가 발생하지 않도록 해야 하겠다. 연소기구의 연소형태는 개방연소형, 반밀폐 연소형, 밀폐 연소형 등이 있으며, 연소형태에 따른 특징은 아래와 같다.

[1] 개방 연소형 기기

연소용 공기를 실내에서 공급받고 연소한 배기가스를 그대로 옥내에 배출하는 방식이다. 환기상태가 좋지 않으면 시간이 경과함에 따라서 실내공기가 연소 배기가스에 오염되고 연소공기가 부족하여 가스 기기가 불완전 연소되어 일산화탄소 중독의 원인이 되므로 특히 환기에 주의해야 한다.

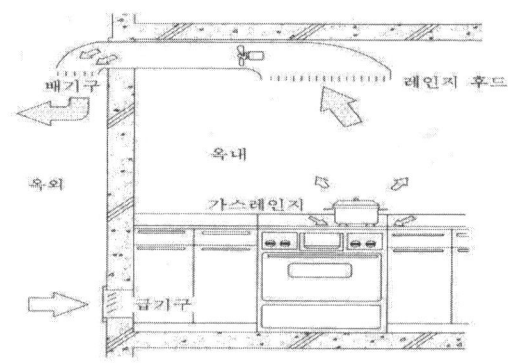

[그림 1-5] 개방형 연소형 기기

[2] 반밀폐 연소형 기기

연소용 공기를 옥내에서 공급받고 연소 배기가스는 배기통을 통하여 옥외에 배출하는 방식이다. 자연통풍력에 의한 자연배기방식(Conventional Flue = CF 방식)과 배기팬을 이용한 강제배기 방식 (Forced Exhaust = FE 방식)이 있다.

반밀폐식 가스 기기를 설치할 때에는 배기통과 급기구를 설치하지 않으면 불완전연소 및 일산화탄소 중독의 원인이 된다.

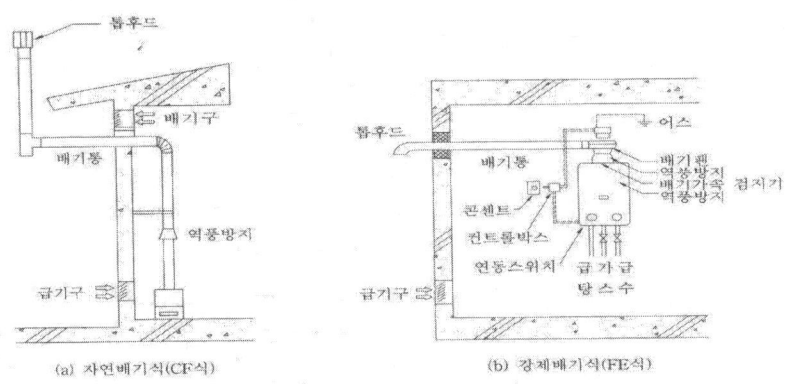

[그림 1-6] 반밀폐 연소형 기기

[3] 밀폐 연소형 기기

옥외에서 도입한 외기에 의하여 연소하고 옥외로 연소 배기가스를 배출하는 방식이다. 자연통풍력에 의하여 급배기를 행하는 자연급배기방식(Balanced Flue=BF 방식)과 급배기팬을 이용하는 강제 급배기방식 (Forced Draught Balance Flue=FF방식)이 있다.

또한 공동주택 등에서 각층을 수직으로 관통하는 덕트를 설치하고 여기에 BF 방식 기기를 설치하여 급배기를 행하는 BF-D 방식이 있는데 이 때에는 건축물의 주위상황을 고려하여 건축설계단계에서부터 설치를 검토해야 한다.

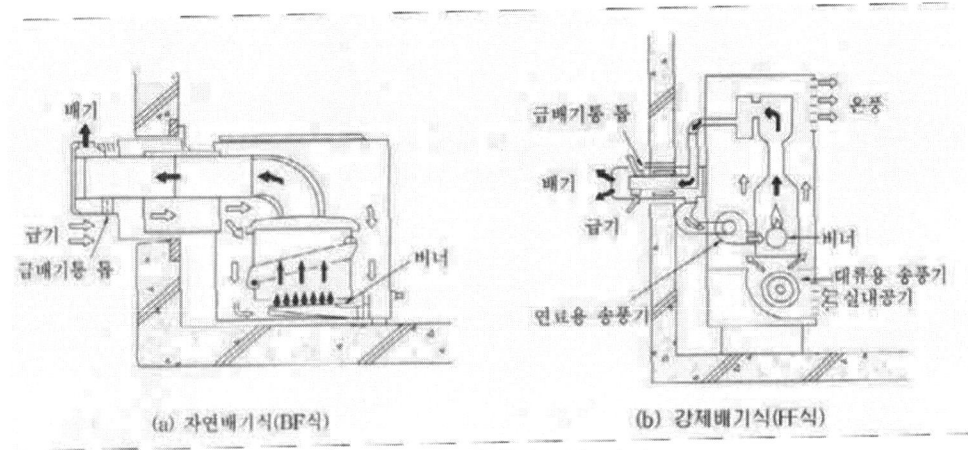

[그림 1-7] 밀폐연소형 기기

4-2 가스경보기 설치

도시가스는 공기보다 가볍기 때문에 천장에서 30cm 정도 높게 설치하고, LP가스는 공기보다 무겁기 때문에 바닥에서 30cm정도 낮게 설치한다.

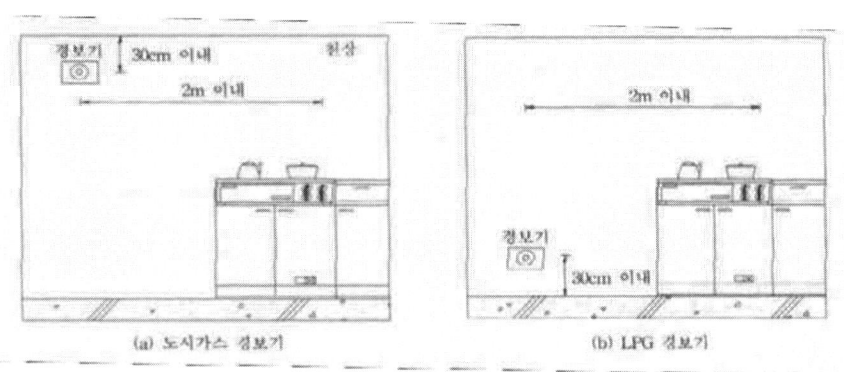

[그림 1-8] 가스경보기 설치

4-3 자동식 소화기

자동식 소화기는 가스누출과 화재를 감지하는 장치로서 화재진압과 동시에 가스를 차단하여 대형사고를 미연에 방지하는 장치이다. 소화약제는 ABC분말 소화약제나 강화액 소화약제를 사용한다.

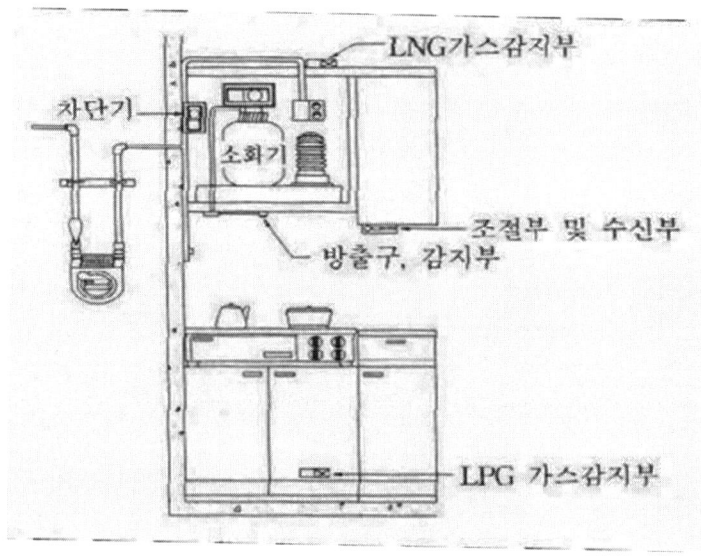

[그림 1-9] 자동식 소화기

◆건축산업기사 예상문제

1. 액화석유가스(LPG)의 유량을 나타내는 단위는?
   ㉮ L/h   ㉯ kg/h   ㉰ m³/h   ㉱ ton/h

2. 가스설비에 관한 것으로 옳지 않은 것은?
   ㉮ 도시가스에는 제조가스와 천연가스가 있다.
   ㉯ 관경 2인치 이하는 가스관, 3인치 이상은 주철관을 사용한다.
   ㉰ 보통가스 기구의 사용압력은 50~80mmAq가 적당하다.
   ㉱ 가스배관은 구배를 두지 않고 수평배관을 원칙으로 한다.

3. 가스설비에 대한 설명 중 틀린 것은?
   ㉮ 10kg/cm² 이상을 고압가스라 한다.
   ㉯ 도로의 매설 가스압력은 80~120mmAq이다.
   ㉰ 일반가스기구의 사용압력은 100mmAq이다.
   ㉱ 배관에서 2″이하는 강관으로, 3″이상은 주철관을 사용한다.

4. 가스설비에 관해 옳은 것은?
   ㉮ 가스배관과 전선은 20cm 이상 띄우도록 한다.
   ㉯ 열원으로서의 가스는 많은 장점이 있으나 연소효율이 낮은 것이 결점이다.
   ㉰ 가스배관에서 6″이하는 가스관을 쓰고, 7″이상은 주철관을 쓴다.
   ㉱ 가스배관은 기울기를 두어 배관한다.

5. 엘피 가스(LPG)의 특성 중 잘못 기술된 것은?
   ㉮ 공기보다 무겁다.
   ㉯ 생성가스에 의한 중독 위험성이 있다.
   ㉰ 압력을 가하면 쉽게 액화하는 탄화수소류이다.
   ㉱ 발열량이 도시가스보다 작다.

6. 가스배관 시공에 관한 다음 설명 중에서 알맞지 않은 것은?
   ㉮ 건물 내에서 반드시 은폐 배관할 것
   ㉯ 배관도중 신축흡수 이음을 설치할 것
   ㉰ 온도변화가 적은 곳을 택할 것

㉴ 물빼기 장치의 설치가 용이할 것

7. 가스미터기와 전기 개폐기와는 최소한 얼마정도의 거리를 유지하여야 하는가?
   ㉮ 40cm 이상   ㉯ 60cm 이상
   ㉰ 80cm 이상   ㉱ 100cm 이상

8. 가스의 공급파이프에 있어서 일반적으로 가장 적당한 본관 압력은?
   ㉮ 50mmAq   ㉯ 100mmAq
   ㉰ 0.5kg/cm^2 ㉱ 1.0kg/cm^2

9. 가스배관에 있어서 옳지 못한 것은 다음 중 어느 것인가?
   ㉮ 가스관에 적당한 구배를 두어 관속에의 응축수 유입을 방지한다.
   ㉯ 공급관이 하중에 견디기 위하여 관지름 20mm이상으로 한다.
   ㉰ 하중에 견디기 위하여 콘크리트 속에 배관한다.
   ㉱ 가스관과 옥내저압 전선과의 거리를 15cm이상 유지한다.

10. 액화석유가스 봄베의 보관온도는?
    ㉮ 20℃이하   ㉯ 40℃이하   ㉰ 50℃이하   ㉱ 26℃이하

11. 도시가스의 공급방식에 관한 다음 설명 중에서 잘못된 것은?
    ㉮ 수요자의 가스사용압력은 수주 100mm내외이다.
    ㉯ 50mm이하의 가스 공급관은 강관이 사용된다.
    ㉰ 지중매설 가스관은 30cm이상 파묻는다.
    ㉱ 도시가스의 공급압력은 일반적으로 저압공급방식에 따른다.

12. 가스배관 방식 중 틀린 배관방식은?
    ㉮ 지중배관   ㉯ 노출배관
    ㉰ 이음쇠를 많이 사용한다.   ㉱ 배관의 구배를 취한다.

| 1.㉰ | 2.㉱ | 3.㉰ | 4.㉱ | 5.㉱ | 6.㉮ | 7.㉯ | 8.㉯ | 9.㉰ | 10.㉯ |
| 11.㉰ | 12.㉰ | | | | | | | | |

제2장 소방설비

1. 개요

 소방설비는 화재로부터 인명과 소방대상물을 보호하고, 화재를 사전에 예방하기 위한 설비이다. 화재는 건축물뿐만 아니라 인명피해라는 엄청난 손실을 초래하므로 화재발생의 방지나 화재확대의 통제를 위한 건축 또는 설비계획의 유효한 대책이 필요하다.
 건물의 방화계획은 건축적인 방법과 설비적인 방법으로 나누어 생각할 수 있다. 건물의 방화계획은 화재시 신속한 소화활동에 필요한 설비적 방법의 각종 소방시설도 중요하지만 무엇보다도 건축적 방법에 대한 분석이 먼저 이루어져야 한다. 또한 지금까지 분석된 자료에 의하면 거물에서의 화재는 그 피해의 75%가 연기와 각종 가스에 의한 것으로 보고되고 있다.
 따라서 건물에서의 방화계획은 화재시 연기와 각종가스에 대한 건축계획적 측면에서의 실계획이 중요하다.

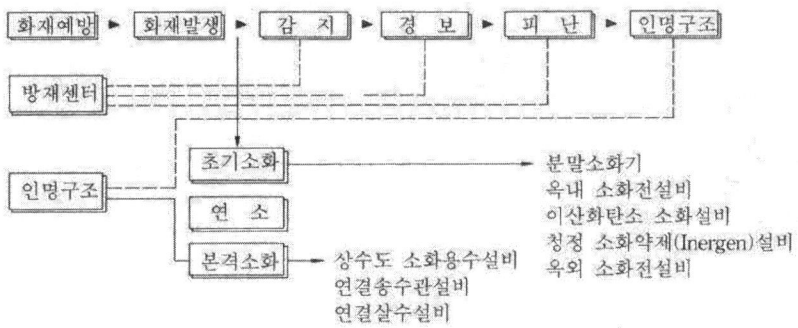

[그림 2-1] 소방설비 개념도

1-1 화재의 정의

 화재란 연소작용에 의하여 발생한 열이 전도, 대류, 복사의 방법으로 진행을 계속함으로써 확대 연소되는 현상을 말하며, 연소는 화학작용의 일종으로 발열과 발광을 수반하는 산화반응을 말한다. 연소가 일어나기 위해서는 가연물, 산소, 열 등을 필요로 하는데 이것을 연소의 3요소라고 한다. 화재는 연소상태에 따라서 달라지며, 가연물의 종류에 따라 다음과 같이 분류한다.

[1] A급 화재(일반가연물 화재)

연소후 재를 남기는 화재로써 목재, 종이, 섬유 등의 화재를 말한다. 표시색은 백색이다. 소화방법은 주로 물에 의한 냉각소화이다.

[2] B급 화재(유류화재)

연소 후 아무것도 남기지 않는 종류의 화재로써 다음과 같은 인화성 액체에 의한 화재를 말한다.
특수인화물: 디에틸에테르, 이황화탄소, 콜로디온
제2 석유류: 등유, 경유
제3 석유류: 중유, 크르레오소트유
제4 석유류: 기어류, 실린더유
표시색은 화색이며, 소화방법은 공기차단으로 인한 피복소화로 화학포, 증발성 액체(할로겐화물), 탄산가스, 소화분말 등이 있다.

[3] C급 화재(전기화재)

전기기계 기구 등의 화재(단락, 과부하, 절연저항감소, 전기기기 과열, 낙뢰 등)로써 전기적 절연성을 가진 소화기로 소화해야하는 화재를 말한다. 표시색은 청색이며, 소화방법은 탄산가스, 증발성 액체, 소화분말 등 주로 질식소화가 효과적이며 특히 물에 의한 소화는 금해야 한다.

[4] D급 화재(금속화재)

1류 위험물인 무기과산화물, 2류 위험물인 알루미늄과 마그네슘, 3류 위험물인 황린, 칼슘, 칼륨, 나트륨 등과 같은 화재에 속한다. 표시색은 무색이며 소화방법은 마른모래가 있다.

[5] E급 화재(가스화재)

연소 후 아무것도 남기지 않는 종류의 화재 즉, 인화성 기체 등의 화재를 말한다. 표시색은 황색이며 소화방법은 공기차단으로 인한 피복소화로 화학포, 할로겐화물, 탄산가스, 소화분말 등이 있다.

1-2 소화
소화란 연소의 요소를 제거하거나 중단시키거나 희석시킴으로써 연소가 계속되는 것을 정지 또는 억제시키는 것을 말하며,

[1] 소화의 원리
불의 3요소인 가연물, 산소, 열이 성립되지 못하게 분쇄하는 것으로 연소원리의 반대라고 생각하면 이해하기 쉽다. 소화방식은 다음과 같이 4가지로 분류할 수 있다.

① 냉각소화
　가연물을 냉각하여 그 온도를 발화점 이하로 낮추는 방법이며, 연소 중에 가연물의 온도를 저하시켜서 연소를 정지시키는 소화와 가연물의 온도를 저하시켜서 점화에너지를 받지 않도록 하는 방화로 구분된다.
② 질식소화
　연소에 필요한 산소의 공급을 차단하여 연소를 정지시키는 방법이다. 모든 화재에 가장 적당한 소화방법으로 유류화재에 많이 이용된다.
③ 제거소화
　연소반응 중에 가연물을 제거함으로써 연소를 정지시키는 방법이다. 예를 들면 가스화재시 가스배관의 콕이나 밸브를 잠가서 가스의 공급을 차단시키면 가연물이 제거되어 연소가 정지된다.
④ 희석소화
　연소의 3요소 중에서 두가지 요소에 대하여 행하는 방법으로써 가연물을 희석시키는 방법과 산소를 희석시키는 방법이 있다. 가연물의 희석방법은 수용성의 가연물에 물을 첨가하여 희석시켜서 연소를 정지시키는 것이며, 산소의 희석방법은 연소에 필요한 산소의 공급원인 공기 중의 산소농도를 낮추어 연소를 정지시키는 방법이다.

[2] 현재 사용되고 있는 소화약제와 소화효과
① 물, 포: 질식, 냉각소화
② 이산화탄소: 질식, 희석소화

③ 할로겐화물: 질식, 연쇄반응 억제
④ 분말: 질식, 냉각, 연쇄반응 억제

2. 소방설비의 종류

소방설비의 종류는 소방법 시행령에서 소화설비, 경보설비, 피난설비, 소화용수설비 및 기타 소화 활동상 필요한 설비로 규정하고 있다. <표 2-1>은 특수 소방대상물을 나타내고, <표 2-2>는 소방법 시행령 제13조에서 규정하고 있는 소방시설의 종류를 나타낸다.

<표 2-1> 특수 장소 (특수 소방 대상물)

종별	용도별	비고	종별	용도별	비고
제1종 장소	1. 공연장	극장, 영화관,연예장 등	제2종 장소	17. 정거장	터미널, 선박,항공기의 발착장
	2. 경기장	각종 경기장, 체육관 등		18. 대합실	
	3. 집회장	공회당, 시민홀, 예식장, 노동회관 등		19. 교회, 사찰	
	4. 음식점	대중음식점, 유흥음식점, 다방 등		20. 4층 이상의 공동주택	아파트
	5. 유기장	당구장, 기원,전자 유기장 등		21. 학교	
	6. 시장	도매시장, 일반 소매시장, 백화점 등		22. 학예전시관	도서관, 박물관,미술관,과학관
	7. 여관			23. 강습소	학원, 독서실,헬스클럽 등
	8. 호텔	콘도미니엄		24. 사업장	은행, 회사,이발소, 화장장 등
	9. 여인숙			25. 공장	
	10. 기숙사			26. 영화 및 텔레비전 촬영소	방송시설 등
	11. 의료원	종합 병원, 의원, 조산소 등	제3종 장소	27. 창고	
	12. 노인복지시설	양로시설, 노인 복지회관 등		28. 차고, 주차장	
	13. 아동복지시설	아동상담소, 보육시설, 탁아시설 등		29. 비행기 격납고	
	14. 심신 장애자 복지시설	지체 부자유자 재활시설, 점자 도서관 등	지정 문화재	문화재 보호법에 의해서 문화재로 지정된 건축물	
	15. 유치원		지하가		지하상가,터널(궤도차량용 제외)
	16. 공중목욕장	일반 목욕탕, 특수 목욕탕,실내수영장,안마시술소 등	복합건물	하나의 건축물에 제1종 내지 제 3종 장소에서 용도가 2이상이 복합되어 있는 건축물	

<표 2-2> 소방 시설의 종류

구 분		소방용 설비의 종류
소방에 필요한 설비	소화설비	1. 소화기 및 간이 소화용구(물양동이·소화 수통·건조사·팽창 질석·소화 약제) 2. 옥내 소화전 설비 3. 스프링클러 설비 4. 물분무 소화 설비·포말 소화 설비·이산화 탄소 설비·할로겐화물 소화 설비 및 분말 소화 설비 5. 옥외 소화 설비 6. 동력 소방 펌프 설비
	경보설비	1. 자동 화재 탐지 설비 2. 전기 화재 경보기 3. 자동 화재 속보 설비 4. 비상 경보 설비(비상벨·자동식 사이렌·방송설비)
	피난설비	1. 미끄럼대·피난 사다리·구조대·완강기·피난교·피난 밧줄 기타 피난 기구 2. 유도등 또는 유도 표지 3. 비상 조명등 4. 방열복·공기 호흡기 등 인명 구조 장구
소화 용수 설비		1. 소화 수조·저수지 기타 소화 용수 설비 2. 상수도 소화 용수 설비
기타 소화 활동상 필요한 시설		1. 배연 설비 2. 연결 송수관 설비 3. 연결 살수 설비 4. 비상 콘센트 설비 5. 무선 통신 보조 설비

3. 소화설비

소화설비는 초기에 화재진압을 목적으로 주로 일반인이 조작하도록 되어 있는 옥내소화전과 옥외소화전, 스프링클러 설비, 특수소화설비, 소화기구 등이 있다.

3-1 옥내소화전 설비

옥내소화전은 소화전에 호스와 노즐을 접속하여 옥내소화전함에 넣은 뒤 초기 소화활동에 지장을 주지 않고 피난에 지장이 없는 위치에 설치한다. 옥내소화전은 소화기로는 불가능한 단계에 사용하는 소화설비로서 유류 화재에 대해서는 별다른 효과가 없지만 일반 가연물의 화재에 유효하다.

[1] 옥내소화전 설비의 설치기준

옥내소화전 설비를 설치하여야 할 소방대상물은 다음과 같다.

<표 2-3> 옥내소화전 설비를 설치해야 하는 소방대상물

특정 소방대상물		적용기준	
1. 용도별	모든 소방 대상물	연면적 (지하가중 터널은 제외)	$3,000m^2$ 이상
		지하층, 무창층, 4층 이상층의 바닥면적	$600m^2$ 이상
	위에 해당하지 아니하는 근린생활시설, 위락시설, 판매 및 영업시설, 숙박시설, 노유자시설, 의료시설, 업무시설, 통신 촬영시설, 공장, 창고시설, 운수자동차 관련시설, 복합건축물	연면적	$1,500m^2$ 이상
		지하층, 무창층, 4층 이상층의 바닥면적	$300m^2$ 이상
2. 지하가 중 터널		길이	$1,000m$ 이상
3. 건물옥상 차고 또는 주차장		차고나 주차의 용도에 사용되는 부분의 면적	$200m^2$ 이상
4. 위에 해당되지 않는 공장, 창고시설		특수가연물 저장, 취급	700배 이상

※ 가스시설 또는 지하구의 경우는 적용하지 아니한다.
 지하층, 무창층, 4층 이상의 층의 경우 바닥면적으로 적용시 설치는 전 층에 설치한다.
 아파트, 업무시설 또는 노유자 시설에는 호스릴 옥내소화전설비를 설치할 수 있다.

[2] 옥내소화전 설계
(1) 배관계통도

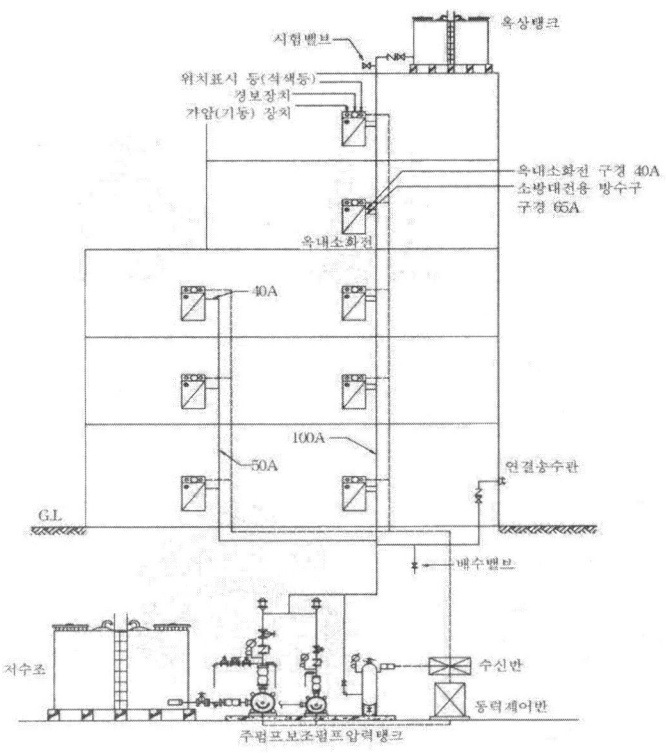

[그림 2-2] 옥내소화전 설비의 계통도

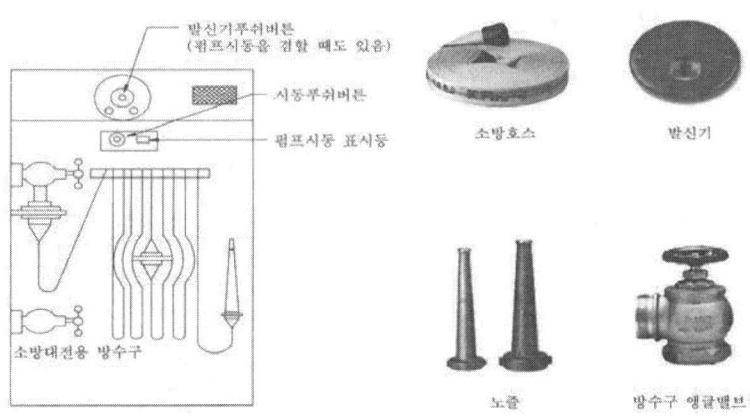

[그림 2-3] 옥내소화전 상세도

(2) 옥내소화전 설계

　옥내소화전 설비는 수원, 가압 송수장치, 배관, 소화전, 부속장치 등이며 [그림 2-2]와 같다. 방화대상물의 층마다, 그 층의 각 부분에서 하나의 호스 접속구까지의 수평거리가 25m 이하가 되도록 설치한다. 설치위치는 피난자 및 조작원의 안전을 고려하여 복도 또는 계단에 가까운 위치로 하는 것이 바람직하다. 이 경우에 방화문의 개폐를 방해가 되지 않는 위치로 해야 한다.

① 수원 : 수원의 수량은 옥내소화전 설치수가 가장 많은 층에서의 설치수(설치수가 5를 넘는 경우는 5로 한다)에 $2.6m^3$를 곱해서 얻은 값 이상으로 한다. 수원의 종류는 지하에 설치하는 지하수조, 고가수조, 압력수조방식이 있다. 수원의 수위가 펌프보다 낮은 곳에 있을 때는 다음 과 같은 호수조(呼水槽)를 설치한다.
　• 호수조는 전용으로 하고 용량은 100~150 L 정도로 한다.
　• 호수조에는 감수경보장치 및 자동급수장치(볼탭)를 설치한다.

② 가압 송수장치 : 방수압력 및 방수량은 건물내의 모든 층에서 그 층의 모든 옥내소화전(설치수가 5를 넘는 경우는 5로 한다)을 동시에 사용하는 경우에 각각의 노즐끝단에서 방수압력이 $1.7kg/cm^2$ 이상이고 동시에 방수량이 130 L/min 이상의 성능을 갖는 것으로 한다.

③ 소화전함 및 부속품 : 소화전함은 불연성 및 난연성의 재료를 사용하며 일반적으로는 강판제를 사용한다. 내부에는 소화전, 호스, 노즐을 내장하고 조작에 지장이 없도록 충분히 여유를 둔다. 뚜껑은 180°열리는 구조로서 표면에 "소화전"이라고 표시한다. 소화전함의 상부에는 10m 떨어진 위치에서 식별이 용이하게 적색등을 단다.

④ 배관 : 주배관 중에서 수지관은 호칭지름 50mm 이상으로 하고 그 배관이 5개 층 이상의 층을 담당하는 경우는 65mm 이상으로 한다. 배관에는 고가수조 또는 압력수조 등을 이용하여 항상 물을 채워둔다.

3-2 옥외소화전 설비

　대규모 건축물의 1, 2층의 소화를 목적으로 한 것으로 인접건물로의 연소 방지에도 사용되며, 옥외소화전은 소화전 호스와 노즐을 수납한 소화전함, 배관, 가압 송수장치, 수원으로 구성된다. 옥외소화전 설비의 계통도는 [그림 2-3] 과 같다.

[1] 옥외소화전 설비의 설치기준

옥외소화전 설비를 설치하여야 할 소방대상물은 다음과 같다. 다만, 가스시설, 지하구 또는 지하가중 터널의 경우에는 그러하지 아니하다.

<표 2-4> 옥외소화전 설비를 설치해야 하는 소방대상물

설치 대상	적용기준
1. 지정 문화재	연면적 $1,000m^2$ 이상
2. 지상 1층·2층	바닥면적 합계 $9,000m^2$ 이상
3. 특수 가연물 저장·취급	지정수량 750배 이상

[2] 옥외소화전 설계
(1) 배관 계통도

옥외소화전을 설치하는 경우에는 그 유효범위 내에 한하여 1, 2층의 옥내소화전 설치가 면제된다.

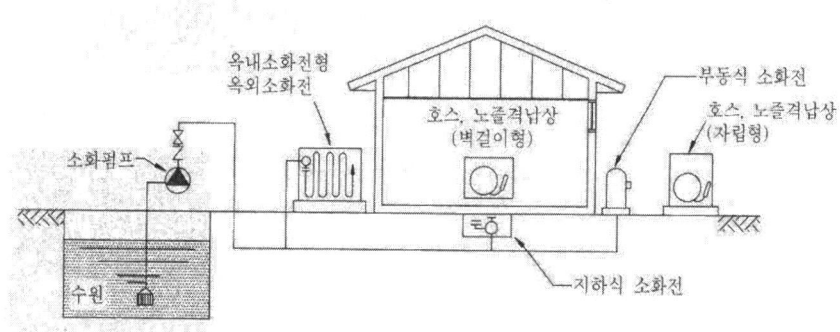

[그림 2-4] 옥외소화전 설비의 계통도

① 지상식 : 지상식은 소화전 상부에 개폐장치가 설치되어 있고 밸브는 하부(지하)에 설치되어 있다. 이것은 지상부분에 물이 체류하고 있으면 동결의 우려가 있기 때문이다.
② 지하식 : 지하식은 소화전 상부에 밸브 개방장치가 설치되어 있으며, 지상에서 개폐기구로 조작한다.

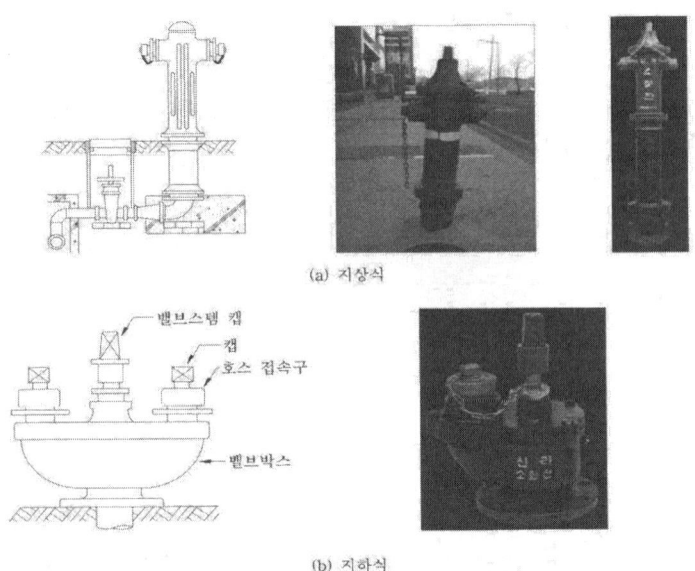

[그림 2-5] 옥외소화전의 종류

(2) 옥외소화전의 설계

① 수원 : 수원의 수량은 옥외소화전의 설치수(설치수가 2개를 넘을 경우 2개로 한다)에 $7m^3$를 곱해서 얻은 수량 이상으로 한다.

② 가압 송수장치 : 모든 옥외소화전(설치수가 2개를 넘을 경우 2개로 한다)을 동시에 사용한 경우에 각각 노즐선단에서의 방수압력이 $2.5kg/cm^2$ 이상, 방수량은 $350 L/min$ 이상의 성능을 갖는 것으로 한다.

③ 소화전 및 부속품 : 소화전밸브는 설치환경, 조건 등에 의해 지상식·지하식, 단구·쌍구, 보통형·부동형(不凍形) 등으로 구분된다. 표지, 표시는 옥내소화전에 준한다.

④ 배관구조 : 옥내소화전 설비와 거의 같으나 옥외에 매설하게 되므로 강관의 경우는 아스팔트 슈우트권으로 하는 등 방식피복을 행하거나 수도용 주철관 등 내식성이 뛰어난 재료를 사용한다. 배관의 최소관경은 소화전의 개구수가 1개인 경우는 65mm 이상, 2개인 경우는 100mm 이상으로 하는 것이 바람직하다.

3-3 스프링클러 설비

이 설비는 건물 천장에 설치하여 실내온도의 상승으로 가용 합금편이 용융됨으로써 자동적으로 화염에 물을 분사하는 자동소화설비이다. 또한 화재가 발생하면 자동적으로 퓨우즈가 끊어져 물이 실내로 분사하여 소화를 행함과 동시에 화재경보 장치가 작동하여 화재를 초기에 진화할 수 있다.

[1] 스프링클러의 설치기준
① 지하층, 무창층 등과 같이 소방차 진입이 곤란한 곳에 설치
② 4층 이상 10층 이하의 층으로서 바닥면적 1,000m² 이상인 것.
③ 시장으로서 판매장 바닥면적의 합계가 4층 이하의 건축물에서는 9,000m² 이상, 5층 이상의 건축물에 있어서는 6,000m² 이상인 것.
④ 11층 이상의 소방 대상물로서 여관 또는 호텔의 용도로 사용되는 소방대상물은 전 층
⑤ 제 1, 2, 4, 5류의 준위험물이나 특수 가연물로서 지정수량의 1,000배 이상을 저장·취급하는 것.
⑥ 반자 높이가 10m 이상의 래크식 창고로서 연면적 2,100m² 이상인 것.
⑦ 스프링클러 설비가 해당되는 건물의 보일러실

[2] 스프링클러의 종류
스프링클러 설비의 종류는 크게 폐쇄형과 개방형으로 분류하고 배관 계통도는 [그림 2-4]와 같다.

(1) 폐쇄형
헤드 끝이 막혀있고 배관 내에는 항상 물이나 압축공기가 차 있어 용융편이 녹으면 곧바로 물이 방사된다.
① 습식 : 수원에서 헤드까지 전 배관에 물이 채워져 있다. 가장 일반적인 방식이며, 겨울은 얼지 않도록 보온이 요구되며, 누수의 우려가 있다.
② 건식 : 배관 중에 압축공기를 충진하여 놓고 화재에 의하여 퓨우즈가 녹으면, 먼저 공기가 방출되고 물을 분출하는 시스템이다. 한랭지 등 동결의 위험이 있는 곳에서 사용한다.

(2) 개방형

개개의 헤드에는 퓨우즈 부분이 없고, 배관도중의 밸브의 개폐에 의하여 일정구역 마다의 헤드가 일제히 방수하는 것. 극장, 무대, 공장 등 천장이 높은 곳에서 사용한다.

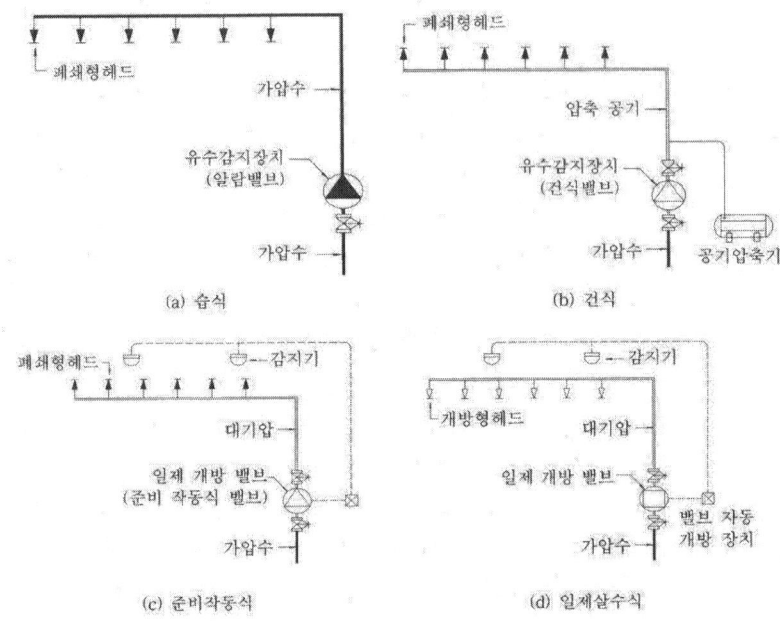

[그림 2-6] 스프링클러 설비의 종류

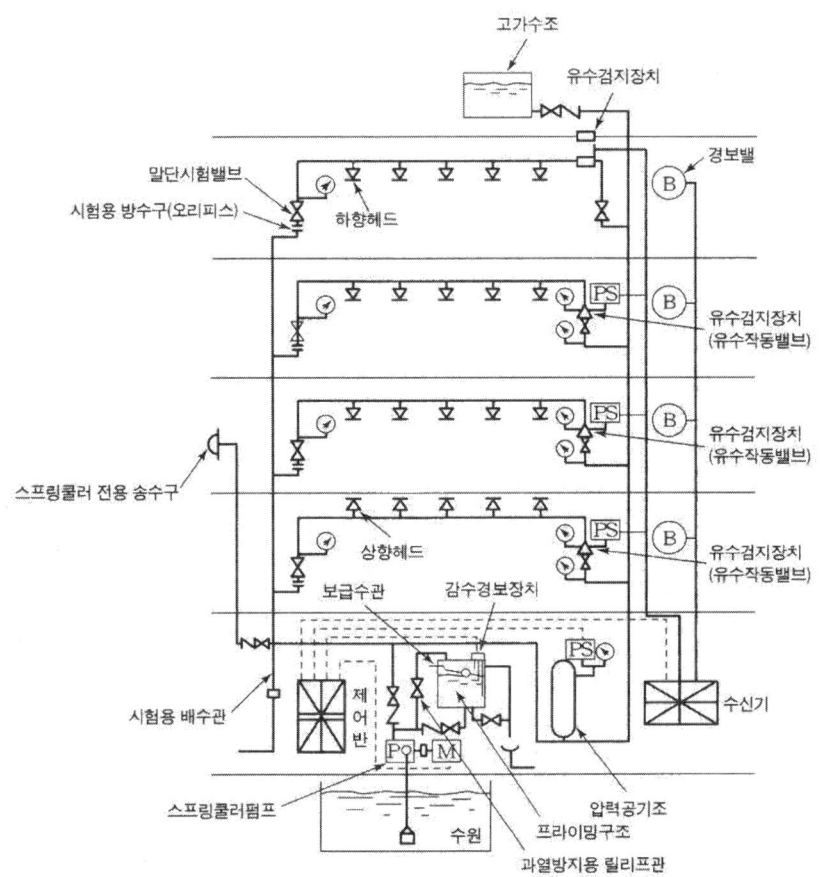

[그림 2-7] 스프링클러 설비 계통도

[3] 스프링클러 헤드의 구조

스프링클러 헤드의 모양은 다양하지만 그 원리는 대부분 비슷하다. 헤드는 프레임, 디플렉터, 가용편 등으로 구성되어 있으며, 종류는 일정온도에 의해 가용편이 용융되는 가용 합금형과 온도에 의해 밀봉된 액체가 팽창하여 유리구가 터지는 밸브형의 2종류가 있다. 스프링클러 헤드의 가용편의 용융온도는 67~75℃ 정도이며, 방수압력은 $1kg/cm^2$ 이상이고, 방수량은 80 L/min 이상이 되어야 한다.

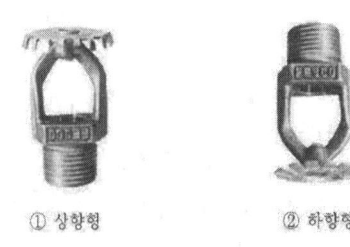

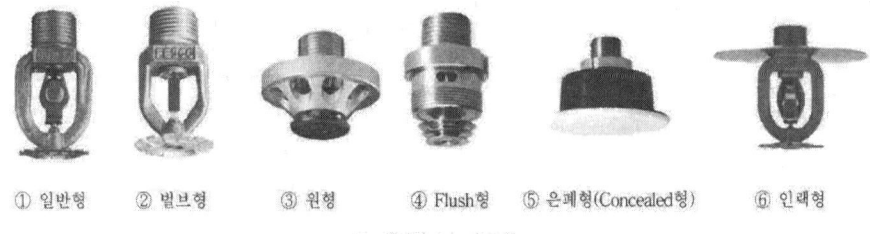

[그림 2-8] 감열부 유무에 따른 스프링클러 헤드의 종류

[4] 시설기준

① 헤드는 소방대상물의 천장 또는 반자와 덕트, 선반 기타 이와 유사한 부분에 설치한다. 다만, 폭이 9m 이하인 실내에는 측벽에 설치할 수 있다.
② 천장, 반자, 선반 등의 각 부분에서 하나의 스프링클러 헤드까지의 수평거리는 무대부 1.7m 이하, 래크식 창고 2.5m 이하, 백화점 등에는 2.1m 이하, 내화구조 건축물에는 2.3m 이하로 한다.
③ 방수압은 1kgf/cm^2 이상이며, 12kgf/cm^{2}를 초과하지 말고, 방수량은 80 L/min 이상으로 한다.
④ 무대부에는 개방형 헤드를 설치한다.
⑤ 일반적으로 헤드 하나가 소화할 수 있는 면적은 10m^{2}로 본다.

[5] 스프링클러 헤드의 배치방법

스프링클러 헤드의 배치방법은 정방형과 지그재그형 2 종류가 있다. 정방형으로 배치하는 경우, 설치간격은 내화건물에서 3.2m 이하, 백화점 등에서 3.0m 이하로 한다. 장방형으로 배치하는 경우, 헤드의 대각선 거리는 내화건물에서 4.6m 이하, 백화점 등에서 4.2m 이하로 한다.

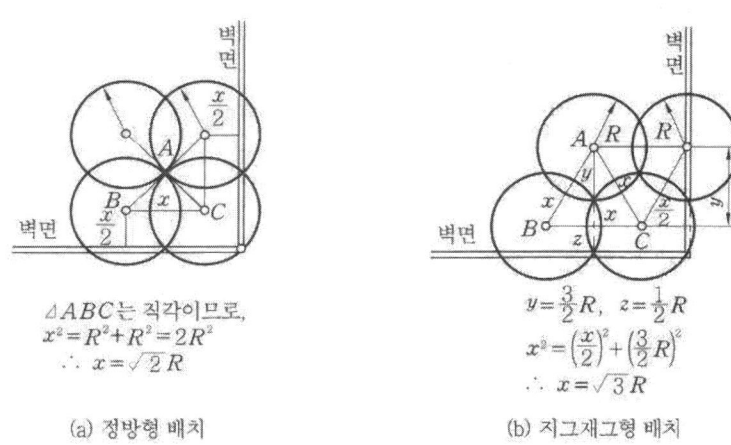

(a) 정방형 배치 (b) 지그재그형 배치

[그림 2-9] 스프링클러 헤드의 배치법

3-4 드렌처

 드렌처 설비는 건축물의 외벽·창·지붕 등에 설치하여, 인접건물에 화재가 발생하였을 때 연소되기 쉽고 유리창과 같이 열에 의하여 파기되기 쉬운 부분에 드렌처 헤드를 통해 살수하면 유수막이 형성됨으로써 건물을 화재의 연소로부터 보호할 수 있는 방화설비이다.

 드렌처 헤드의 종류에는 구경 9.5mm, 7.9mm, 6.4mm의 3종류가 있으며, 설치간격은 수평거리 2.5m이하, 수직거리 4m 이하마다 1개씩 설치한다.

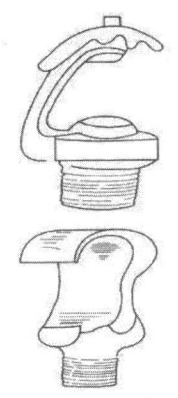

[그림 2-10] 드렌처 헤드의 형태

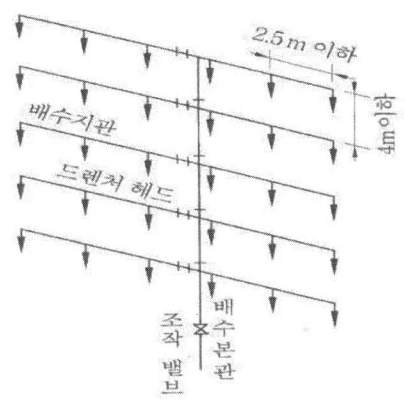

[그림 2-11] 드렌처 헤드의 배치도

4. 특수 소방설비

근대 들어 각종 산업의 발달로 생산공장이나 대규모 빌딩에서 주택, 아파트에 이르기까지 화재발생 건수도 과거에 비해 많아졌고, 화재의 종류 또한 다양해짐에 따라 종전과 같이 물로 소화해야 한다는 고정관념으로 진화에 임했을 때 오히려 화재가 확대되는 결과를 가져다 줄 수도 있다.

따라서 소화설비도 특수한 것이 연구되어 건축구조 가연물의 종류나 조건에 따라 이에 대응한 특수소화설비가 사용되어야 한다.

4-1 물 분무 소화설비

이 소화설비는 스프링클러 설비보다 더 미세하고 보다 균일한 분무상의 물로 연소면을 덮어 보통의 방수로서는 소화할 수 없는 가연물, 유류, 전기화재에 유효하다. 가솔린 등 인화점이 낮은 가연성 액체의 소화는 곤란하지만, 차고 등에서 기름의 층이 얇은 경우나 위험물 저장소·취급소 또는 통신설비의 화재에 특히 유효하다.

물분무 소화설비의 소화원리는 다음과 같다.

- 극히 미세한 분무수를 균일하게 살포하여 연소물을 덮어 씌움으로써 물의 증발작용이 가속화되어 증발열에 따른 냉각작용으로 소화작용이 이루어진다.
- 대량으로 발생하는 수증기가 연소면을 둘러쌈으로써 공기의 공급이 차단되어 질식 소화작용이 이루어진다.
- 물에 용해되는 가연 액체의 경우에는 급속한 희석작용에 의해 연소가 정지된다.
- 물에 용해되지 않는 가연 액체의 경우에는 불연성 에멀션(emulsion)을 형성하여 연소를 정지시킨다.

[1] 물분무 소화설비 설치기준

물분무 등 소화설비 설치하여야 할 소방대상물은 아래 표와 같다. 다만, 가스시설 또는 지하구의 경우에는 그러하지 아니한다.

<표 2-5> 물분무 등 소화설비를 설치해야 하는 소방대상물

소방 대상물		설치기준
1. 공장 및 창고로서 특수가연물을 저장·취급하는것		취급 지정수량의 1,000배 이상
2. 비행기 격납고		전부
3. 주차용도 건축물	주차장 건축물	연면적 $800m^2$ 이상
	건축물 내에 설치된 차고 및 주차장(아파트 부설 주차장은 300세대 이상, 승강기 설치 또는 중앙난방인 경우 해당)	바닥면적 $200m^2$ 이상
	승강기 등 기계장치에 의한 주차시설	20대 이상
4. 자동차 검사장, 자동차 정비공장		자동차를 상시 보관하는 장소의 바닥면적이 $200m^2$ 이상
5. 전기실·발전실·변전실(가연성 절연유를 사용하지 아니하는 변압기·전류차단기 등의 전기기와 가연성 피복을 사용하지아니한 전선 및 케이블만을 설치한 전기실·발전실 및 변전실은 제외한다)축전지실·통신기기실·전산실		바닥면적이 $300m^2$ 이상

※ 소방법 시행령 제 28조 4항

[2] 물분무 소화설비 설계

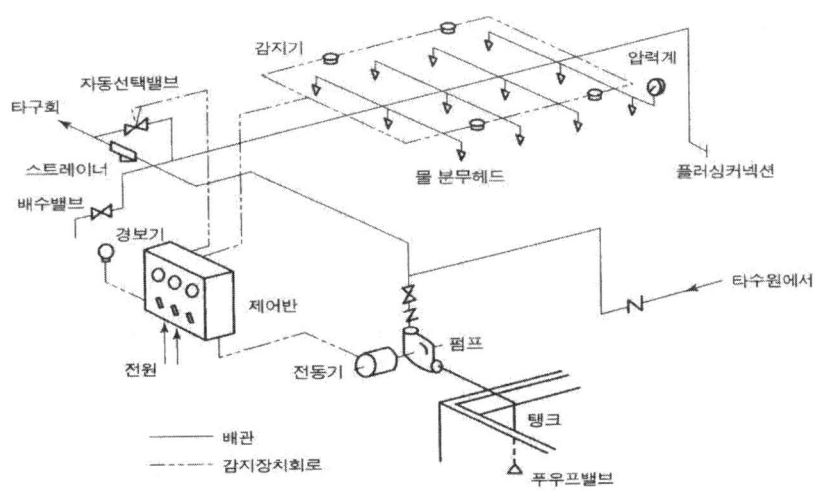

[그림 2-12] 물분무 소화설비의 배관계통도

4-2 포 소화설비

포헤드, 노즐에서 공기 혹은 탄산가스를 내장하는 포를 분출하여 기름면을 덮어 질식 소화하는 설비이다. 특히 저인화의 유류에 유효하며 비행기 격납고, 차고, 위험물 저장 탱크 등 유류화재 소화에 적합한 설비이다.

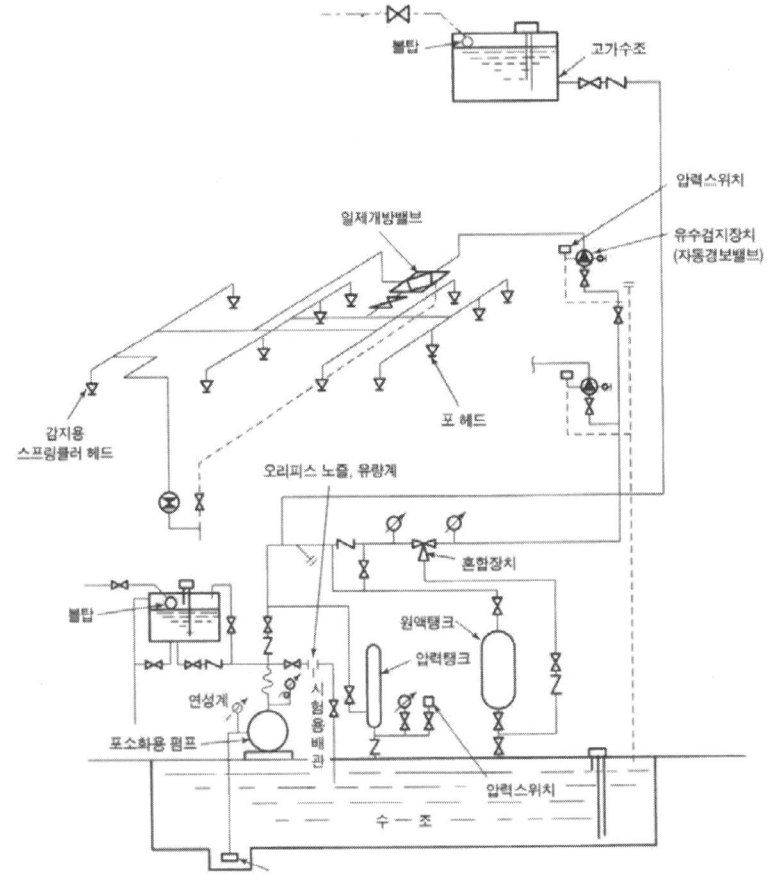

[그림 2-13] 포소화 설비의 배관계통도

4-3 이산화탄소 소화설비

이 소화설비는 분사헤드 또는 노즐에서 이산화탄소를 방사하여 공기보다 비중이 무거운 탄산가스로 가연물에의 산소공급을 차단하여 질식 소화를 주로 하는 소화설비이며 기화시에 흡열에 의한 냉각작용을 한다. 일반적으로 가연물은 산소농도를 용적비 15% 이하로 하면 소화되지만, 재실자도 질식하게 되어 보안조치가 필요하다. 이 소화설비는 통신기계실, 중요 문화재의 화재나 감전의 염려가 없는 전기화재, 기름화재 등에 유효하다.

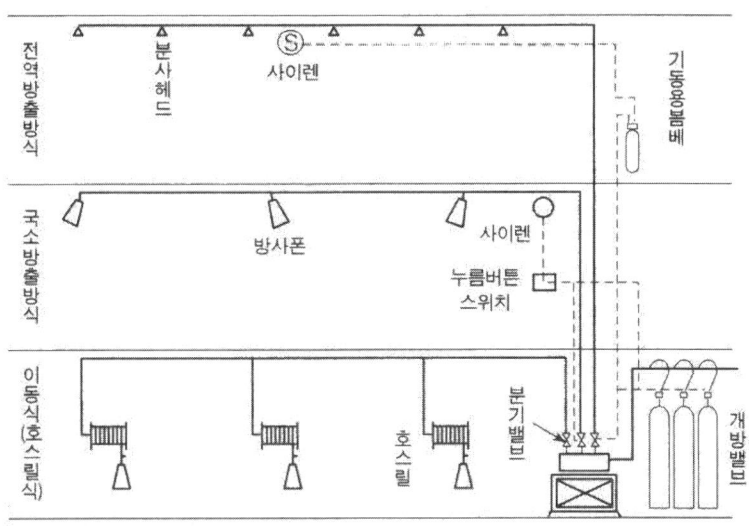

[그림 2-14] 이산화탄소 소화설비의 배관계통도

4-4 할로겐화물 소화설비

할로겐화물을 질소가스의 압력으로 송액하고, 분사헤드 또는 노즐에서 가스 상태나 안개상태로 방사하여 불연성의 가스에 따라 산소농도를 저하시키는 질식작용과 할로겐의 마이너스 촉매효과에 의한 연소의 억제작용에 따라 소화를 행하는 것으로 냉각에 의한 소화효과도 있다.

전도성이나 오손이 없고 소화효과는 탄산가스 소화설비와 거의 같지만 억제작용이 있기 때문에 소화능력이 크고 질식 등 인체에의 위험이 적은 소화제도 있으며, 전산기실이나 전기실 등의 소화에 적합하다.

방출방식이나 기기의 구성은 탄산가스 소화설비와 거의 같으며, 질식 등의 위험이 있기 때문에 보안장치가 필요하다.

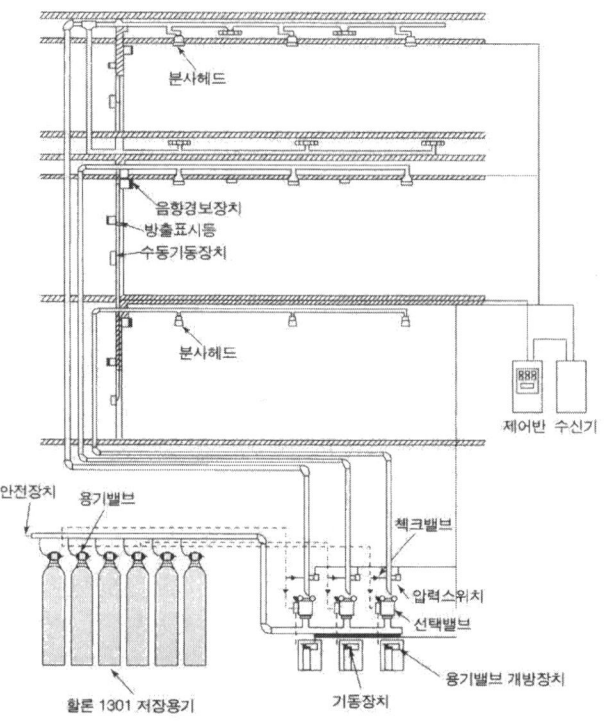

[그림 2-15] 할로겐화물 소화설비

4-5 분말소화 설비

이 소화설비는 분사헤드 또는 노즐에서 소화분말을 방사하여 소화분말이 열에 의하여 분해하여 발생하는 이산화탄소에 의하여 공기의 공급을 차단하거나, 공기 중의 산소농도를 내림으로써 연소를 정지시키는 질식효과 외에도 열분해시의 흡열작용이나 구름모양의 분말에 의하여 방사열을 차단하여 가연물의 온도상승을 방해하는 냉각작용도 한다.

소화대상물은 전기나 기름화재에 효과적이며, 소염작용이 크고 소화속도가 빠르기 때문에 특히 기름 등의 표면화재에 효과적이다. 물에 의한 손상은 없지만 소화 후에 소화배관 등을 포함하여 분말의 뒷처리나 소화제의 고정방지 등의 문제는 있으나 항공기 사고관련 화재에는 포와 함께 필요한 소화설비이다.

방출방식이나 기기의 구성은 이산화탄소 소화설비와 거의 같으며, 질식과 분말에 의한 호흡곤란 등의 위험이 있기 때문에 소화 후 보안조치가 필요하다.

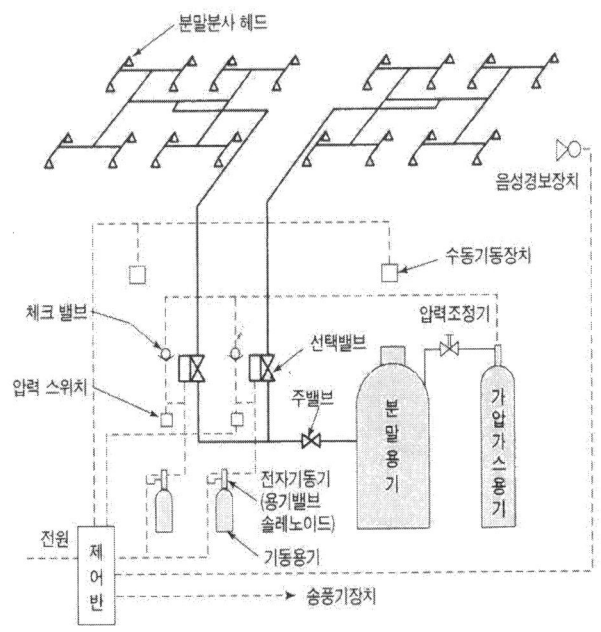

[그림 2-16] 분말 소화설비

5. 화재경보 설비

화재경보 설비는 화재발생을 초기에 감지하여 신속하게 거주자에게 알리는 설비로서 소방법에 따라 자동화재 탐지설비, 전기화재 경보기, 자동화재 속보설비, 비상경보설비 등으로 분류한다.

<표 2-6> 경보설비의 분류

자동화재탐지설비	감지기, 수신기, 발신기	
전기화재경보기		
자동화재속보설비	공설화재 속보기	발신기, 수신기
	비상용 통보기	버튼, 비상통보기, 가입전화설비
	콜 사인기	
비상경보설비	비상벨, 자동식 사이렌, 방송설비	

5-1 자동화재 탐지설비

자동화재 탐지설비는 건물내의 화재 초기단계에서 발생하는 열 또는 연기를 자동적으로 감지하여 벨, 사이렌 등의 음향장치에 의해 건물 내 거주자에게 알리는 설비이다. 자동화재 탐지설비는 화재에 의해 발생한 열 또는 연기 등을 감지하는 감지기, 발생한 장소를 표시하는 수신기와 발신기, 음향장치, 표시등으로 구성되어 있다.

감지기는 크게 온도상승에 의한 것과 연기발생의 감지에 의한 2가지가 있다.

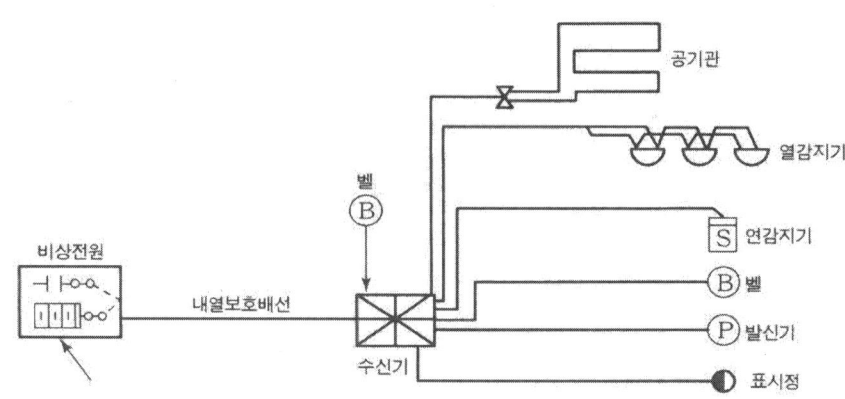

[그림 2-17] 자동화재 탐지설비

[1] 열감지기

(1) 차동식 (差動式)

실내온도 상승속도가 일정한 값을 넘었을 때 작동하는 것으로 난방, 취사 및 기상의 변화와 같이 보통의 온도변화에는 정상적으로 작동한다. 차동식 감지기는 공기식, 열전대식, 열반도체식으로 구분되나 국내에서는 공기식이 일반적으로 사용되고 있다. 차동식 스폿형은 빌딩 내의 주차장, 맨션의 거실, 사무실, 응접실, 서고 등 비교적 온도변화가 적은 장소에 적합하다. 차동식 분포형은 공장, 창고, 체육관등 넓은 장소에 적합하다.

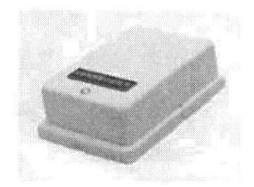   

(a) 분포형   (b) 스폿형

[그림 2-18] 차동식 열감지기

(2) 정온식 (定溫式)

정온식은 실온이 일정온도 이상으로 상승했을 때 작동하는 것으로 실온이 높을 때에 화재가 발생하면 비교적 조기에 발견될 수 있으나 실온이 낮은 경우에는 감지되기까지 시간이 걸리는 단점이 있다. 특히 불을 많이 사용하는 보일러실과 주방 등에 가장 적합한 감지기이다.

정온식 스폿형 감지기의 감지소자는 일반적으로 바이메탈과 서모스탯을 이용하며, 감지선형 감지기의 감지소자는 가용절연물로 절연한 2개의 전선을 이용한다.

  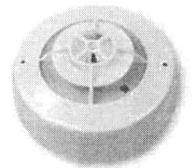 

[그림 2-19] 정온식 스폿형 열감지기

(3) 보상식

차동식은 화재시 온도가 빠르게 증가하면 화재초기에 화재를 감지할 수 있으나 온도가 빨리 증가하지 않는 지연화재의 경우에는 화재탐지가 늦어지는 단점이 있다. 또한 정온식은 일정한 온도가 되어야 화재를 감지하기 때문에 초기단계에서 화재감지가 어렵다는 단점이 있다.

보상식은 이러한 단점을 보완한 것으로 차동성을 가지면서 고온에서도 작동하도록 한 것이다.

[2] 연기감지기

연기발생 감지에 의한 화재감지기로서 감지방식에 따라 이온화식과 광전식 2종류로 구분되고 있다.

(1) 광전식

광전식은 검지부에 연기가 들어가는데 따라 광전소자의 입사광량이 변화하는 것을 이용하여 화재를 감지하는 것이다.

(2) 이온화식

이온화식은 검지부에 연기가 들어가는데 따라 이온전류가 변화하여 화재를 감지하는 것이다.

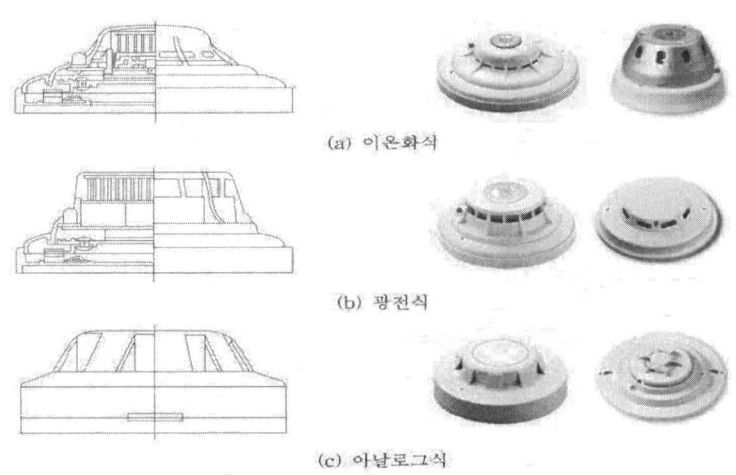

[그림 2-20] 자동화재 탐지설비 (연기 감지식)

[3] 수신기

감지기로부터 신호를 받아 벨을 울리고 램프를 점등시킴으로써 화재발생 위치를 자동적으로 표시하는 장치로서, 그 성능에 따라 각 발신 부분에서 공통의 신호를 별개의 전선로를 통하여 각각 수신하는 P형과 발신부별로 고유 신호를 동일 통신로를 통하여 신호하는 M형이 있고, 이밖에 P형과 M형의 기능을 갖춘 R형이 있다.

P형은 가장 일반적으로 사용하고 있으며, R형은 대형건물, 증설이 많은 건

물에 유리하며, M형은 소방서에 설치되는 수신기이다.

[그림 2-21] P형 수신기

[4] 발신기

화재가 발생했을 때, 발견자가 보턴을 누르면 종이 울리는 것으로 기능에 따라 P형, M형, R형으로 나누어진다.

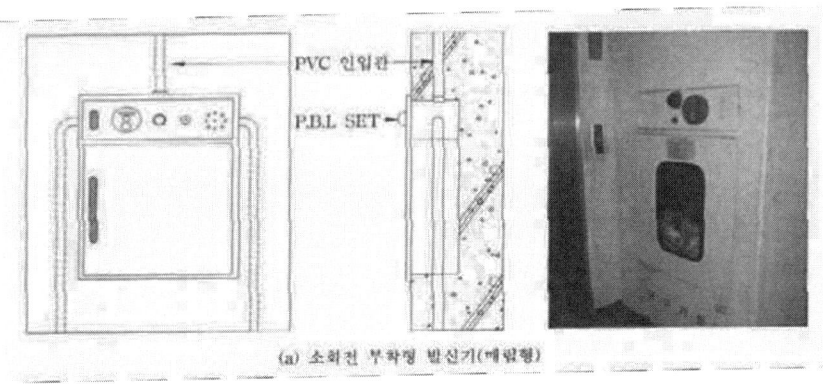

(a) 소화전 부착형 발신기(매립형)

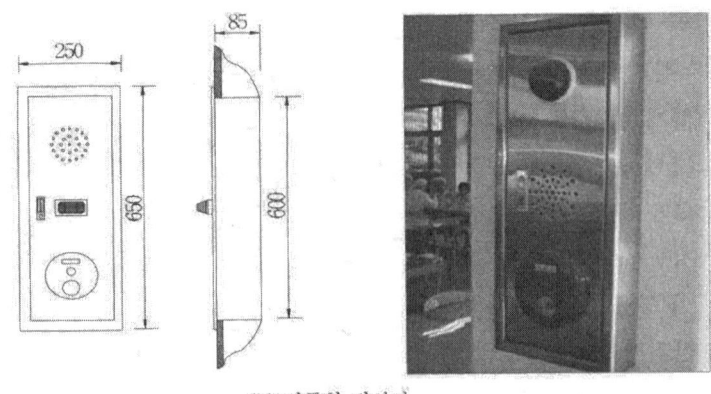

[그림 2-22] 발신기

5-2 전기화재 경보기

누전에 의한 화재의 경보용으로 금속제 알루미늄의 라스에 몰탈을 바른 이른바 방화구조, 또는 간이 내화건축물에 설치하는 것이다. 전기화재경보기는 전로의 불평형 전류 또는 접지선을 흐르는 누설전류를 변류기에서 검출하고, 이것을 수신부에 증폭하고 릴레이를 작동시켜 벨 또는 사이렌을 울리는 장치이다.

5-3 자동화재 속보설비

특정한 소방대상물에 화재발생을 직접 통보하기 위하여 자체 화재경보설비의 발신기를 설치하고, 소방기관에 수신기를 설치하여 그 고유의 화재신호를 수신하는 설비이다.

5-4 비상경보 설비

화재발생을 배부 사람들에게도 알리고 소화활동 또는 피난 등을 재촉하기 위한 것이며, 벨·사이렌 등의 음향장치 또는 방송설비를 말한다.

6. 소화활동 설비

6-1 제연설비

화재에 수반하여 발생하는 연기는 유해한 성분을 다량 함유하고 투시거리를 짧게 하여 사람의 피난이나 소화활동을 방해하며, 특히 연기가 복도로부터 계단실로 흘러 들어와 화재층 상부 거주자의 피난을 현저히 곤란하게 피해를 증대시킨다.

제연설비는 화재발생시 발생한 연기가 피난경로인 복도, 계단전실 및 거실 등에 침입하는 것을 방지하고 거주자를 유해한 연기로부터 보호하여 안전하게 피난시킴과 동시에 소화활동을 유리하게 할 수 있도록 하는 설비로서, 주로 창 등의 개구부가 없는 건물이나 바다면적에 비해 개구부가 작은 건물에 설치한다.

[1] 제연설비의 설치기준 및 설치장소

<표 2-7> 제연설비의 설치기준

설 치 대 상	조 건
1. 문화집회 및 운동시설	• 무대부 바닥면적 200m² 이상 • 영화 상영관으로 수용인원 100인 이상
2. 근린생활시설·위락시설·판매시설 및 영업시설·숙박시설	• 지하층·무창층의 바닥면적 $1,000m^2$ 이상(당해 용도로 사용되는 모든 층에 설치)
3. 시외버스정류장·철도역사·공항시설·해운시설의 대합실 또는 휴게시설	• 지하층·무창층의 바닥면적 $1,000m^2$ 이상
4. 지하가(터널제외)	• 연면적 $1,000m^2$ 이상
5. 지하가중 터널	• 길이 1,000m 이상
6. 특정 소방대상물(갓복도식 아파트는 제외)	• 특별피난계단 부속실 • 비상용 승강기의 승강장

[2] 제연설비의 종류

(1) 자연제연 방식

화재에 의하여 발생한 열기류의 부력 또는 외부바람의 흡출효과에 의하여 실의 상부에 설치된 창 또는 전용의 제연구로부터 연기를 옥외로 배출하는 방식이다. 이 방식은 전원이나 환기에도 겸용할 수 있는 이점이 있다.

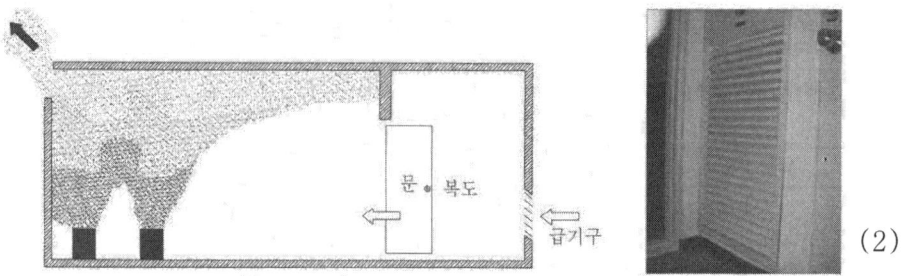

[그림 2-23] 자연 제연방식

(2) 기계제연 방식

이 방식은 제연구, 덕트, 제연기, 제연배출구에 의해 옥외로 제연하는 것으로 기계력에 의한 강제제연이다.

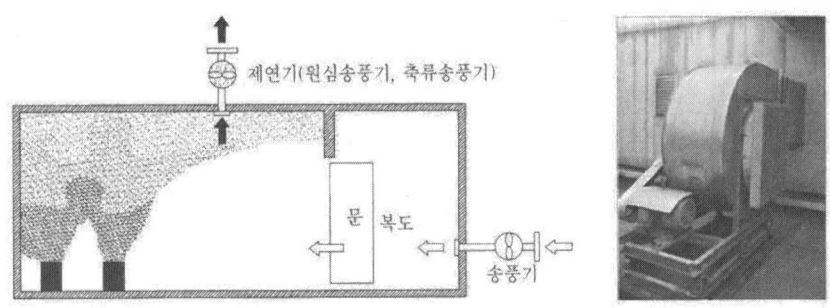

[그림 2-24] 기계 제연방식

6-2 연결송수관 설비

고층 건물의 화재시 소화활동을 용이하게 하기 위하여 설치한다. 단시간 내에 효과적으로 소화작업이 이루어질 수 있게 하기 위하여 사전에 빌딩 안에 소방관 전용의 송수관을 설치해 놓았다가 소방펌프 자동차로부터 소방용수를 공급하면 소방호스의 연장 또는 연결을 하지 않고서도 해당층의 방수구를 이용하여 단시간 내에 방수작업을 개시할 수 있게 된다.

[1] 연결송수관 설치기준

<표 2-8> 연결송수관 설비 설치기준

1	층수가 5층 이상으로서 연면적 $6,000m^2$ 이상인 것
2	제1호에 해당하지 아니하는 소방대상물로서 층수가 7층 이상인 것
3	제1호 및 제2호에 해당하지 아니하는 소방대상물로서 지하층의 층수가 3이상이고 지하층의 바닥면적 합계가 $1,000m^2$ 이상인 것
4	지하가 중 터널로서 길이가 $2,000m^2$ 이상인 것

[2] 연결송수관 설비의 배관계통도

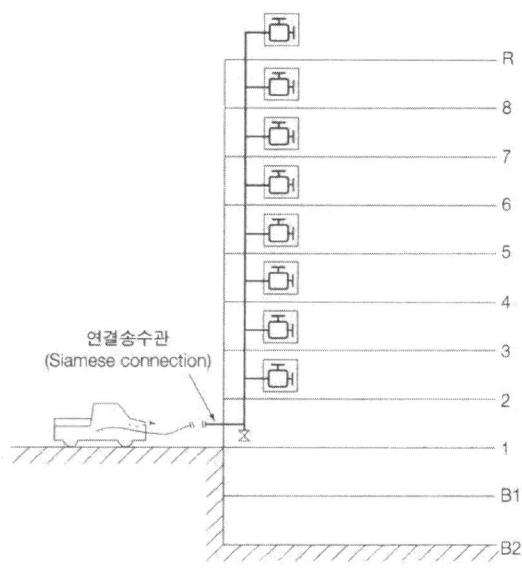

[그림 2-25] 연결송수관 설비의 배관계통도

[3] 연결송수관 설비의 설계

<표 2-9> 연결송수관의 설치 표준치

항 목		내 용
연결송수관의 종류		• 건식: 10층 이하의 건물에 적용 • 습식: 높이 31m 이상 또는 11층 이상의 공층건물에 적용
송수구	구경	65mm의 쌍구형
	송수압력	$7kg/cm^2$
	위치	지면으로부터 0.5~1.0m
	주관 구경	100mm이상
방수구	방수압력	$3.5kg/cm^2$ 이상
	방수량	$450l/min$
	노즐의 구경	19mm(22mm, 25mm)
	위치	바닥으로부터 0.5~1.0m
	시험 방수구	옥상에 설치
	방수구간의 수평거리	• 지하가(터널은 제외) 또는 지하층의 바닥면적의 합계가 $3,000m^2$ 이상은 수평거리 25m 이내 • 위에 해당하지 않는 것은 50m 이내

6-3 연결살수 설비

이 설비는 소방대 전용 소화전인 송수구를 통하여 실내로 물을 공급하여 소화활동을 하는 것으로 지하층 등의 일반 화재 진압을 위한 설비이다. 화재현장에서 발생하는 짙은 연기는 소화활동에 많은 장해요인이 되고 있다. 특히 지하가 또는 지하실에서의 화재는 지하에 충만하고 있는 연기 때문에 소방대의 진입이 극히 어렵고 또한 화원부분에 효과적으로 물을 뿌리는 것은 거의 불가능하다.

따라서 지하실 화재의 소화에는 소방호스에 의한 주수보다는 호우상태의 살수가 효과적이다. 스프링클러 설비의 설치 및 유지관리는 상당한 비용이 들기 때문에 연결살수 설비가 더욱 효과적이다.

[1] 연결살수 설비의 설치기준

연결살수 설비를 설치하여야 하는 소방대상물은 아래와 같다.

<표 2-10> 연결살수 설비 설치대상

설 치 대 상		조 건
1. 판매 및 영업시설		바닥면적 합계 $1,000m^2$
2. 지하층	• 국민주택규모이하의 아파트로서 대피용도로 사용하는 경우 • 학교의 지하층	바닥면적 합계 $700m^2$
	• 기타의 경우	바닥면적 합계 $150m^2$ 이상
3. 가스설비 중 지상에 노출된 탱크		용량 30톤 이상의 탱크시설
4. 위의 1 및 2에 부속된 연결통로		연결통로

<표 2-11> 연결살수 설비 송수구 설치기준

1	소방펌프 자동차가 쉽게 접근할 수 있는 위치에 설치할 것
2	송수구의 호스접결구는 쌍구형의 것으로 할 것. 다만, 하나의 송수구역에 부착하는 살수헤드의 수가 4개 이하인 것은 단구형의 것으로 할 수 있다.
3	송수구의 호스접결구는 지면으로부터 높이 0.5m~1m 위치에 설치할 것
4	송수구의 호수접결구는 각 송수구역마다 설치할 것. 다만, 다음 각목의 1에 해당되는 경우에는 그러하지 아니한다. 가) 송수구역을 선택할 수 있는 선택밸브가 설치되어 있고, 각 송수구역의 벽 및 바닥이 내화구조로 되어있는 경우 나) 폐쇄형 헤드를 사용한 습식 연결살수설비의 것으로서 전용 또는 고가수조방식의 가압송수장치가 설치되어 있고, 헤드의 방사압력이 $1cm^2$에 대하여 1kg 이상이며, 수원의 저수량이 10개의 헤드에서 15분 이상 방사할 수 있는 경우

[2] 연결살수 설비 배관계통도

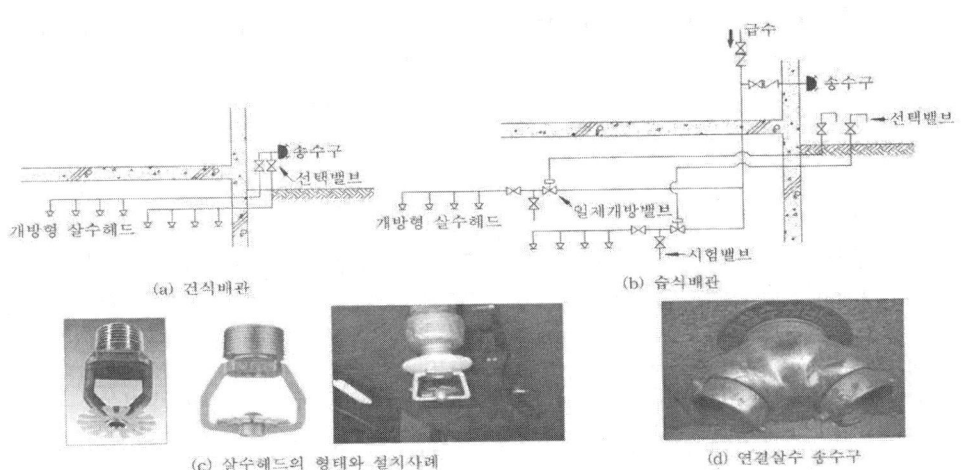

[그림 2-27] 연결살수 설비 배관계통도

6-4 비상콘센트 설비

화재가 발생하여 상용전원은 배선의 연소, 기기의 파손, 휴즈의 절단 등으로 정전이 되어 특히 야간의 경우 고층건물에서 계단이나 옥내부분 전부가 어두워서 소방활동이 불가능하게 된다. 그러므로 비상콘센트를 설치하여 유사시 소방관이 조명기, 파괴기, 배연기 등을 필요한 층까지 운반하는 등 소방활동을 원활히 할 수 있도록 해야 한다.

<표 2-12> 비상콘센트 설비 설치기준

1	층수가 11층 이상인 경우, 11층 이상의 층
2	지하층의 층수가 3층 이상이고 지하층의 바닥면적 합계가 1,000m² 이상인 것은 지하층의 전층
3	지하가 중 터널로서 길이가 500m 이상인 것

6-5 무선통신 보조설비

무선통신보조설비를 설치하여야 할 소방대상물은 다음과 같다. 다만, 가스시설 또는 지하구의 경우에는 그러하지 아니하다.

<표 2-13> 무선통신 보조설비 설치기준

1	지하가(터널을 제외)로서 연면적 1,000m² 이상인 것
2	지하층의 바닥면적 합계가 3,000m² 이상인 것, 또는 지하층의 층수가 3이상이고 지하층의 바닥면적 합계가 1,000m² 이상인 것은 지하층의 전층
3	지하가 중 터널로서 길이가 500m 이상인 것
4	공동구

7. 소방용수 설비

소방용수 설비는 화재진압에 필요한 소화용수를 저장하는 설비로서 소화수조, 저수조, 그 밖의 소화용수설비 및 상수도 소화용수 설비를 말한다. 소화용수설비 설치대상물은 아래와 같다.

<표 2-14> 소화용수설비 설치대상

구 분	적용대상		설치대상
상수도 소화용수설비	건축물의 연면적(지하가중 터널 제외)		$5,000m^2$ 이상
	가스시설로서 지상에 노출된 탱크의 저장용량 합계		100톤 이상
소화수조 저수조	1. 지하1층 및 2층의 바닥면적(동일구내에 2이상의 건축물이 있을 때 그 건축물 외벽 상호간의 중심선으로부터 수평거리가 지상 1층 3m 이하, 지상 2층 5m 이하인 것은 1개의 건축물로 본다)의 합계		$15,000m^2$ 이상 (아파트, 지하가중 터널제외)
	2. 지하층, 무창층의 바닥면적	근린생활시설 및 위락시설, 판매시설, 숙박시설	$1,000m^2$ 이상
		시외버스정류장, 철도역사, 공항시설, 해운시설의 대합실 또는 휴게시설	$1,000m^2$
	3. 지하가의 연면적(터널은 제외한다)		$1,000m^2$ 이상
	4. 특수 장소의 특별피난계단 및 지상용 승강기의 승강장(갓 복도형 아파트 제외)		전부
	5. 지하가 중 터널		길이가 $1,000m$ 이상

◆건축산업기사 예상 문제

1. 스프링클러 설비

1. 스프링클러 헤드의 규정 방수량은?
   ㉮ 80 L/min   ㉯ 130 L/min   ㉰ 250 L/min   ㉱ 350 L/min

2. 스프링클러 헤드 하나가 소화할 수 있는 면적은?
   ㉮ 10m²   ㉯ 14m²   ㉰ 18m²   ㉱ 20m²

3. 다음 중 스프링클러 구조의 디플렉터(deflecter)의 역할은?
   ㉮ 방수구에 물을 보내어 압력을 가하게 하는 부분이다.
   ㉯ 방수구에 수압을 가해지게 하여 하중이 걸리게 하는 부분이다.
   ㉰ 방수구에서 유출되는 물을 세분시키는 작용을 하는 부분이다.
   ㉱ 방수구에서 유출되는 물에 공기가 혼합된 것을 분류하는 부분이다.

4. 다음 소화(消火)설비 중 스프링 클러(sprinkler)설비에 대한 특징으로 옳지 않은 것은?
   ㉮ 소화(消火)기능은 있으나 경보(警報)기능은 없다.
   ㉯ 소화(消火) 후 반드시 제어밸브를 잠근다.
   ㉰ 화재시 초기 소화율(消火率)이 높다.
   ㉱ 고층건물이나 지하층의 소화(消火)에 적합하다.

5. 다음 중 스프링클러(sprinkler)에 대하여 잘못 설명한 것은?
   ㉮ 종류에는 습식, 건식, 개방식 등이 있는데 습식이 가장 일반적이고 건식은 추운 곳에 이용된다.
   ㉯ 헤드는 구조상으로 폐쇄형과 개방형으로 구분되며 설치방법에 따라 상향형과 하향형 등이 있다.
   ㉰ 폐쇄형 헤드의 성능은 방수압력 1kg/cm²에서 방수량 80 L/min을 표준으로 한다.
   ㉱ 지관 1개에 붙일 수 있는 헤드의 수는 한쪽을 7개 이내로 한다.

6. 스프링클러의 동시개수구가 30일 때 급수원의 저수량은?
   ㉮ 16m³ 이상   ㉯ 32m³ 이상   ㉰ 45m³ 이상   ㉱ 48m³ 이상

<해설> Q = 1.6N = 1.6×30 = 48m³

```
1.㉮   2.㉮   3.㉰   4.㉮   5.㉱   6.㉱
```

2. 자동화재 통보설비

1. 정온식 스폿형 감지기가 적합한 곳은?
   ㉮ 일반 사무실   ㉯ 극장 객석   ㉰ 주방 및 보일러실   ㉱ 병원의 병실

2. 보일러에 적당한 감지기는?
   ㉮ 정온식 감지기   ㉯ 차동식 감지기   ㉰ 연기 감지기   ㉱ 가스 감지기

3. 주방에 필요한 감지기는?
   ㉮ 연기 감지기   ㉯ 차동식 스폿감지기
   ㉰ 정온식 스폿감지기   ㉱ 광전식 스폿감지기

4. 화재감지기 중 실내온도의 상승률, 즉 상승온도가 일정한 값을 넘었을 때 동작하는 것은?
   ㉮ 차동식   ㉯ 정온식   ㉰ 보상식   ㉱ 스폿형

5. 다음 화재 감지기의 종류를 나타낸 것 중 정온식의 감지기는?
   ㉮ 액체 팽창식 스폿형   ㉯ 금속 팽창형 스폿형
   ㉰ 열기전력식 스폿형   ㉱ 공기 스폿형

6. 화재가 발생할 때 가느다란 동 파이프 속의 공기가 팽창하여 파이프 속에 접속된 감압실의 접점을 동작시켜 화재신호를 발신하는 감지기는?
   ㉮ 차동식 분포형 감지기   ㉯ 차동식 스폿형 감지기
   ㉰ 정온식 스폿형 감지기   ㉱ 보상식 스폿형 감지기

7. 무대와 같이 천장의 높이가 15m 이상의 높은 위치에 설치하는 감지기는?
   ㉮ 차동식 감지기　㉯ 정온식 감지기　㉰ 보상식 감지기　㉱ 연기식 감지기

8. 소방서에 통보하는 설비에 대한 설명 중 틀린 것은?
   ㉮ M.M 발신기 중 M형 1급은 옥외용으로 주로 공동용 발신기에 사용한다.
   ㉯ M.M 발신기 중 M형 2급은 옥내용으로 주로 사설 빌딩용 발신기 이동장치이다.
   ㉰ 비상 통보기는 자동화재 통보 설비의 수신기 부근에 설치한다.
   ㉱ 비상 통보기의 설치높이는 밑바닥 중심까지 80~150cm로 한다.

9. 다음 방식 중에 도난방지 장치로 쓰이지 않는 것은?
   ㉮ 바닥 매트 방식　　　㉯ 적외선 방식
   ㉰ 오디오 모니터 방식　㉱ 광전식

10. 자동화재 통보설비에서 한 개의 경계구역 면적은?
    ㉮ 30m²　㉯ 600m²　㉰ 90m²　㉱ 900m²

11. 화재경보설비의 감지기 설치에서 옳지 않은 것은?
    ㉮ 주방은 정온식 감지기　㉯ 일반 사무실은 연기감지기
    ㉰ 복도는 연기감지기　　㉱ 발전실은 차동식 감지기

12. 전기화재 경보기는?
    ㉮ 누전을 자동적으로 알린다.　㉯ 화재를 자동적으로 알린다.
    ㉰ 낙뢰를 자동적으로 알린다.　㉱ 연기를 자동적으로 알린다.

| 1.㉰ | 2.㉮ | 3.㉰ | 4.㉮ | 5.㉯ | 6.㉮ | 7.㉱ | 8.㉮ | 9.㉱ | 10.㉯ |
| 11.㉱ | 12.㉮ | | | | | | | | |

3. 옥내소화전

1. 옥내 소화전의 규정 방수량은?
   ㉮ 13 L/min ㉯ 25 L/min ㉰ 130 L/min ㉱ 250 L/min

2. 옥내소화전 설비에서 노즐의 소요압력과 방수량이 옳게 짝지어진 것은?
   ㉮ 2.5kg/cm² − 350 L/min ㉯ 1.7kg/cm² − 350 L/min
   ㉰ 1.7kg/cm² − 130 L/min ㉱ 2.5kg/cm² − 130 L/min

3. 옥내 소화전은 층마다 설치하여 층의 각 부분으로 부터 1개의 호스 집결구까지 수평거리는?
   ㉮ 35m 이하 ㉯ 30m 이하 ㉰ 25m 이하 ㉱ 20m 이하

4. 소방설비 중 방수량이 많은 것부터 순서가 옳은 것은?

1. 연결송수관	2. 옥외소화전
3. 옥내소화전	4. 스프링클러

   ㉮ 2 − 1 − 3 − 4 ㉯ 2 − 3 − 1 − 4
   ㉰ 1 − 2 − 3 − 4 ㉱ 1 − 2 − 4 − 3

   <해설> ① 연결송수관 − 800 L/min   ② 옥외 소화전 − 350 L/min
         ③ 옥내 소화전 − 130 L/min   ④ 스프링쿨러 − 80 L/min

5. 소화용 저수조 용량의 규정값은? (옥내소화전)
   ㉮ 소화전 1개의 방수량
   ㉯ 소화전 1개의 방수량×동시개수구
   ㉰ 소화전 1개의 방수량×동시개수구×20
   ㉱ 소화전 1개의 방수량×동시개수구×20×동시사용률

6. 5층 건물에 옥내 소화전을 각 층에 4개씩 설치하였다. 옥내 소화전용의 소화용 수의 최소 용량은?
   ㉮ 3m³ ㉯ 6.4m³ ㉰ 9.6m³ ㉱ 10.4m³

<해설> Q = 130×20×4 = 10,400 L = 10.4 m³

7. 옥내소화전 5개를 동시에 사용할 수 있는 수원의 유효저수량으로서 적당한 것은?
　㉮ 5.2 m³　㉯ 7.8 m³　㉰ 10.4 m³　㉱ 13.0 m³

| 1.㉰　2.㉰　3.㉯　4.㉰　5.㉰　6.㉱　7.㉱ |

4. 옥외소화전

1. 내화 건축물일 때 옥외소화전의 설치기준은?
　㉮ 1층 면적 3,000 m² 이상　　㉯ 1층 면적 6,000 m² 이상
　㉰ 1, 2층 면적합계 6,000 m² 이상　㉱ 1, 2층 면적합계 9,000 m² 이상

2. 다음 중 옥외 소화전의 방수량을 옳게 나타낸 것은?
　㉮ 250 L/min 이상　　㉯ 300 L/min 이상
　㉰ 350 L/min 이상　　㉱ 450 L/min 이상

3. 옥외 소화전을 2개 설치한 건물의 저수조 용량은 얼마 이상이어야 하는가?
　㉮ 14 m³　㉯ 7.0 m³　㉰ 5.2 m³　㉱ 2.6 m³

<해설> 옥외소화전 수원의 수량 = 7×N(m³) = 7×2(m³) = 14(m³)

4. 옥외 소화전 4개를 동시에 사용할 경우 수원의 유효수량으로 적당한 것은?
　㉮ 14 m³　㉯ 20 m³　㉰ 24 m³　㉱ 28 m³

<해설> 옥외소화전 소화수량 = 7×N(m³)에서 최대가 2이므로 7×2(m³) = 14(m³)

| 1.㉱　2.㉰　3.㉮　4.㉮ |

제4편 전기설비

【세부목차】

제1장 전기설비 개요

제2장 전력설비

제3장 배전과 배전설비

제4장 전력부하설비

제5장 정보설비

제6장 반송설비

제7장 방재설비

제1장 전기설비의 개요

1. 개요

건축에서의 전기설비란 건축물의 제반기능이 안전하고, 능률적이고, 쾌적하게 발휘될 수 있도록 시설된 건물 내의 전력설비를 비롯한 정보통신설비, 방재설비, 수송설비 등을 통틀어 일컫는 말이다. 최근에는 건물 내에서의 거주환경에 대한 요구가 고도화됨에 따라 이들 설비는 매우 중요한 역할을 점유하게 되었다. <표 1-1>은 전기설비의 종류를 나타내고 있다.

<표 1-1> 건축 전기설비의 종류

전력설비	통신설비	방재설비	수송설비
수변전설비	중앙감시제어설비	비상용조명설비	엘리베이터설비
자가발전설비	전화설비	자동화재보지설비	에스컬레이터 설비
축전지설비	방송설비	비상경보설비	덤웨이터설비
배선설비	표시설비	유도등설비	기송관설비
조명설비	인터폰설비	기타방재설비	
콘센트설비	TV공동시청설비	피뢰설비	
동력설비	OA설비	항공장해등설비	
구내배전선로	전기시계설비	주차장경보설비	
	구내통신선로		

2. 전기설비의 기초사항

2-1 전압과 전류

전류는 전자의 흐름으로 도체의 단면을 단위시간에 이동한 전기량을 말한다. 또한 전류가 흐르기 위해서는 압력이 필요한데 이 압력을 전압이라고 한다. 전류는 I 라는 기호를 붙이고 단위는 암페어(ampere, 단위기호는 A)로 표시하며, 1A란 매초 1C(coulomb)의 전하가 이동하는 것을 말한다. 전압은

V의 기호를 붙이고 단위는 볼트(volt, 단위기호는 V)로 표시하며, 1V란 1Ω의 저항에 1A의 전류를 흘려보낼 수 있는 전압을 말한다. 저항은 전류의 흐름을 방해하는 정도를 나타내고 크기의 단위는 옴(ohm, 단위기호는 Ω)으로 표시하며, 1Ω이란 1V의 전압을 걸었을 때 1A의 전류가 흐르는 도체의 저항을 말한다.

전압, 전류, 저항의 관계는 다음과 같다.

$$전압(V) = 전류(I) \times 저항(R)$$

전기의 저항은 단면적에 반비례하고 길이에 비례한다.

$$저항 = \frac{길이}{단면적} \times 비저항$$

전기기기는 전부 정격전압을 가했을 때 가장 적당한 양의 전류가 흐르도록 만들어져 있는데 이 전류를 정격전류(定格電流)라고 한다. 전기기기에 정격보다 큰 전압을 가하면 정격전류보다 큰 전류가 흐르게 되는데 이것을 과전류(過電流)라고 한다. 과전류기 흐르면 기기 등이 발열되어 화재가 발생하거나 기기가 파손되거나 감전의 원인이 되기도 한다.

마찬가지로 각각의 전기기기에 따라 정상적으로 기능을 수행할 수 있는 전압이 정해져 있는데 이 전압을 정격전압(定格電壓)이라고 한다. 전기기기에 해당 정격전압보다 높은 과전압의 전기를 공급하면 과전류가 흘러 정상적인 기능을 수행하지 못할 뿐만 아니라 화재나 파손, 감전 등의 위험이 발생할 수 있다.

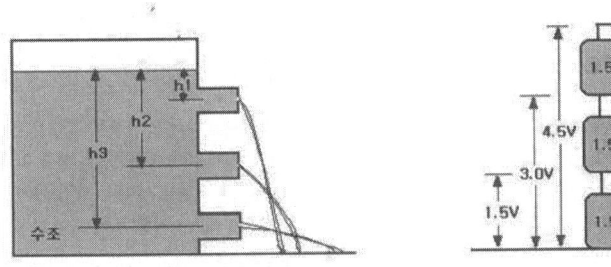

[그림 1-1] 수압과 전압

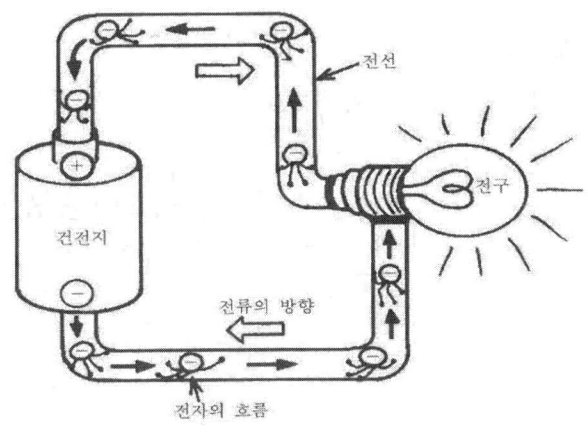

[그림 1-2] 전류와 전자

2-2 전류의 종류
[1] 직류와 교류

시간에 관계없이 일정한 전압으로 방향이나 크기가 변하지 않는 전류를 직류(Direct Current : D.C)라고 하고, 흐르는 방향이나 크기가 시간과 함께 주기적으로 변화하는 전류를 교류(Alternating Current : A.C)라고 한다.

보통 건물의 전동, 동력, 전열 등 대부분의 전기설비는 교류를 사용하고 있으며, 전화, 전기, 시계를 비롯한 통신설비와 엘리베이터 전원으로는 직류를 사용한다. 교류가 일반적으로 사용되는 이유는 첫째 회전하는 발전기에서 자연스럽게 교류가 발생하고, 둘째 변압기에 의해서 전압을 간단히 자유롭게 변경이 가능하고, 셋째 싸고 사용하기 쉬운 교류모터가 사용할 수 있기 때문이다.

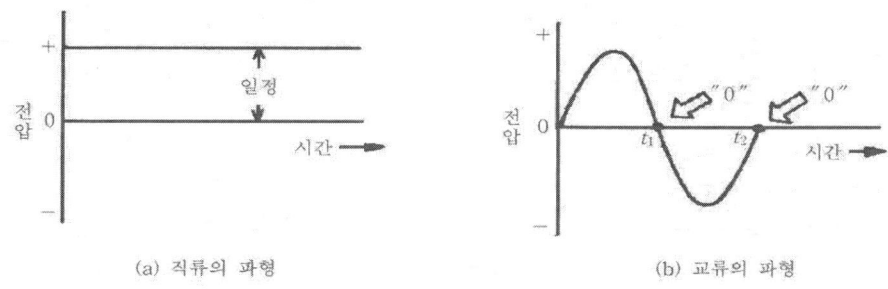

(a) 직류의 파형   (b) 교류의 파형

[그림 1-3] 직류와 교류의 파형

[2] 주파수

교류에서 전류가 어떤 상태에서 출발하여 차츰 변화되어서 최초의 형태로 돌아올 때까지의 행정을 사이클(cycle)이라 하고, 1초간의 사이클 수를 주파수(frequency)라고 한다. 우리나라는 60사이클을 사용하고 있다.

[3] 전력

전기 에너지가 1초간에 행하는 일의 양을 전력이라고 하며, 단위로는 와트(Watt)를 사용한다. 1V의 전압으로 1A의 전류가 흐르면 1W라고 한다. 전기가 하는 일의 양을 전력량이라고 하고 Wh 또는 1kWh로 표시한다. 1kW의 전력량은 860kcal/h이고 전력과 전류 및 전압의 관계는 다음과 같다.

① 직류의 경우 : $W = VI$
② 단상교류의 경우 : $W = VI \times$ 역률
③ 3상 교류의 경우 : $W = VI \times \sqrt{3}$ 역률

여기서, 역율이란 교류회로에 전력을 공급할 때의 유효전력과 피상전력과의 비를 말한다. 교류의 경우, 전압과 전류를 그 방향과 크기가 서로 시시각각으로 변화하고 있어 이들이 흐르는 회로의 상태에 따라 겹치거나 전류가 전방보다 늦거나 빨라지는 경우가 있다.

<표 1-2> 각종 전기기기의 역률

기 기 명	역률 (%)	기 기 명	역률 (%)
백열전구	100	세탁기	70~80
다리미, 전열기	100	청소기	60~75
형광등	80~90	냉장고	70~80

저항 R(Ω)에 전류 I(A)를 t(초)동안에 흘러보낼 때 R에 소비되는 전력량은 열에너지로 변환된다. 이것을 전류의 발열작용이라 하고 1kWh는 860kcal 이다. 소비전력량 W는 사용시간을 t라고 할 때 아래 식과 같다.

$$W = I^2 \times R \times t$$

이 소비전력량 W는 전기에너지가 열에너지로 변환하는 것을 말하며, 그 열량을 cal로 환산하면 1J 은 0.24cal가 되며 이것을 **줄의 법칙**이라고 한다.

제2장 전력설비

1. 수변전 설비

빌딩이나 공장 등의 조명, 전열 및 동력 등의 부하설비에 전력을 공급하기 위하여 이들 건물에 전원설비가 필요하다. 전원설비에는 외부의 전력회사로부터 전력을 받아서 부하설비에 급전하는 수전(受電), 변전(變電)설비와 이와 병용하여 정전시에 대비하여 자가용 발전설비 등의 예비전원 설비가 있다. 외부의 전력회사로부터 전력을 공급받을 경우에는 수용가의 사용전력에 따라서 저압, 고압 또는 특고압으로 수전한다.

1-1 기본계획

건물의 규모·용도 및 건설장소 등이 확정되면 그 다음으로 변전실의 위치 및 소요면적을 결정하여야 한다. 그러므로 전기설비를 설계코자 하는 사람은 먼저 수전전력을 추정하여 수전전압을 결정하고, 전기실의 면적이나 위치 등에 대하여 건축설계자와 충분한 협의를 하여 건축 계획이 수립되어야 한다.

다음은 변전설비의 기본계획에서부터 공사 시행시까지 검토하여야 할 사항들을 열거한 것이다.

① 설비용량을 각 부하별(전등, 일반동력, 냉방동력)로 산출한다.
② 최대 수용전력에 따라 수변전 설비용량을 산출한다.
③ 계약전력과 수전전압을 결정한다.
④ 인입방식과 배선방식을 결정한다.
⑤ 주회로의 결선도를 작성한다.
⑥ 변전 설비형식을 선정한다.
⑦ 제어방식을 결정한다.
⑧ 변전실의 위치와 면적을 결정한다.
⑨ 기기의 배치를 결정한다.

1-2 수전전압

전력이 수요가에 공급될 때에는 수요가의 부하설비용량에 따라 저압, 고압, 특별고압의 방식으로 공급되며, 고압 및 특별고압으로 공급될 때에는 수요가에 자가 변전설비를 설치해야 한다. 수전전압은 부하를 기준으로 해서 전력회사와 정하는 계약전력에 의해 결정되며 자세한 것은 한국전력공사의 전기공급 규정에 따르게 되는데 일반적으로는 다음과 같다.

① 계약전력 50kW 미만 : 저압 (110V, 220V, 380V)
② 계약전력 50~2,000kW : 고압 (3.3kV, 6.6kV)
③ 계약전력 2,000kW 이상 : 특별고압 (22kV, 66kV, 154kV)

1-3 수전방식

수전전압이 저압일 때에는 1회선 단독수전방식을 사용하지만, 고압에서는 1회선 수전과 2회선 수전방식을 채택한다. 또 특별고압에서는 1회선 및 2회선 수전 외에도 스포트 네트워크 수전이 사용되고 있다.

(1) 1회선 방식

일반적으로 소규모 및 중규모 빌딩에 널리 사용되는 방식으로 가장 간단하고 경제적이지만 배전선 고장시에는 정전을 피할 수 없다는 단점이 있다.

(2) 2회선 방식

2개소의 변전소에서 인입하면서 그중 1회선을 예비로 하여 정전에 대비하는 방식이다.

(3) 루프방식

대규모 건물 4~5개를 하나의 단위로 하여 루프회로를 형성하면서 전력을 공급하는 방식이다.

(4) 스포트 네트워크 방식

전기 공급면에서 가장 높은 신뢰도가 요구되는 건물에서, 공급회선을 2~4회선(보통 3회선 이상)으로 하여 1회선이 고장이 나더라도 정전없이 수전할 수 있는 방식이다.

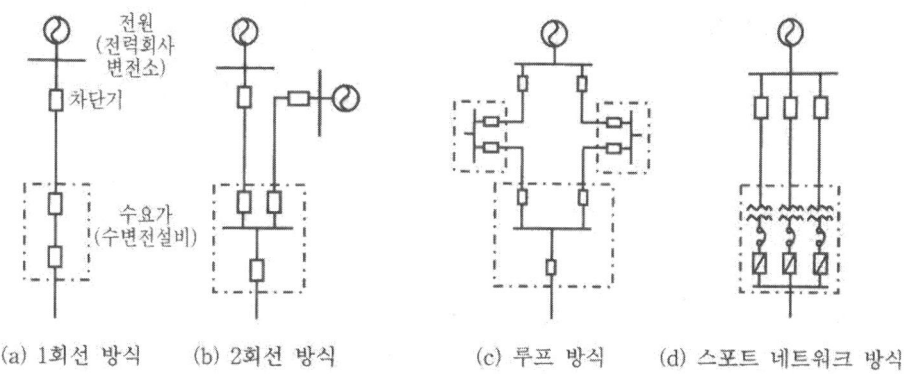

[그림 2-1] 각 수전방식 개념도

1-4 부하설비 용량

전원설비의 용량을 산정하기 위해서 건물에서 사용되는 각종 기기의 전기 사용 용량을 계산하는데, 계획초기에는 일반적으로 부하의 크기가 불분명하므로 건물의 용도나 규모에 따라 소요전력을 추정할 수밖에 없다

$$부하설비용량 = 부하밀도(W/m^2) \times 건물의 연면적(m^2)$$

<표 2-1> 부하설비 및 변압기의 부하밀도

부하종류 건물용도	전등 (W/m^2)	일반동력 (W/m^2)	냉방동력 (W/m^2)	전부하 (W/m^2)	수전변 압기 용량 (VA/m^2)
사무소	36.5	59	36.9	112.7	123.3
점포·백화점	62.0	72.2	43.3	156.4	171.7
호텔	37.6	53.3	26.5	109.0	106.4
주택	50.9	13.9	28.0	66.8	63.5
학교	26.9	15.0	18.3	39.9	39.0
병원	47.1	63.5	45.5	145.4	139.0

1-5 수전 용량 추정

설비용량 추정이 끝나면 수변전 설비용량을 추정하기 위해서 수요율, 부등율, 부하율을 고려해서 최대수용 전력을 산출한다. 대도시의 일반건물의 수요율은 60~70% 정도로 하는 경우가 많다.

[1] 수용률

전등부하 및 동력부하의 설비용량에 수용률을 곱하여 개개의 최대수용전력을 구한다. 수용률은 수용장소에 설비된 전용량에 대하여 사용하고 있는 부하의 최대전력비율을 표시한 계수이다. 수변전설비의 용량결정이나 배전선, 실내배선을 실시할 경우, 설비되어 있는 부하로 설계하면 과다한 시설이 되므로 수용률을 적용하여 설비용량으로부터 사용 최대수용전력을 결정하는 것이다.

$$수용률 = \frac{최대수용전력(kW)}{부하설비의 정격 용량합계(kW)} \times 100(\%)$$

[2] 부등률

산출된 사용 최대수용전력으로부터 변압기의 뱅크부담을 고려하여, 뱅크마다의 최대수용전력에 부등률을 고려해 넣고 산출한다. 즉, 한계통내의 각개 단위부하의 최대수용전력이 생기는 시간이 다르므로 부등률을 적용하여 변압기용량을 적정용량으로 낮추는 효과를 가져온다. 즉 부등률이 클수록 설비의 용도가 큰 것을 나타내며 부하단에서 수전단 전원공급측으로 갈수록 부등률이 커지고 동력부하의 변압기간의 부등률이 다른 부하군의 부등률보다 크다.

$$부등률 = \frac{각부하의 최대수용전력의 합계(kW)}{합계부하의 최대수용전력(kW)} \times 100(\%)$$

[3] 부하율

부하율은 배전선단위, 변압기단위, 전주단위, 수용가단위 등 범위, 시기, 기간 등에 따라 그 값이 다르므로 목적에 따라서 필요한 값이 채택된다. 보통기간이 길어질수록 부하율의 값은 작아진다. 따라서 부하율의 값을 표시할 때에는 범위, 기간 등을 분명히 해놓아야 한다. 공급설비는 부하율이 높을수록 유효하게 사용된다.

$$부하율 = \frac{평균수용전력(kW)}{최대수용전력(kW)} \times 100(\%)$$

1-6 변전설비
[1] 변전설비의 필요성

건물에서 사용되는 조명, 동력, 전열 등의 부하설비에 전력을 공급하기 위해서는 각 설비에 적합한 전압으로 공급해야 한다. 직접 사용 전압으로 공급을 받으면 전선이 대단히 커지게 된다. 따라서 도심의 경우, 변전소에서 특별고압 또는 고압으로 수전하고 이것을 변압기에서 전압을 조정하여 건물내에 공급한다.

[2] 변전실의 구조
(1) 변전실의 위치 및 구조
- 부하의 중심에 가깝고 배전에 편리한 곳
- 기기의 반·출입과 전원인입이 편리한 곳
- 보일러실, 펌프실, 예비 발전실, 엘리베이터 기계실과 관련성을 고려할 것
- 습기가 적고 채광, 통풍(열)이 양호할 것
- 충분한 천장 높이가 필요하다. 고압은 보아래 3m 이상, 특별고압 20~30kV의 경우, 보아래 4.5m 이상
- 바닥하중은 변압기, 콘덴서 등의 중량물에 견디는 구조
- 바닥에는 케이블, 피트, 배관 등을 고려하여 콘크리트를 200~300mm로 친다.
- 격벽은 내화구조로, 출입구의 문은 방화문으로 한다.

(2) 변전실의 면적
변전실의 면적은 다음과 같이 산출한다.

$$필요바닥면적 = 3.3\sqrt{변압기용량(kVA)} \quad (m^2)$$

2. 예비전원 설비

전력은 일반적으로 전력회사로부터 배전받지만 송·배전이 정지되었을 때에도 중요한 부하설비만큼은 송전을 계속할 필요가 있다. 예비전원 설비로는 자가발전설비, 축전지설비 등이 있다.

2-1 예비전원설비가 필요한 장소
① 은행, 백화점, 사무소: 전산실, 손님대기실, 금고주변, 현금취급장소, 엘리베이터, 매장조명, 냉동설비
② 병원: 수술실 기기 및 조명, 병실, 복도, 주방
③ 극장: 복도, 객석, 스피커 회로
④ 공장: 정전에 의해 생산품의 푸질 또는 생산설비에 중대한 영향을 미치는 공장
⑤ 동력설비: 배수펌프, 소화펌프, 환기팬

2-2 자가발전 설비
예비전원 설비로서의 자가발전설비는 전력회사로부터 공급받는 상용전원의 정전 등 돌발사고 발생 시 자체적으로 전원을 확보하기 위한 설비를 말한다. 규모가 작은 경우에는 축전지설비로도 어느 정도의 시간을 지탱할 수 있으나 오랜 시간 또는 용량이 큰 건물의 경우에는 비상용 자가발전 설비가 필요하다. 일반적으로 자가발전 설비의 용량은 보통 수전 설비용량의 10~20% 정도로 한다.

자가발전 설비는 비상사태 발생 후 10초 이내에 기동하여 규정 전압을 유지하여 30분 이상 전력공급이 가능해야 한다. 자가발전 설비에 사용되는 내연기관은 시동이 빠르고, 동작이 확실하여 신뢰가 높다. 또한 자동화가 용이하며, 취급과 보수가 용이하고 효율이 좋다.

2-3 축전지 설비
축전지 설비는 축전지, 충전장치, 보안장치, 제어장치 등으로 구성된다. 축전지는 순수한 직류전원이며 경제적이고 보수가 용이한 특성을 가지고 있다. 축전지설비는 예비전원으로서 상용전원이 불시에 정전되었을 때 자가발전 설

비를 가동시켜 정격전압으로 확보될 때까지 예비전원으로 사용되는 경우가 많이 있다.

축전지 설비는 정전 후 30분 이상 방전이 가능해야 하며, 축전지의 용량은 다음과 같다.

$$축전지 용량 = 방전전류(A) \times 방전시간(h)$$

제3장 배전과 배선설비

1. 배전(配電)방식

전력을 수용지에서 분배하는 것을 배전이라 하며, 보내온 전력을 적당한 전압으로 승압 또는 강압시켜서 보내는 곳이 변전소이다. 중소건물은 저압, 대규모 건물은 고압 또는 특고압으로 전력을 인입하여 건물내에서 배전반, 간선, 분전반, 분기회로를 거쳐 배전한다.

1-1 간선(幹線)

건물 내의 전력계통 중 인입점, 발전기 또는 축전지 등의 전원에서 변압기 또는 배전반 사이를 접속하는 배전선로 또는 배전반에서 각 전등 분전반, 동력제어반에 이르는 배전선로를 간선이라고 한다. 1개의 간선에는 많은 분기회로가 포함되어 있으므로, 전력공급 범위면에서 보면 간선 쪽이 분기회로보다 훨씬 크다. 그러므로 간선설계는 높은 공급신뢰도를 갖도록 설계되어야 하며, 간선의 결정에는 다음의 것들이 고려되어야 한다.
① 전선의 허용전류
② 전선의 허용전압 강화

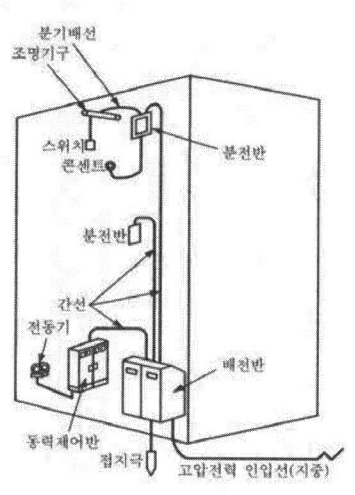

[그림 3-1] 옥내배선의 예

[1] 간선의 배전방식

① 평행식: 각 분전반 마다 단독으로 배선되어 있으므로 전압강화가 적고 사고 발생시 영향범위가 좁으나 설비비가 많이 소요된다. 대규모 건물에 적합하다.

② 나뭇가지식: 한 개의 간선이 분전반을 거쳐가며 공급하는 방식이다. 말단 분전반에서 전압강화가 커질 수 있으며, 중소규모에 이용된다. 이 방식은 전동기가 분산되어 있을 때 적합하다.

③ 병용식: 평행식과 나뭇가지식을 병용한 것으로 전압강화도 크지 않고 설비비도 줄일 수 있어 가장 많이 사용한다.

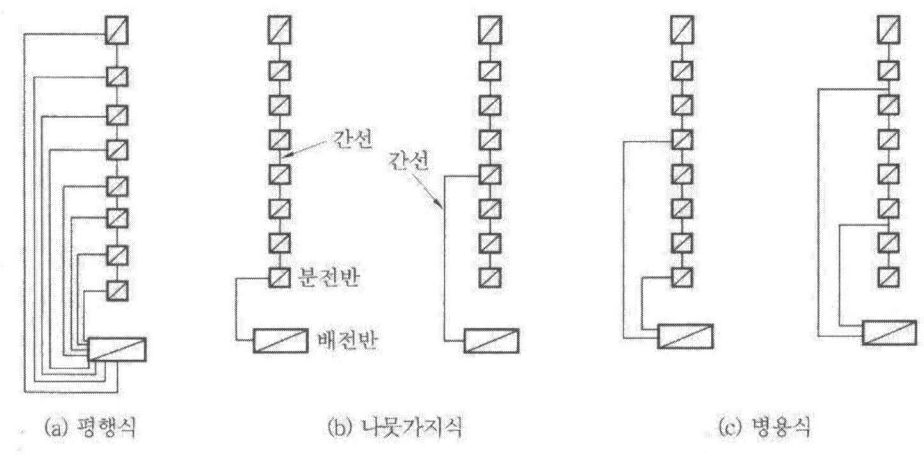

(a) 평행식   (b) 나뭇가지식   (c) 병용식

[그림 3-2] 간선의 배전방식

[2] 분전반 (分電盤 : pannel board)

분전반은 배전반으로부터 각 간선에서 소요의 부하에 따라 배선을 분기하는 개소에 설치하는 것으로 배전반의 일종이며, 여러 가지 형식이 있다. 분전반은 주개폐기, 분기회로용 분기개폐기나 자동차단기 등을 한 곳에 모아 설치한 것으로 강판제 캐비넷제가 많이 사용되며, 주개폐기나 각 분기회로용 개폐기는 나이프 스위치(knife switch)나 노퓨즈 브레이커(no fuse breaker)가 사용된다.

일반적으로 분전반 1개로 공급하는 범위는 1,000m^2 정도이고, 1개의 분전반에 넣을 수 있는 분기개폐기의 수는 예비회로를 포함하여 40회로이다. 일반적으로 1개 층에 분전반을 적어도 1개씩 설치하고, 가능한 분기회로의 길이가 30m 이하가 되도록 위치를 정하는 것이 바람직하다. 또한 분전반은 보수나 조작이 편리하도록 복도나 계단부근의 벽에 설치하는 것이 보통이다.

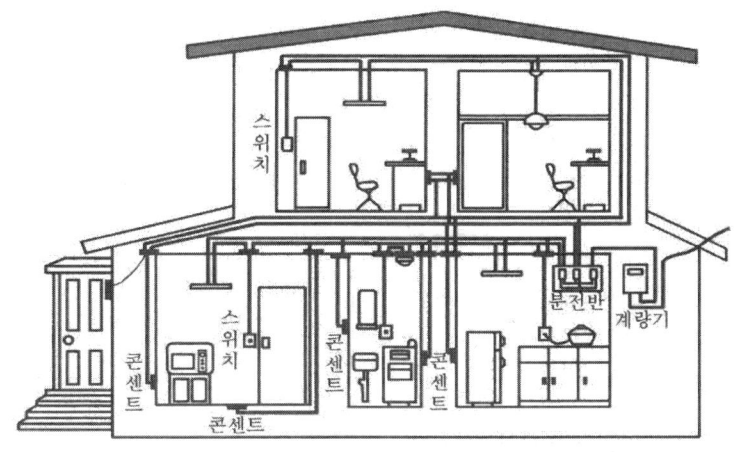

[그림 3-3] 주택 옥내배선의 예

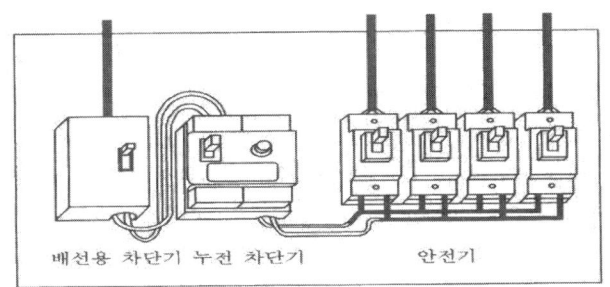

[그림 3-4] 주택의 분전반

[3] 분기회로 (branch circuit)

저압 옥내간선으로부터 분기하여, 분기 과전류 보호기를 거쳐 전등 또는 콘센트와 같은 전기 기기에 이르는 배선을 분기회로라 한다. 전기설비의 모든 기기들을 안전하게 사용하고, 또한 고장이 났을 경우 그 피해범위를 가능한 좁혀서 신속한 복귀를 위하여 모든 부하는 분기회로에서 사용되어야 한다.

2. 배선방식

전압의 구분은 저압고압, 특별고압의 3종류가 있으며, 교류와 직류에 따라서 그 범위가 다르다. 전기소비량이 적은 경우 대부분 저압이 공급되며 전압은 전등회로에는 100V, 동력회로에는 200V가 일반적이다. 대규모 건물이나 공장에서는 전기사용량이 많으므로 고압 또는 특별고압이 공급된다.

<표 3-1> 전압의 종류

전압의 종류	교류	직류
저 압	600V 이하	750V 이하
고 압	600V 초과 ~ 7,000V 이하	750V 초과 ~ 7,000V 이하
특별고압	7,000V 초과	

(1) 100V 단상 2선식

주로 일반 주택에서 이 방식을 간선으로 사용하고 있는 실정이다. 그러나 100V부하는 사무소, 빌딩, 병원, 호텔, 공장 등 모든 건물에서 사용하고 있으므로 100V 전원은 모든 건물에서 필요하다.

(2) 200/100V 단상 3선식

단상 2선식 100V의 간선은 대용량일 때는 전선크기가 커지므로 비경제적이다. 따라서 전류를 반감하기 위하여 회로전압을 200V로 하고 한편으로는 100V의 전원을 얻을 수 있는 방식이다. 주로 백화점, 학교, 빌딩, 공장 등에서 사용한다.

(3) 200V 3상 3선식

일반 빌딩이나 공장에 시설되는 기계의 전동기는 대부분 3상 200V 정격으로 되어 있다. 따라서 동력전원으로 많이 사용되고 있다.

(4) 208/120V 3상 4선식

이 방식은 208/1230V, 460/265V, 220/380V의 3종이 있으며, 3상동력과 단상 전등부하에 전력을 공급할 수 있다. 220/380V의 경우 전등전압에는

220V, 동력용 전압에는 380V를 사용하며, 우리나라의 승압계획에 따라 점차적으로 이 방식이 사용되어 가고 있다.

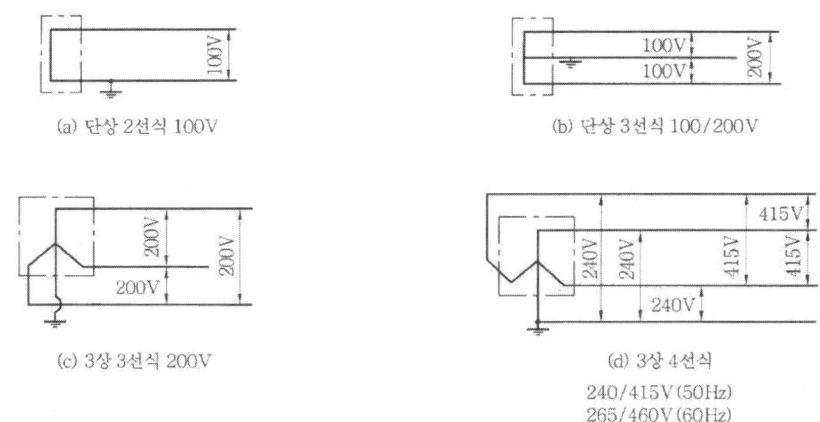

[그림 3-5] 전기방식

3. 배선설계

3-1 전등배선

(1) 분기회로

　분기회로는 간선으로부터 분기하여 분기 과전류 보호기를 거쳐 전등 또는 콘센트와 같은 부하에 이르는 배선을 말하는 것으로, 분기회로마다 자동 차단기를 설치하면 사고가 발생했을 때 그 회로만을 차단할 수 있으므로 다른 회로에 영향을 주지 않아 수리가 용이하다. 분기회로용 차단기로서 노퓨즈 브레이커가 많이 사용된다.

(2) 간선

　간선에 있어서 중요한 것은 전선의 허용전류와 전선의 허용전압강하이며, 특히 앞으로 증설 및 변경을 고려하여 여유를 두어야 한다.

3-2 동력배선

　전동기용량에 따라 전기방식을 결정하고 분기회로에 대한 조건을 결정한다. 분기회로는 전기관계법에 의해 시설해야 하며, 전동기에 대한 분기회로 배선은 원칙적으로 1대에 1회선으로 한다. 그러나 분기회로 배선에 시설하는 자동 차단기의 정격 차단기의 정격 전류가 15A 이하일 때는 전동기 대수에 제한이 없다.

4. 배선공사

전기설비 기준에 의하면 옥내 배선공사의 종류는 12종류로 규정하고 있으며 시설장소 및 사용전압에 따라 채용될 수 있는 방법이 제한되어 있다.

(1) 애자 사용공사

절연전선을 애자로 지지하여 천장표면, 벽면, 천장이 없는 보 위 등 사람의 눈에 보이는 장소에 실시하는 노출공사와 절연전선을 놉애자 또는 판애자 및 애관을 써서 다락 속, 천장내부 등의 은폐된 곳에 실시하는 공사이다.

(2) 목재 모올드 공사

목재에 홈을 파서 홈에 절연전선을 넣고 뚜껑을 덮어 실시하는 공사이다.

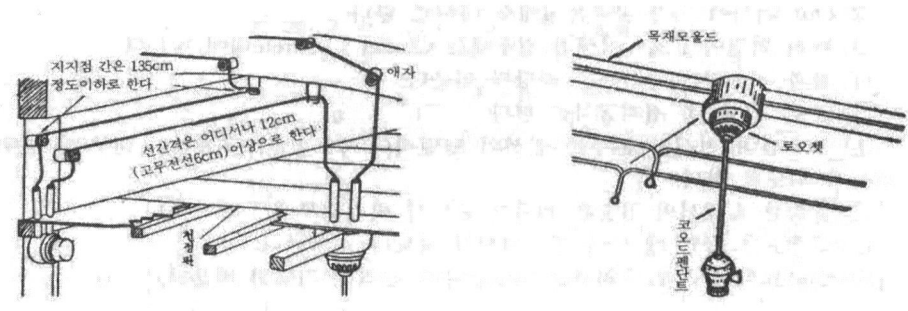

[그림 3-6] 애자사용 은폐배선(300V 이하)　　　[그림 3-7] 목재 모올드 공사

(3) 경질 비닐관 공사

무거운 압력이나 충격 등을 받을 염려가 없는 장소에 실시하는 공사법이다. 내식성이 좋으므로 부식성 가스, 또는 용액을 발산하는 화학공장의 배선에 적합하다. 온도변화에 따라 신축성이 심한 것이 결점이다. 그러므로 비닐관의 접속 등에 특히 유의하여야 한다.

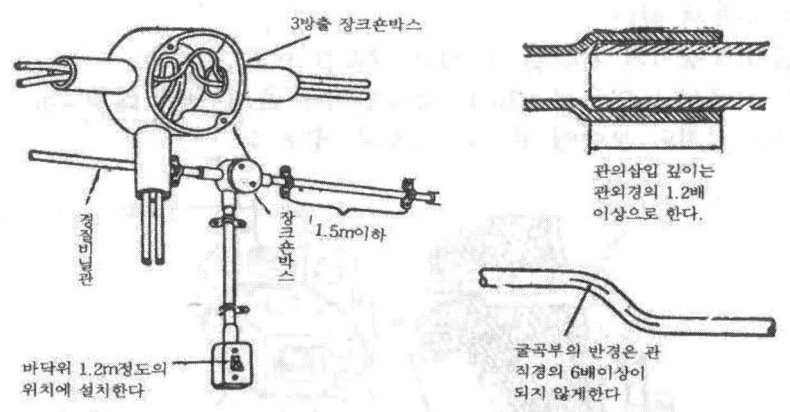

[그림 3-8] 경질 비닐관 공사

(4) 금속관 공사

이 공사는 건물의 종류와 장소에 구애됨이 없이 시공이 가능한 공사방법이다. 철근콘크리트 건물의 매입배선 등에 사용되며, 화재에 대한 위험성이 적고, 전선에 이상이 생겼을 때 교체가 용이하며 전선의 기계적 손상에 대해 안전하다.

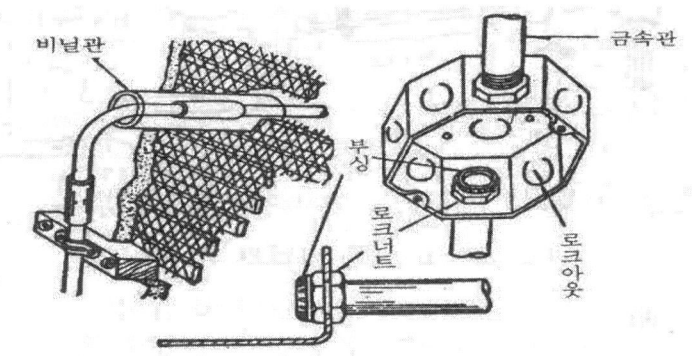

[그림 3-9] 금속관 공사

(5) 금속 모올드 공사

전선을 금속 모올드(두께 0.5mm 이상)속에 넣고 시설하는 공사법으로, 주로 콘크리트 건물에 사용한다.

(6) 가요(可撓)전선관 공사

가요 전선관(flexible conduit)공사는 굴곡 장소가 많아서 금속관 공사가 하기 힘든 곳에 적합하며 옥내배선과 전동기를 연결하는 경우, 또는 엘리베이터의 배선, 증설공사, 기차나 전차내의 배선등에 적합하다.

(7) 금속덕트 공사

전선을 금속 덕트 속에 수납하여 시설하는 것으로, 큰 공장이나 빌딩 등에서 증설공사를 할 경우 전기배선 변경이 용이하므로 많이 이용된다.

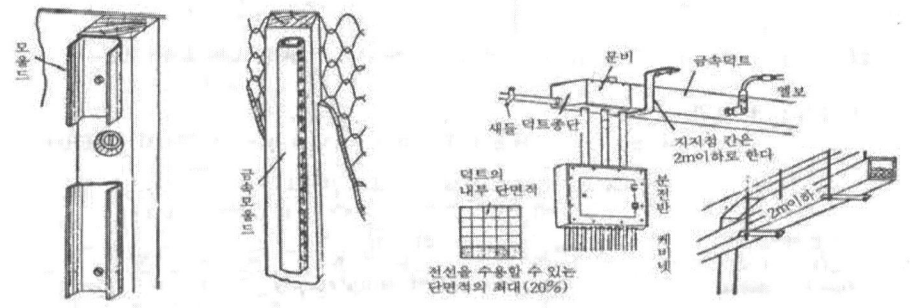

[그림 3-10] 금속 모올드 공사 (300V 이하)   [그림 3-11] 금속덕트 공사

(8) 버스덕트 공사

이 공사는 공장, 빌딩 등의 비교적 큰 전류의 통하는 간선을 시설하는 경우에 많이 채용된다. 버스덕트의 종류에는 다음과 같은 여러 가지가 있다.

① 피더버스 덕트(feeder bus way) : 옥내의 변압기와 배전반간, 배전반과 분전반 등의 간선에 있어서 접속이 없는 전로에 사용한다.
② 플러그인 버스 덕트(plug-in bus way) : 분전반이나 기계 등으로 전기를 분기·공급하는 데 편리하다.
③ 트롤리 버스 덕트(trolly bus way) : 장거리 대전류가 흐르는 간선에 임피던스의 평균화를 기하기 위해 사용한다.

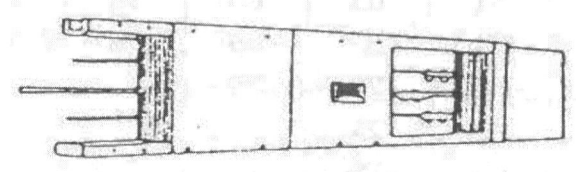

[그림 3-12] 버스 덕트 공사

(9) 플로어 덕트공사

플로어 덕트공사는 은행, 회사 등의 사무실에 전기스탠드, 선풍기, 전화선 등을 콘크리트바닥에 매입하고 여기에 바닥면과 일정한 플로어 콘센터를 설치하여 이용토록 한 것이다.

(10) 케이블공사

이 공사는 어떠한 장소에도 시설할 수 있는 배선으로 외상을 받을 염려가 있는 경우에 금속관으로 보호한다.

5. 배선재료

5-1 전선의 허용전류

절연전선 또는 코드의 종별, 굵기 및 공사방법에 따라 일정하지는 않으나 전류가 절연물을 손상시키지 않고 안정하게 흐를 수 있는 최대 전류값을 허용전류라고 한다. 전선에 흐르는 전류는 어느 한도를 넘으면 열로 인하여 절연물이 손상되며, 때로는 화재의 원인이 되기도 한다.

5-2 전압강화

부하에 걸리는 전압은 전원보다 항상 낮으며, 이것은 전류가 배선을 통과하는 사이에 저항에 의하여 전압이 떨어지기 때문이다. 이것을 전압강화라고 한다. 공급전압이 정격전압에 대하여 1%감소하면 백열전구의 광속은 3% 감소하고, 형광등은 1~2% 감소하며, 유도 전동기 토크는 2% 감소되고, 전열기는 발생열량이 2% 감소한다. 따라서 옥내배선의 전압강화는 될 수 있는 대로 적게 하는 것이 좋지만, 경제성을 고려하여 보통은 인입선, 간선에서 1%, 분기회로에서 2% 이내로 하고 있다.

5-3 배선재료

옥내배선에 사용되는 절연 전선에는 면절연 전선, 고무절연 전선, 비닐절연 전선 등이 있으며, 보통 사용하는 절연전선은 600V고무절연전선, 600V 비닐절연전선, 옥외용 비닐 절연전선, 인입용 비닐 절연전선 등이다. 코드에는 옥내코드, 기구용 비닐코드, 캡타이어 케이블, 전열용 코드 등이 있으며, 구조에 따라 분류하면 단심코드, 2개 꼬임코드, 비닐코드 등이 있다.

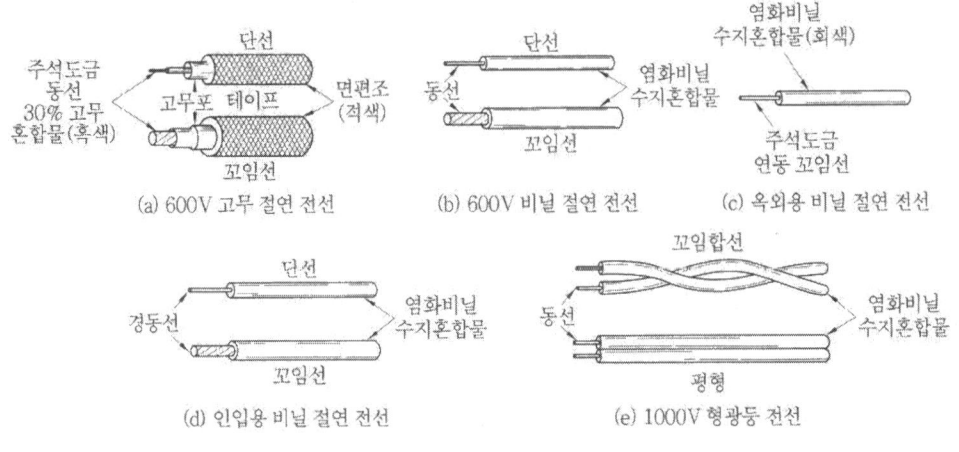

[그림 3-13] 절연전선

5-4 전선의 굵기 선정

옥내배선의 전선 굵기는 기계적 강도, 허용전류 및 전압강하를 만족시키는 것이어야 한다. 기계적 강도는 전기 공작물 규정에 의한 굵기 이상을 사용하면 되고, 전압강화에 따르는 전선의 굵기는 이것의 허용전류를 검토하여 선정한다.

6. 배선기구

배선기구란 개폐기를 비롯하여 과전류 보호기, 접속기 등을 말하며 이들의 종류는 다음과 같다.

6-1 개폐기

옥내배선에 있어서 전로를 조작하거나 보수하기에 편리할 목적으로 각종 개폐기를 시설한다. 개폐기의 종류와 특징은 다음과 같다.

(1) 나이프 스위치 (knife switch)

대리석 또는 도기로 된 절연대위에 칼받이와 칼을 결합해서 칼의 한쪽 끝을 절연대에 고정하고 다른 한쪽 끝에는 방수도료를 칠한 절연성 손잡이를 부착한 것이다. 특히 커버가 없는 나이프 스위치는 충전부가 노출되어 있으므로 감전의 우려가 있다.

(2) 컷아웃 스위치 (cut-out switch)

스위치와 보안장치를 겸비한 소용량의 보안 개폐기이며, 안전기 또는 두꺼비집, 베이비 스위치라고도 한다.

6-2 점멸기

점멸기도 개폐기와 마찬가지로 단극·2극, 3로·4로 등 다극 및 다접점형이 있으며, 기구별로 분류하면 로터리형, 텀블러형, 풀형, 레버형 등이 있다.

(1) 로터리 스위치 (rotary switch)

이 점멸기는 노출형뿐이며 손잡이를 시계방향으로 회전시켜 점멸하는 것이다.

(2) 텀블러 스위치 (tumbler switch)

노출형과 매입형이 있으며 손잡이를 상하 또는 좌우로 젖혀서 점멸시키는 것이다.

(3) 푸시버튼 스위치 (push-button switch)

두 개의 버튼 중에서 하나를 누르면 켜지고 다른 하나를 누르면 소등되는 것으로 이것은 매입형 뿐이다.

(4) 풀 스위치 (pull switch)

천장 또는 높은 곳에 설치해서 내려뜨려진 끈을 잡아당겨 점멸하는 것으로 복도와 화장실의 점등 점멸에 많이 사용되며 일명 실링 스위치라고도 한다.

(5) 코드 스위치 (cord switch)

코드 중간에 접속해서 점멸하는 것이며 가정용의 소형전기 기구와 형광등에 사용되고 있다.

(6) 캐노피 스위치 (canopy switch)
전등기구의 플랜지 내부에 끈을 설치해서 끈으로 점멸시키는 스위치를 말한다.

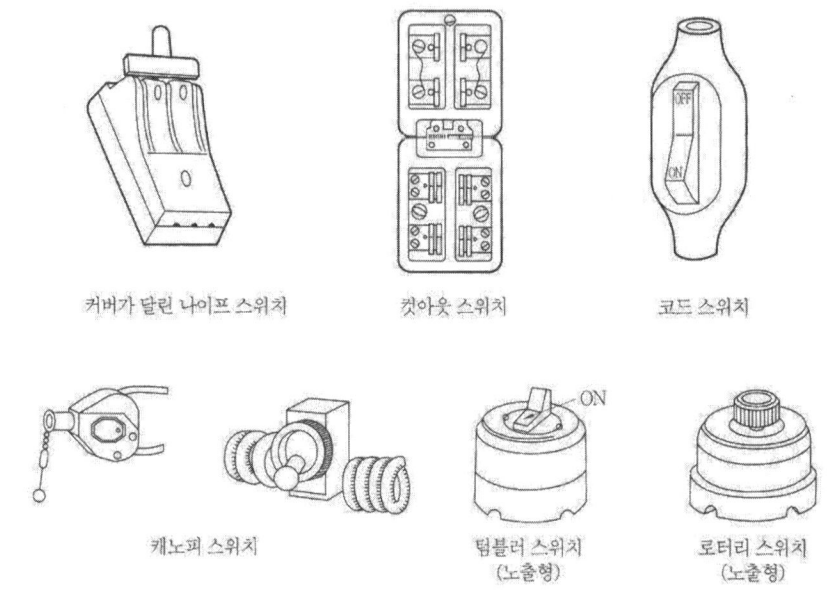

[그림 3-14] 스위치의 종류

6-3 과전류 보호기

과전류가 흐르면 자동적으로 전로를 차단하는 것으로 퓨즈 브레이커(fuse breaker), 열동계전기 등이 있다. 특히 서킷 브레이크는 과전류가 흐를 때 자동적으로 회로를 끊어서 보호하는 것으로, 퓨즈와는 달리 그 자체에 아무런 손상을 입지 않고 다시 쓸 수 있으므로 노퓨즈 브레이커(no fuse breaker)라고도 한다.

6-4 접속기

접속기에는 옥내배선과 코드접속에 사용하는 로제트(rosette)류나, 코드와 전구와의 접속에 사용하는 소켓, 옥내배선과 전기기와의 접속에 사용하는 콘센트, 플러그 등이 있다.

(1) 로제트(rosette)

　천장에서 코드를 달아내리기 위해 사용되는 것을 말한다.

(2) 코드 커넥터(cord connector)

　코드와 코드의 접속 또는 사용기구의 이동접속에 사용되는 것으로 삽입플러그와 코드커넥터 몸체로 구성되어 있다.

(3) 소켓 (socket)

　나사식이 대부분이며 전구를 틀어넣어 코드와 접속한다. 외부는 에보나이트 또는 자기로 되어 있으며 황동제일 때는 절연재료로서 운모 등이 사용된다.

(4) 분기소켓

　전등 이외에 라디오나 그 밖에 소형전기기구를 사용할 경우 기존소켓과 전구사이에 끼어넣어 사용하는 것을 말한다.

(5) 리셉터클 (receptacle)

　보통 노출형이며 베이스는 나사식이 일반적이다. 도기체 또는 베이클라이트제로서 조영재에 직접 고정시켜서 사용하는 전구용 수구이다.

(6) 콘센트

　노출형과 매입형이 있으며 노출형은 조영재 표면에 돌출시켜 부착하며, 매입형은 벽 속에 박스를 매입해서 그 속에 장착하여 사용한다.

(7) 테이블 탭

　동시에 많은 소용량 전기기구를 사용할 경우에 사용하는 것으로 기존 콘센트나 소켓으로부터 연장시켜서 임의의 장소에 연장하여 사용한다.

에듀컨텐츠 휴피아
CH Educontents Huepia

제4장 전력부하설비

1. 조명설비

일반적으로 건축의 전기설비 중에서 조명에 요하는 소비전력은 총 소비전력의 약 20~30%에 달하고 있으며, 어느 건물에서나 필요로 하는 설비이다. 조명설비는 명시조건을 만족시켜야 함은 물론 건물내 각 작업장의 환경과 조화를 이루고, 한편으로는 경제적이며 취급하기 쉽고 안전하여야 한다.

1-1 조명용어

(1) 광속(光束)

빛은 전자파의 일종이며, 광원이 어느 면을 단위시간 내에 통과하는 비율을 광속이라 하며, 단위는 루우멘(lumen, lm)이다.

(2) 광도(光度)

어느 면에의 발산광속의 입체각 밀도를 광도라고 하며, 단위는 칸델라(candela, cd)이다.

(3) 조도(照度)

어느 면에 투사되는 입사광속의 면적당 밀도를 조도라고 하며, 조도의 단위는 룩스(lux, lx)이다.

<표 4-1> 여러 상황에 따른 조도

장 소	조 도(lx)	장 소	조 도(lx)
직사일광의 지면상(여름)	100,000	맑은 날의 북쪽창가	2,000
약간 흐린날 지면상	30,000~50,000	밝은 방(맑은 날)	200~500
몹시 흐린날 지면상	10,000~20,000	독서에 적당한 밝음	200~500
청공광 지면상	10,000	1cd 점광원으로부터 1m	1.0
만월의 지면상	0.2	1cd 점광원으로부터 1km	10^{-6}

(4) 휘도(輝度)

발광면의 휘도는 그 면의 그 방향의 광도를 광원의 정사영 면적으로 나눈 것을 말하며, 단위는 니트(nit, nt) 및 스틸브(stilb, sb)를 사용하며, 1 [nt] = 1 [cd/m²] 이고, 1 [sb] = 1 [cd/cm²] 이다.

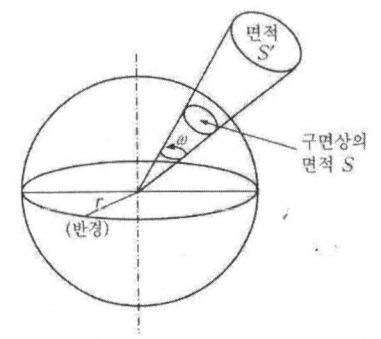

[그림 4-1] 단위 입사각 W의 의미

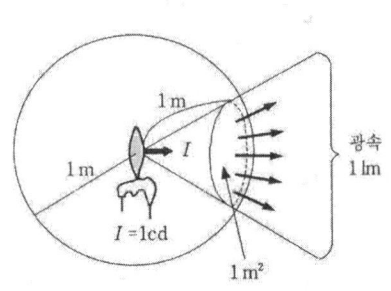

[그림 4-2] 광도의 정의

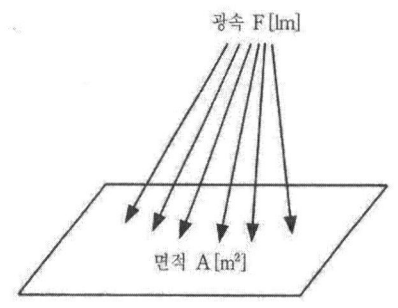

[그림 4-3] 조도의 정의

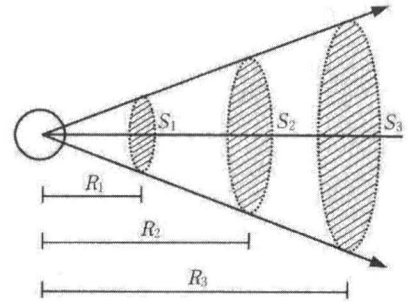

[그림 4-4] 거리에 따른 조도의 변화

1-2 조명방식

조명방식은 다음과 같이 여러 방식이 있다.

(1) 직접조명

조명 방식 중 가장 간단하고 적은 전력으로 높은 조도를 얻을 수 있으나, 강한 음영이 생기므로 눈이 쉽게 피로해 진다.

(2) 간접조명

조명능률은 떨어지나 균일한 조도를 얻어 안정된 분위기를 창출한다.

(3) 반간접 조명
간접조명에다 직접조명의 장점을 채택한 방식이다.

(4) 전반 조명
사무실과 공장 등에 많이 채용되는 방식으로 작업면 전체에 균일 조도를 얻을 수 있다.

(5) 국부 조명
특정 작업면에 높은 조도를 필요로 할 때 채용되는 방식으로 밝고 어둠의 차이가 크기 때문에 눈이 쉽게 피로해지는 결점이 있다.

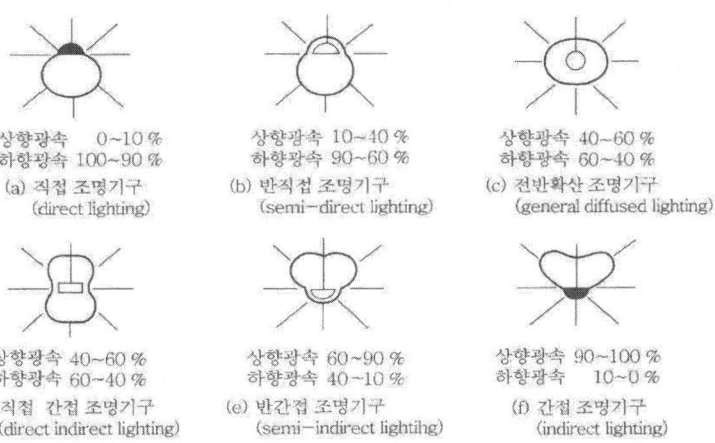

[그림 4-5] 조명기구의 배광분류

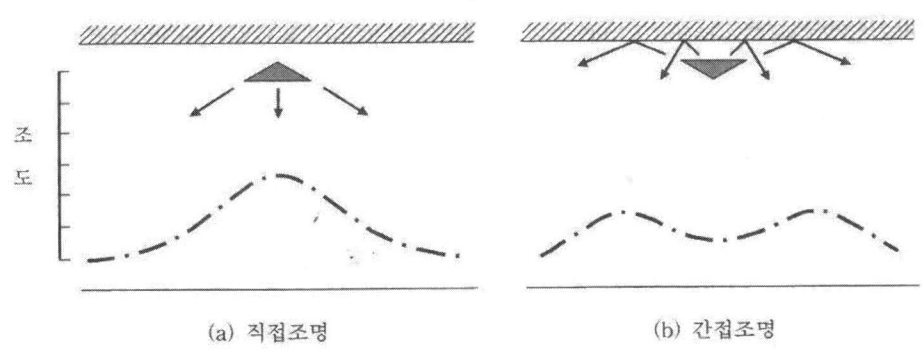

[그림 4-6] 직접 조명과 간접 조명의 차이

1-3 좋은 조명의 조건

(1) 조도
조명의 목적에 적합하도록 충분한 조도를 갖도록 해야 하는데 조도는 생리적 및 심리적 여건에 알맞고 경제적인 설계에 의한 것이어야 한다.
① 일시적 작업 : 150lx 내외
② 보통작업, 사무실 : 750lx 내외
③ 정밀한 시작업 : 7500lx 내외

(2) 광속의 발산도 분포
균등한 밝음이 눈에 잘 나타나는 현상으로 시야내에 광속 발산 부포가 고르지 않으면 보임이 나빠지고 불쾌감을 받거나 피로의 축척이 심하게 된다.

(3) 눈부심
광원이 직접 보이거나 정반사에 의해 눈에 직접 들어오지 않도록 시선의 30°범위 내의 glare zone에는 광원을 배치하지 않는 것이 좋다.

(4) 그늘
명암의 대비는 2:1~6:1 정도가 좋으며 3:1 정도가 가장 입체적으로 보인다. 그늘이 없을때의 조도에 대해서는 명암이 10%이내이어야 한다.

(5) 연색성
물체의 색은 광원의 종류에 따라 달라 보인다. 색 연출성

(6) 심리적 효과
조명방식에 따라 실내분위기가 달라지므로 광원과 조명방식을 잘 선택하여 작업자의 심리적 효과를 증진시킬 필요가 있다.

(7) 경제성
조명기구는 효율이 높고 보수, 관리가 용이하며 경제적인 것을 선택하도록 한다.

1-4 광원의 종류 및 특성

(1) 백열전구

진공의 유리구 내에 필라멘트를 봉입하여 전류를 통하면 고온방사에 의하여 발광한다. 용량이 30W 이하는 진공전구이고, 30W이상에서는 텅스텐 필라멘트의 증발을 억제하기 위해서 아르곤과 질소가스를 혼합한 가스입 전구로 한다. 백열전구의 특징은 아래와 같다.

① 휘도가 높고 연색성이 좋다.
② 조명효율은 100W기준 시 15lm/W이며, 수명은 1,000시간 정도이다.
③ 점멸소광이 용이하다.
④ 백열등의 광색은 온도가 높을수록 주광색에 가까우며 텅스텐의 용융점은 3,000℃정도로서 붉은 느낌을 많이 준다.
⑤ 실온상승의 원인과 전원전압의 변화에 따른 영향을 받기 쉽다.

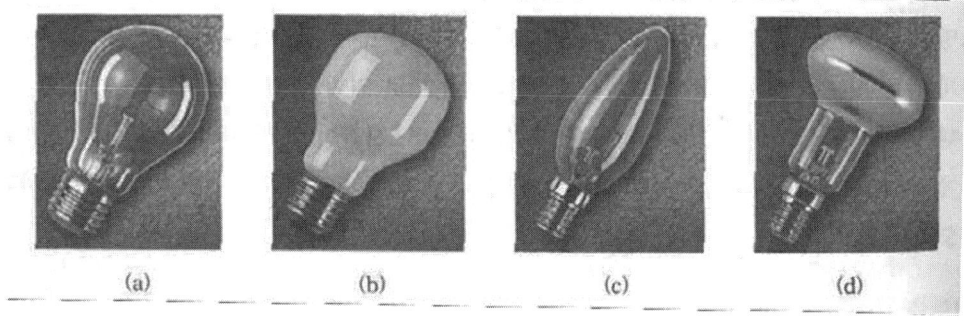

[그림 4-7] 백열전구의 종류

(2) 형광등

방전관내에 수은 및 아르곤 가스를 봉입하고 관의 내면에 형광물질을 균일하게 도포하여 전극을 방전시킬 때 형광 빛을 발산한다. 형광등의 종류는 예열 시동형, 순간 시동형, 속시 시동형이 있으며, 특징은 아래와 같다.

① 휘도가 낮고 효율이 매우 높다.
② 임의의 광색을 얻을 수 있다.
③ 수명이 약 7,000시간으로 길다.
④ 용량은 20W, 40W가 주종이며 용도는 전반조명, 국부조명, 간접조명등의 용도로 사무실 및 공장등에 적용된다.

(3) 수은등

유리관 내에 봉입된 수은증기 중의 방전을 이용한 곳으로 수은 증기압에 따라 다음과 같이 나누어 진다. 저압 수은등은 살균용, 고압 수은등은 도로·공원·광장·큰 공장의 조명용, 초고압 수은등은 영화촬영이나 영사등의 광원에 사용된다. 특징은 아래와 같다.

① 점등시간은 8분정도로 길다.
② 수명은 6,000~12,000시간 정도이다.
③ 용도로는 층고가 높은 장소, 투광 조명, 가로등과 대광속이 필요한 곳에 사용된다.

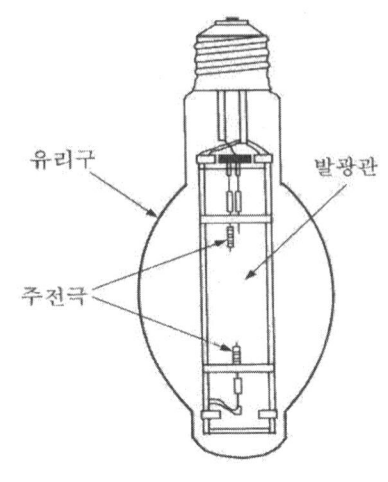

[그림 4-8] 수은등의 구조

(4) 매탈 헬라이드 램프 (metal halide lamp)

고압 수은램프의 연색성 및 효율을 개선하기 위하여 고압수은램프에 금속 또는 금속할로겐 화합물을 혼입한 것이다. 특징은 아래와 같다.

① 수은등과 비슷한 원리로 조명효율이 70~80lm/W)로 높고 좋다.
② 색상은 자연색과 유사하며 연색성이 수은등에 비해 좋다.
③ 용도로는 수은등의 용도와 같으며 최근에 많이 사용되고 있다.

(5) 나트륨 램프

저압 나트륨등과 고압 나트륨등 2종류가 있으며, 주로 고압 나트륨등을 사용한다. 특징은 아래와 같다.

① 나트륨 증기를 통해 방전시키면 강력한 황등색이 방산하는 단일광으로 명시효과가 좋다.
② 용도는 터널, 가로등, 정원 및 주위 표시등에 사용된다.

1-5 건축화 조명

조명기구로서 형태를 취하지 않고 건물 중에 일체로 하여 조합시키는 형식으로서, 특별한 조명기구를 사용하지 않고 천장, 벽, 기둥 등의 건축부분에 광원을 만들어 실내계획을 하는 조명방식을 말한다.

(1) 종류
① 다운 라이트(down light) : 천장에 작은 구멍을 뚫어 그 속에 기구를 매입하는 것이다.
② 광창조명 : 넓은 4각형의 면적을 가진 광원을 천장또는 벽에 매입하는 것이다.
③ 코브 라이트(cove light) : 벽의 구조로 조명기구를 이용하는 방식이다.
④ 벽면조명 : 코니스 라이트(cornice light)와 밸런스 라이트 등의 방식이다.

(2) 특징
① 장점
  ○ 발광면이 적고 눈부심감이 적다. 명랑한 느낌을 준다.
  ○ 조명기구가 보이지 않아 현대적인 감각을 준다.
② 단점
  ○ 구조상으로 비용이 많이 든다.

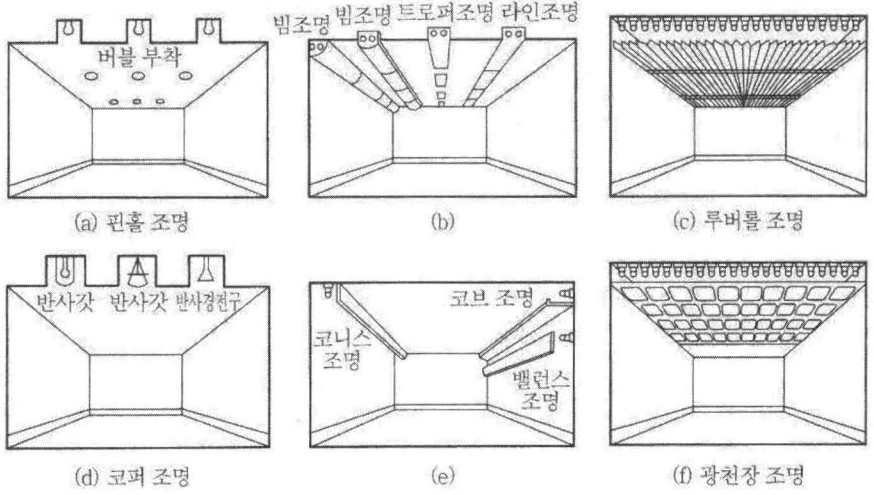

[그림 4-9] 건축화 조명의 종류

1-6 조명설계
다음과 같은 순서에 의해 설계한다.
① 소요 조도를 설정한다.
② 광원을 선택한다.
③ 조명방식을 결정한다.
④ 조명기구를 선정한다.
⑤ 조명기구의 배치를 결정한다.
⑥ 조명계산
⑦ 광원의 수 및 광원의 크기결정
⑧ 조도분포와 휘도 등을 재검토한다.
⑨ 점멸방법, 스위치 콘센트 등의 배치를 정한다.
⑩ 건축평면도에 배선 설계를 한다.

2. 콘센트 설비

건물내에서 콘센트의 역할은 크며, 콘센트의 소요개수는 방의 용도, 규모 등에 따라 달라진다. 콘센트의 용도는 다양하기 때문에 많을수록 편리하지만 설치비, 보수비가 많이 든다. 즉, 일반 사무실의 경우에 콘센트의 이용률은 20% 정도에 지나지 않는다. 콘센트의 설치위치는 우선 사용자의 의견을 반영하여 적정한 위치와 개수를 결정하는 것이 좋다.

콘센트시설에 유의할 사항은 다음과 같다.
① 콘센트의 설치높이는 바닥 위 0.3m 전후로 한다.
② 콘센트의 위치는 입구의 문, 가구, 계기 등의 후면에 오지 않도록 한다.
③ 콘센트는 1구용·2구용·3구용이 있고, 또한 방수형, 접지단자가 있는 것도 있다. 용량도 10A, 15A, 20A 이상 등 여러 종류가 있으며, 사용목적에 적합하도록 선정해야 한다.
④ 동일한 구내일지라도 전기방식이 다른 분기회로에는 콘센트 용도를 달리 하는 플러그를 설치하여 전기사고가 나지 않도록 한다.
⑤ 엘리베이터 홀, 복도 등은 청소기용으로서 콘센트를 10~15m당 1개를 설치한다.

⑥ 기둥에 콘센트를 설치할 경우 칸막이를 할 때 지장이 없도록 위치를 선정한다.
⑦ 일반사무실의 경우, 사무용 기기를 사용할 때 편리하도록 플로어 콘센트를 6×6m당 4개 이상 설치하는 것이 바람직하다. 그리고 콘센트를 벽면에 설치할 경우는 6×6m당 2~4개 정도 설치하는 것이 좋다.
⑧ 주택의 주방에는 사용 전기기구를 고려하여 정하되, 적어도 벽면에 2구용 콘센트 1개 이상 설치하도록 하며, 전열기용으로 20A 콘센트를 설치한다.

3. 동력설비

동력설비라 함은 빌딩, 공장 등의 건물에 설비되는 공조, 급배수, 환기, 엘리베이터와 공장기기 등에 필요한 동력과 이에 수반되는 배선, 감시, 제어설비 등을 총칭한다.

3-1 전동기(電動機 : motor)

전동기는 대규모 건물에 설비되는 공조시설, 급배수, 엘리베이터, 에스컬레이터 등을 운행하는데 필요한 기계이다. 전동기는 부하용량이 가장 큰 설비로서 전 부하용량의 55~70%정도를 차지한다. 그 중에서도 공기조화설비가 가장 큰 비중을 차지하고 있다. 전동기는 <표 5-2>와 같이 분류한다.

<표 4-2> 전동기의 분류

교류용 전동기	3상 교류용 전동기	보통 농형 유도전동기 동기 전동기 권선형 전동기
	단상 교류용 전동기	분상 기동 유도전동기 반발 기동 유도전동기 콘덴서 분상 전동기
직류용 전동기	복권·분권·직권 전동기	

[1] 직류용 전동기
속도조절이 간단하고 시동토크가 크므로 고도의 속도제어가 요구되는 장소나 큰 시동토크를 필요로 하는 엘리베이터, 전차 등에 사용한다. 교류를 직류로 바꾸는 장치가 필요하며, 가격이 비싼 것이 단점이다.

[2] 교류용 전동기
펌프, 압축기, 송풍기 및 선풍기를 위한 편리한 동력원이다. 손쉽게 설치·운전이 가능하며, 교류는 어디서나 손쉽게 구할 수 있어서 편리하다. 구조가 간단하고 견고하며, 가격이 저렴하다. 교류전동기는 유도(誘導)전동기, 동기(同期)전동기, 정류자(整流子) 전동기가 있으며, 유도전동기는 3상 전동기와 단상 전동기로 구분된다.

(1) 3상 유도 전동기
3상 유도전동기의 특징은 다음과 같다.
① 구조가 견고하고 운전이 간단하다. 산업용 전동기의 90% 이상을 차지하고 있다.
② 구동되는 기계장치의 요구에 맞추어 광범위한 마력(馬力)을 얻을 수 있다.
③ 연속 운전하여도 과열되지 않는다.
④ 부하의 변동에도 일정한 속도를 유지한다.
⑤ 부하가 걸린 상태에서도 안전하게 기동된다.

1️⃣ 농형 유도전동기
장기간 일정속도로 운전이 가능하고, 구조가 견고하고 부하의 변동에도 불구하고 일정한 속도를 유지한다.

2️⃣ 권선형 유도전동기
덜 견고하고 값이 비싸고 농형보다는 무겁다.

3️⃣ 동기 유도전동기
절대적으로 일정속도가 요구되는 곳이나 저속 또는 높은 마력의 전동기가 요구되는 곳에 사용한다.

(2) 단상 유도 전동기

① 분상 전동기 (Split-Phase Moter)
　구조가 간단하고 1/8~3/4마력의 크기의 것이 있다. 주로 냉장고, 세탁기, 펌프, 통풍기, 연마기, 사무실용 기구 및 소형공구에 사용한다.

② 축전기-가동식 전동기 (Capacitor-Start Moter)
　장시간 소음없이 운전되며 저마력에서도 신속히 가동해야 하는 장비계통에 적합하다. 주로 냉동기 계통이나 작은 압축기 같은 장비의 운전용으로 사용된다.

③ 반발형 전동기 (Repulsion-Type Moter)
　반발에 의하여 가동되고 유도에 의하여 운전된다. 회전자의 회전방향은 쉽게 역회전된다.

④ 영극 전동기 (Shaded-pole Moter)
　아주 작은 규모로 제작되며 통상 1/20마력 이하이며, 모든 교류 전동기 중에서 가장 간단하며, 효율도 가장 낮다. 전동기의 속도는 부하가 변동하여도 거의 일정한 것이 특징이다.

3-2 동력설비의 감시·제어

　최근 들어 건물의 고층화와 설비내용의 충실에 의해 신뢰도의 향상 및 집중제어가 요구되며, 동력설비의 자동화됨에 따라 여러 대의 전동기 등에 대한 감시제어 기구를 1개의 반에 모은 감시·제어반이 널리 사용되고 있다.

[1] 동력 제어반

　동력 제어반은 전동기를 운전, 정지시키기 위한 기기류를 수납한 철판제의 함이며, 전동기 한 대 분만큼의 기기류를 수납한 단독의 것에서 수십 대 분을 수납한 집합형의 것까지 여러 가지가 있다. 동력 제어반의 설치장소는 일상 점검하는 것이므로 공조 기계실이나 펌프실의 입구부근으로 하고 조명도 고려해야 한다.

[2] 동력 감시반

대규모 동력설비에서는 멀리 떨어져 있는 감시실과 같은 곳에서 건물전체의 동력시설을 하나의 반으로 감시·제어하는 시스템을 동력 감시반이라고 한다. 동력 감시반은 각 전동기의 운전상태나 각종 수조의 수위를 감시하고, 전동기의 고장이나 수조의 수위이상이 생긴 경우 즉시 바 표면에 장치되어 있는 표시창의 점등, 벨 또는 부저에 의해 경보음을 발생하도록 되어있다.

제5장 정보설비

1. 전화설비

1-1 구내교환기

보통은 전화설비에 포함시키지 않고 따로 전화교환설비라고도 한다. 이 설비는 관공서, 회사, 공장 및 은행 등의 외부와 내부 및 상호간에 연락을 하기 위한 설비를 말한다. 전화 교환기를 교환방식에 따라 분류하면 수동식과 자동식으로 분류할 수 있다.

[1] 수동식 구내전화

자석식과 공전식 두 종류가 있으며, 사람이 직접 손으로 접속하는 방식이다. 자석식의 경우에는 취급국이 자동식일 경우에는 설치할 수 없다. 공전식은 50회선 이하의 적은 용량인 경우에 사용되어 온 방식으로 설비가 간단하기 때문에 설치비용이 적게 들며, 보수 및 운용이 간편한 것이 특징으로 발신자의 수고를 덜 수 있다는 장점도 있다. 중계대는 탁상형과 거치형이 있으며, 탁상형의 경우에는 전용교환실을 필요로 하지 않는다. 그리고 교환취급자는 유자격자가 아니더라도 가능하다.

[2] 자동식 구내전화

자동식은 스텝 바이 스텝(step by step)식, 크로스바 (cross bar)식이 있다. 내선 상호간의 통화 및 국선 발신통화를 내선 사용자가 자동적으로 할 수 있는 관계로 교환 취급자수를 줄일 수 있어 인건비를 절약할 수 있다.

2. 인터폰 설비

구내 또는 옥내전용의 통화연락을 목적으로 설치하는 것으로 현관과 거실, 주방을 연결하는 도어폰(door phon)을 비롯하여 업무용, 공장용, 엘리베이터용 등에 널리 사용되고 있다.

(1) 작동원리에 따른 분류
프레스토크(press talk)식과 동시통화 방식이 있으며, 도어폰(door phone)에는 동시통화 방식이 많이 사용된다.

(2) 접속방식에 의한 분류
① 모자(母子)식 : 1대의 모기(母機)에 여러 대의 자기(子機)를 접속한 것으로 배선은 간단하지만 빈도가 많은 곳에는 적합하지 않다. 병원 등에 알맞다.
② 상호식 : 각 기기 사이에 통화가 가능하며 배선 본수가 많아진다. 기기들 사이에서 독립된 업무를 수행할 때 효과적이다.
③ 복합식 : 대규모의 경우에 알맞고 모자식과 상호식을 조합한 것이다.

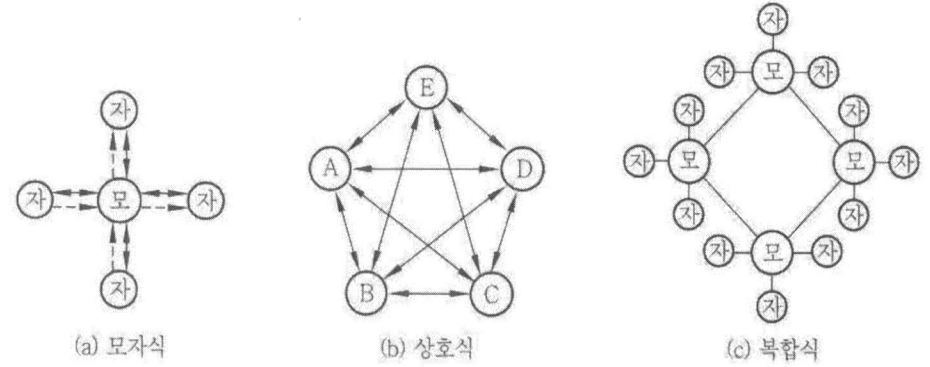

[그림 5-1] 인터폰의 접속방식

3. 안테나 설비

텔레비전과 라디오 등의 공동 시청 설비를 말하는 것으로, 전기식 성능을 얻는 것도 중요하지만 건물의 미관을 해치지 않도록 주의해야 한다. 시공상 주의할 사항은 다음과 같다.
① 안테나는 풍속 40m/s정도에 견디도록 고정시킨다.
② 안테나는 피뢰침 보호각 내에 들어가도록 한다.

③ 원칙적으로 강전류선으로부터 3m이상 띄어서 설치한다.
④ 정합기(整合器)의 설치높이는 일반적인 경우 바닥 위 30cm 높이로 한다.
⑤ 방향성 결합기나 분배기를 사용하지 않는 플러그에는 더미 로드(dummy load)를 부착한다.

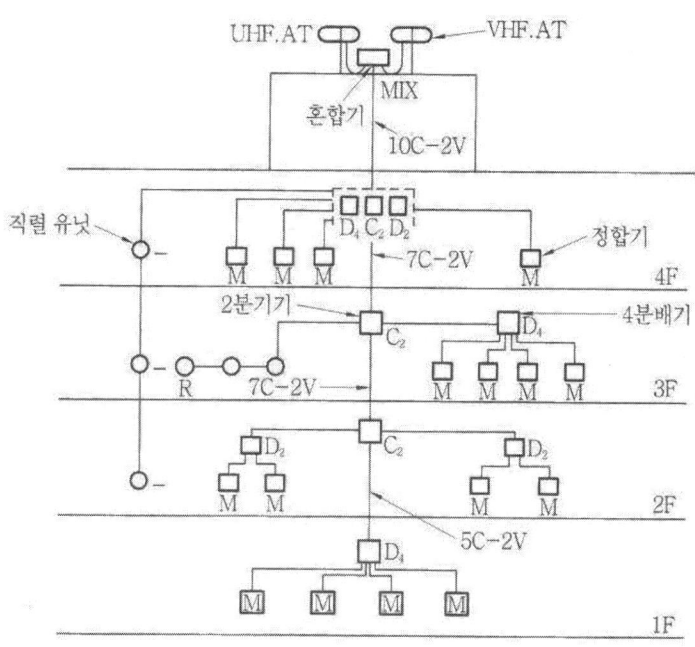

[그림 5-2] 텔레비전 공동시청 설비의 구성

4. 확성 설비

확성설비는 소방법에 의한 비상경보 설비로 설치되는 경우도 있으나 대부분은 대규모 건물의 전달 또는 호출용 설비로 시설되는 경우가 많다. 확성설비의 구성요소는 증폭기, 마이크로폰, 테이프 레코더, 차임, 레코드 플레이어, 와이어리스 마이크, 스피커 등이다.

5. 감시·제어 설비

　최근 건물의 고층화·대형화와 더불어 건물내의 일반 동력설비, 공기조화설비, 약전설비, 운송설비 등의 작동상태를 확인 점검하는 것은 운전 조작뿐만 아니라 보수·관리 면에서도 대단히 중요하다. 건물내의 동력설비 감시방법으로는 다음과 같은 것을 들 수 있다.

(1) 전원표시
　전원이 살아있는지의 여부를 판별하는 것으로 이 표시는 전동기 설치근처의 조작 제어반 또는 전동기로부터 떨어진 곳에 있는 중앙 감시반에서 램프를 통해서 알 수 있다.

(2) 운전표시
　모든 시설들이 정상적으로 가동 중인지를 알 수 있는 것으로 이 표시는 조작 제어반으로 중앙감시반 어느 쪽에서도 할 수 있다.

(3) 고장표시
　고장의 유무를 알 수 있는 것으로 고장과 동시에 벨이나 부저(buzzer) 등에 의해 고장을 알린다.

(4) 램프점검
　램프를 사용한 표시방법은 여러 가지가 있으나, 어느 것이나 용량이 적은 램프를 이용하는 관계상 단선유무를 점검할 필요성이 있다. 따라서 램프의 작동상태를 필요할 때 점검할 수 있도록 회로를 구성하는 것이 바람직하다.

(5) 집중제어
　큰 빌딩이나 공장 등에서 많이 채택하고 있는 중앙집중 감시 방식을 말하는 것으로, 보통 조작반과 운전상태를 알기 위한 도시반(graphic panel)으로 구성된다. 운전자는 중앙 감시실에서 운전상태를 마음대로 조작할 수 있는 것이 특징이다. 중앙감시 방식이 되면 감시대상물에 대한 운전 조작용 및 감시용 제어선이 많이 필요하게 된다. 사무실 건물의 경우 연면적 $300m^2$ 정도이면 제어선은 대략 800회선을 상회하는 것이 보통이다.

제6장 반송설비

1. 개요

엘리베이터, 에스컬레이터, 전동웨이터, 컨베이어, 슈터, 곤도라 등과 같이 사람이나 물품을 운반하는 설비를 총칭하여 반송설비라고 한다. 근대화 이후 인구의 도시집중으로 건물이 고층화, 대형화됨에 따라 빌딩의 상하수송 문제가 대두되면서 부각되기 시작했다. 이 장에서는 주로 빌딩의 주요 수송수단인 엘리베이터와 에스컬레이터에 대해서 설명하기로 한다.

<표 6-1> 수송설비의 종류

수송설비의 종류	용 도
엘 리 베 이 터	사람·물건의 수직이동
에 스 컬 레 이 터	사람의 수직수송을 목적으로 수평이동
덤 웨 이 터	물건의 수직이동
입 체 주 차 설 비	자동차 주차를 목적으로 수직이동
모 노 레 일	대용량 물건의 수평이동
켄 베 이 어	각종 물건의 수직·수평 이동
이 동 보 도 설 비	사람의 수평이동 보도설비

2. 엘리베이터

엘리베이터는 승강로 내에 설치된 레일에 따라 매달려 있는 카(car)를 동력으로 승강시키는 장치이다. 엘리베이터는 사람을 운반하는 기능을 가지고 있으므로 특히 안전에 주의해야 한다. 엘리베이터와 관련된 법규를 살펴보면, 연면적이 2000m^2이상으로서 6층 이상인 건물에는 설치해야 한다. 단, 6층 이상인 건축물로서 각 층의 거실 바닥면적 300m^2이내마다 1개소 이상의 직통계단이 있는 경우에는 설치하지 않아도 된다.

2-1 구조

엘리베이터는 크게 나누어 로프식과 유압식으로 대별되는데 건물내에서 주로 사람이 이용하는 경우는 로프식 엘리베이터가 사용된다. [그림 6-1]에서 보는 바와 같이 카(car)와 균형추를 로프로 권상기에 직결된 로프차에 매달아서 기계실에 있는 전동기 및 제어반으로 카를 승·하강시킨다.

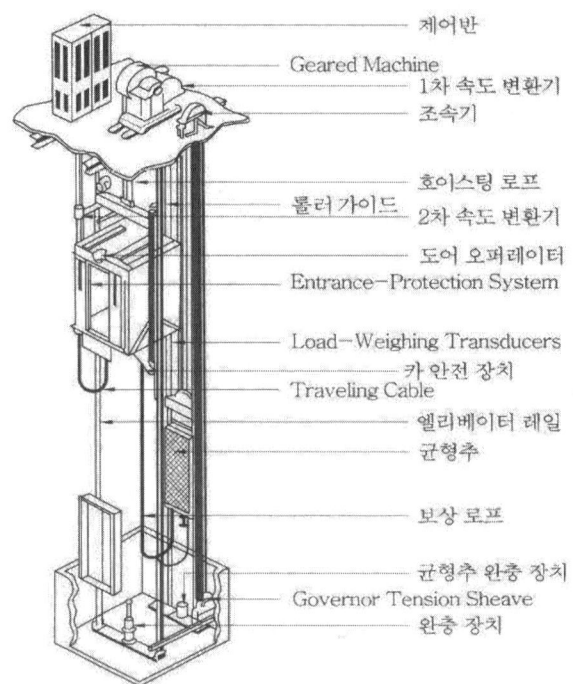

[그림 6-1] 엘리베이터의 각부 명칭

2-2 안전장치

엘리베이터는 수많은 부속기기들로 구성되어 있으며, 사람 및 물건을 안전하게 수송하는 것이 중요하기 때문에 많은 안전장치가 있다.

(1) 출입문 잠금스위치(door lock switch)

홀의 출입문의 열림을 방지하는 장치로서, 카가 목적층에 도착하여 카의 문을 여는 경우이외에는 문이 열리지 않도록 잠금역할을 하는 장치이다.

(2) 추락방지판

사고발생시 층 사이에서 카 내의 승객이 밖으로 나가려고 할 경우, 승강로 벽과 카 사이의 공간으로 승객이 추락하는 것을 방지하도록 하는 장치이다.

(3) 전자 브레이크(magnetic braker)

전자 브레이크는 전자석 내의 플랜저를 흡인함으로써 브레이커 슈에 힘이 가해지고, 이 힘의 마찰력에 의하여 제동력이 작동한다.

(4) 조속기(調速機)

카가 정상적인 속도 이상으로 주행하여 위험하게 될 때 전동기의 전원을 자동으로 차단시켜주고, 조속기 로프를 붙잡아서 강제 정지장치를 작동시켜 주는 기기이다.

(5) 끼임 방지장치

카의 출입문에 설치되며 문이 닫히고 있을 때 어떤 물체가 문사이에 끼게 되면 이를 검출하여 문이 다시 열리도록 하는 장치로서 기계식과 광전식이 있다.

(6) 강제정지 장치

조속기 동작에 의하여 비상시 카를 안정하게 정지시키도록 하는 장치로서 카의 아래쪽에 쐐기형으로 부착되어 있어서 비상시에 카이드 레일을 움켜잡아서 카를 정지시켜 주는 장치이다.

(7) 과부하방지 장치

카의 바닥에 설치하여 허용중량 이상이 카 내에 탑승되는 것을 방지하는 장치로서 허용 중량초과시 부저가 울림과 동시에 카가 출발되지 않도록 하는 장치이다.

(8) 리미트 스위치

카가 최상층이나 최하층에서 정상 운행치를 벗어나 그 이상으로 운행하는 것을 방지하는 안전장치이다.

(9) 완충기(buffer)

카나 카운터 웨이터가 최하층 아래로 하강할 경우에 이들의 운동에너지를 흡수하여 카를 안전하게 정지시킴으로써 비상시 카 내에 있는 승객을 보호하는 장치이다.

2-3 운전방식
[1] 단독 운전방식

전자동 운전방식으로 엘리베이터 내의 운전반에 있는 버튼을 누르면 그 층의 운전방향과 같은 방향의 홀 부름에 응하여 층 순서대로 정지하고 홀 부름이 없으면 최고층의 부름에 응한 후 자동적으로 방향을 바꾸어 반대방향의 부름에 응하는 운전방식이다.

[2] 병렬 운전방식

2대 이상의 엘리베이터가 1대는 출발층에 대기하고 다른 1대는 중간층에 대기하였다가 홀의 부름에 응하여 교차적으로 운전하는 방식이다.

[3] 군관리 운전방식

엘리베이터를 군(group)관리하는 목적은 종합적인 운전효율을 높이고 이용자에 대한 서비스 향상을 위하여 대기시간을 단축시키는 운전방식이다. 컴퓨터에 의한 제어방식으로 국내에서 군관리 시스템에 의하여 운전하는 방식의 종류는 아래와 같다.

(1) directional zoning 운전방식

엘리베이터의 상호위치나 운전방향의 변화에 순시적으로 대응하는 서비스 지역을 설정하고 홀에서의 부름이 있으면 대기시간이 최소인 엘리베이터를 할당하는 방식

(2) heavy up 운전방식

평상적인 교통수요에 있어서도 그 절반은 출발 기준층을 중심으로 하는 운전방식으로, 로비층의 서비스를 강화하기 위하여 상승방향의 교통수요가 많아진 경우 분산대기를 해제하고 엘리베이터를 로비층에 집결시켜 서비스를 강화하는 방식

(3) 분할급행 운전방식

출근시의 교통량이 급증하는 한 회사 점유의 빌딩 등에서 수송능력을 강화하는 방식으로 엘리베이터 군을 상층부, 하층부 전용으로 나누어 급행 서비스를 실시함으로써 정지횟수가 반감되어 정지시간을 단축하여 수송능력을 증가시키는 방식

2-4 엘리베이터의 설비계획

[1] 엘리베이터 선택

건물의 종류, 용도, 구동방식, 승강속도에 따라 알맞은 것을 선택한다.
<표 6-2>는 용도에 따른 엘리베이터의 규격을 나타낸다.

<표 6-2> 용도별 엘리베이터의 선택

	용 도	적 재 [정원]	속 도 [m/min]	제어방식
승용 엘리베이터	소빌딩, 아파트, 맨션 (4~6층 건물)	400kg~750kg (6인) (11인)	30, 45, 60	교류 궤환제어, 유압식
	중빌딩, 아파트, 맨션 (5~10층 건물)	400kg~1,150kg (9인) (17인)	45,60, 90, 105	교류 궤환제어, 직류기어드, 유압식
	오피스빌딩, 고층호텔, 아파트(10~20층 건물)	1,000kg~1,600kg (15인) (24인)	60, 90, 105, 120, 150, 210, 240	교류 궤환제어, 직류기어드, 직류기어레스
	오피스빌딩, 고층호텔, (20층 건물 이상)	1,150kg~1,600kg (17인) (24인)	210, 240, 300, 450, 540	직류기어레스
	백화점	1,350kg~1,800kg (20인) (27인)	90, 120, 150	교류 궤환제어, 직류기어레스
	침대용(병원)	750kg~1,000kg (11인) (15인)	30, 45	교류궤환제어
사람·화물 엘리베이터	사무소빌딩, 백화점, 소창고 빌딩	750kg~2,000kg	45, 60, 90	교류2단속도, 직류기어드, 유압식
	대백화점, 대창고 빌딩	1,500kg~7,000kg	15, 30, 45, 60	교류2단속도, 직류기어드, 유압식
자동차용 엘리베이터		2,000kg~3,000kg	15, 30, 45	교류2단속도, 유압식
전동 덤웨이터		50kg~500kg	10, 15, 20, 30	교류1단속도

[2] 정원·설치대수·평균 1주 시간 구하는 방법

(1) 정원 산출방법

- 승용 엘리베이터에서 적재하중이 정해지면 1인당 하중을 65kg으로 하여 최대정원을 구한다 (바닥면적은 1인당 약 $0.2 \sim 0.23 m^2$ 정도이다).

(2) 설치대수

- 이용자가 많다고 생각되는 시간대 5분간의 이용 인원수와 엘리베이터가 5분간에 운반하는 인원수로써 설비 대수가 정해진다.
- 5분간에 운반하는 수송인원수 P는 케이지 정원과 평균 일주시간에 의하여 계산된다 (1대의 5분간 수송능력).

$$P = \frac{60 \times 5 \times 0.8 \times 케이지정원}{평균1주시간}$$

- 아침, 저녁의 혼잡시간의 5분간에 이용하는 인원수 M은 건물인구와 건물의 이용목적에 의해 정해진다.

$$M = 건물인구 \times 5분간 이용하는 인원수 비율$$

- 설비대수(N)

$$N = \frac{5분간의 이용 인원수}{5분간 운반하는 수송 인원수}$$

<표 6-3> 5분간 이용하는 인원수의 비율

사 무 실 의 종 류	비 율
전용 사무실이나 동시 출근이 많은 임대 사무실	1/2 ~ 1/4
블록 임대나 플로어 임대 등 임대주 수가 적은 임대 사무실	1/7 ~ 1/8
임대주, 회사수가 많은 임대 사무실	1/9 ~ 1/10

(3) 평균일주시간 산출

$$평균일주시간 = 승객출입시간 + 문의 개폐 시간 + 주행시간(초)$$

(4) 운전간격과 평균 대기시간

- 운전간격이란 뱅크 운전 중의 엘리베이터 군에서의 각 케이지의 기준층을 출발하는 간경을 말한다.
- 엘리베이터의 서비스 기준에서 운전간격이 30초까지면 양호, 40초까지면 가(可), 50초 초가하면 불가(不可)이며, 승객의 평균대기시간은 이 운전 간격의 1/2로 본다.

$$운전간격 = \frac{평균일주시간}{1뱅크 운전중의 대수}$$

2-5 엘리베이터의 위치 선정

건물에 엘리베이터를 선정할 때는 다음과 같은 사항을 고려하여 결정한다.

1) 엘리베이터는 건물에 출입하는 대부분의 사람이 항상 이용하는 것이므로 가장 눈에 잘 띄는 장소를 선정한다.
2) 하나의 건물에 여러 대의 동종 엘리베이터를 설치하는 경우에는 뱅크운전(공통의 승강장 버튼으로 제어함)을 한다.
3) 바닥면적 5,000~6,000m^2 또는 그 이상의 대형 빌딩에서는 건물 중심에 집중하거나, 빌딩 외의 교통기관의 관점에서 보아 교통량이 많은 출입구 쪽 가까운 장소로 집중한다.
4) 바닥면적 3,000~4,000m^2 의 중·대형 빌딩에서는 주 현관에 이웃하는 비교적 넓은 엘리베이터 홀을 가진 장소에 엘리베이터 3대 병렬로 뱅크에 설치한다.
5) 바닥면적 1,000m^2 이하의 빌딩에서 공용부는 한쪽으로 치우쳐 설치하는 것이 좋다.

3. 에스컬레이터

3-1 개요

에스컬레이터는 건물내의 교통수단의 하나로 30°이하의 기울기를 가진 계단식으로 된 컨베이어로서, 정격속도는 30m/min 정도가 일반적이다. 엘리베이터의 수송능력이 시간당 400~500명인데 비해 에스컬레이터의 시간당 4,000~8,000명 정도로 수송능력이 매우 높기 때문에 백화점 등에서 널리 사용되고 있다. [그림 6-2]는 에스컬레이터의 각부 구조와 명칭을 나타낸 것이다.

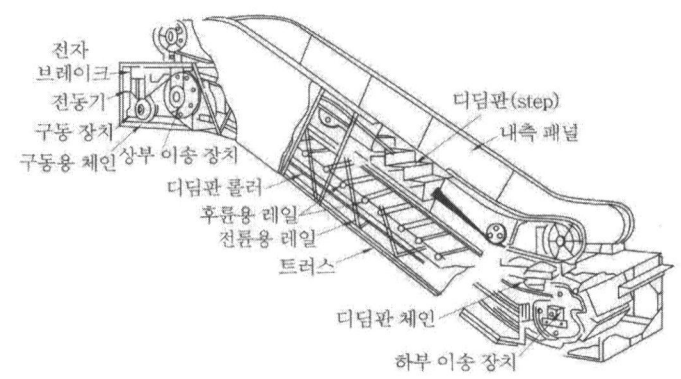

[그림 6-2] 에스컬레이터의 구조

3-2 에스컬레이터의 배열방식

에스컬레이터는 건물의 현관에 들어갔을 때 눈에 쉽게 띄는 곳에 사람의 흐름방향으로 설치하는 것이 바람직하다. 일반적으로 건물의 중앙부에 설치하지만, 중소규모의 점포빌딩 등에서는 매장의 구분이나 유효활용 등을 고려하여 한쪽 모퉁이에 설치하는 경우도 있다.

에스컬레이터의 배열방식은 <표 6-3>에서 보는 바와 같이 단열형, 단열중복형, 병렬형, 교차형, 복렬형 등이 있다.

<표 6-3> 에스컬레이터의 배열방식

방식	배치도	장점	단점
병렬단속식		• 에스컬레이터의 존재를 잘 알 수 있다. • 시야를 막지 않는다. • 점유면적이 좁다.	• 교통이 불연속으로 되고 서비스가 나쁘다. • 승객이 한쪽 방향만 바라본다. • 승강객이 혼잡하다.
병렬연속식		• 교통이 연속된다. • 타고 내리는 교통이 명백히 분리될 수 있다. • 승객의 시야가 넓다. • 에스컬레이터의 존재를 잘 알 수 있다.	• 점유면적이 넓다.
교차식		• 교통이 연속된다. • 승강객의 구분이 명확하므로 혼잡이 적다. • 점유면적이 좁다.	• 승객의 시야가 좁다. • 에스컬레이터의 위치를 표시하기가 힘들다.

3-3 에스컬레이터의 설치 위치
에스컬레이터의 설치위치는 건물의 규모와 용도에 따라 달라진다.
(1) 일반 건축물의 경우
① 가능한 한 주 출입구의 가까운 곳
② 에스컬레이터를 이용하는 승강자가 고르게 분포할 수 있는 곳

(2) 건물의 주 용도가 지하층과 2층인 경우
① 은행, 식당, 상점 등이 2층에 있는 경우는 외부도로에서 직접 에스컬레이터에 승강할 수 있는 위치
② 지하층에 식품점이나 식당이 있는 경우에는 외부 고객을 유치하기 위해서는 1층의 주 출입구에 가능한 한 가까운 곳에 설치한다.

(3) 백화점의 경우
① 각 층의 중심부에 설치하고, 상·하강 중에 진열된 상품을 보기쉽게 한다.
② 외부통로에서 에스컬레이터가 잘 보이는 위치에 설치한다.

(4) 기차역 등의 경우
① 가능한 한 사람의 눈에 잘 띄는 위치에 설치한다.
② 단, 개찰구나 나가는 출입구에 너무 가깝지 않게 설치한다.

3-4 에스컬레이터의 대수 산정
에스컬레이터의 대수는 사람의 흐름이나 혼잡도에 따라 대수가 정해지지만 밀도율로 간단하게 수송설비를 판정할 수 있다. 밀도율 R은 다음과 같다.

$$R = \frac{11 \times 2층\ 이상의\ 바닥면적의\ 합계(m^2)}{1시간의\ 수송능력}$$

위에서 계산한 R의 값은 20~25이면 양호하고, 25 이상이면 수송설비가 나쁘다고 판단된다.

제7장 방재설비

1. 개요

재해에는 화재, 도난, 지진, 풍해, 수해, 뇌해 등 여러 가지가 있으나 이들을 대별하면 천재와 인재로 구분된다. 방재설비는 화재통보설비, 비상용 조명설비, 유도등 설비, 비상경보설비, 피뢰설비, 항공장해등 설비 등이 있다. 이 장에서는 피뢰설비와 항공장애등 설비에 관애서 설명하기로 한다.

2. 피뢰침 설비

피뢰침을 설치하는 목적은 낙뢰(落雷)에 대한 피해를 줄이고 뇌격전류를 신속하게 땅으로 방류시켜서 인명과 건축물을 보호하고자 하는데 있다. 건축법에는 지반면상 20m 이상의 건축물에는 반드시 피뢰침을 설치하도록 규정하고 있다. 그러나 중요한 건조물이나 천연기념물, 많은 사람이 모이는 건물, 위험물을 취급하는 건물 등은 20m 이하인 경우에도 피뢰침을 설치하는 것이 바람직하다.

2-1 피뢰침 방식

피뢰방식에는 돌침 방식, 수평도체 방식, 케이지 방식이 있으며, 일반적으로 돌침 방식을 많이 사용한다.

(1) 돌침 방식

뇌격은 선단이 뾰족한 금속도체 부분에 잘 떨어지므로, 건축물 근방에 접근한 뇌격을 흡인하게 하여, 선단과 대지사이를 접속한 도체를 통해서 뇌격전류를 대지로 안전하게 방류하는 방식이다. 돌침식 피뢰설비는 건축물에 직접 설치하는 것과 떼어서 시설하는 것이 있다. 일반적으로 전자의 방식이 많이 사용되고 있으나, 후자는 위험물을 저장하는 창고 등에 시설하면 보호면에서 전자보다는 우수하다.

(2) 수평도체 방식
이 방식은 보호하고자 하는 건축물의 상단에 수평도체를 가설하고, 이에 뇌격을 흡인하게 한 후, 인하도선을 통해서 뇌격전류를 대지에 방류한다.

(3) 케이지(cage) 방식
피보호물 주위를 적당한 간격의 그물눈을 가진 도체로 포위하는 방식이며, 완전한 피뢰방식에 속한다.

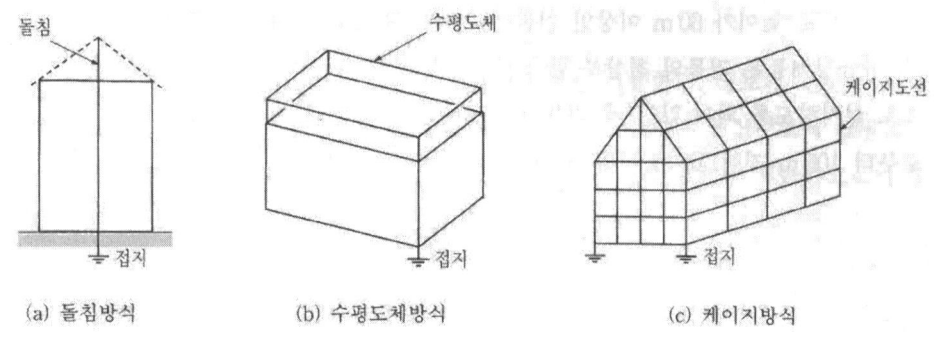

[그림 7-1] 피뢰설비의 설치방식

2-2 피뢰침의 보호각

낙뢰의 피해를 안전하게 보호하는 돌침 및 수평도체의 보호각은 일반건축물의 경우에는 60°, 위험(화약류)관계 건축물의 경우에는 45°로 하여야 한다. 피뢰침의 보호각은 가급적 작게 잡는 것이 안전하다. 수평도체로 옥상을 보호할 경우, 수평도체의 보호각 속에 들어가지 않는 부분은 보호되지 않는 부분에서 가장 가까운 점에 이르는 수평 도체까지의 수평거리가 10m이하가 되도록 수평도체를 시설하면 그 부분도 보호될 수 있다.

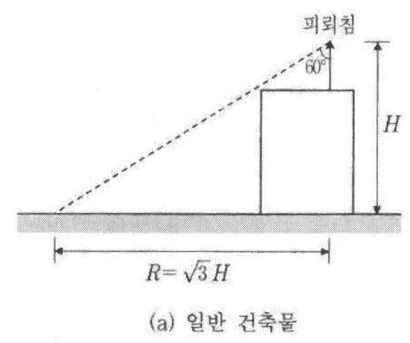
(a) 일반 건축물

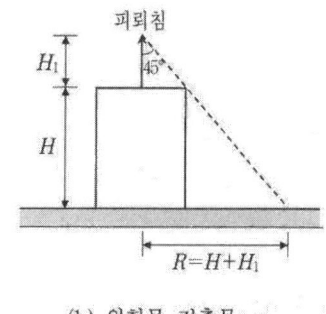
(b) 위험물 건축물

[그림 7-2] 피뢰설비의 보호범위

2-3 피뢰침의 구조

피뢰침을 구조상으로 나누면 돌침부, 피뢰도선, 접지전극으로 크게 나눌 수 있다.

① 돌침부 : 돌침은 동, 알루미늄 또는 용해 아연도금을 철로서 지름 12mm 이상의 봉상도체(棒狀導體) 또는 이와 동등한 강도와 성능을 가진 것을 사용한다. 돌침지지 철물로서 철판을 사용하는 경우에는 피뢰도선을 관속으로 통해서는 안된다.

② 피뢰도체 : 뇌전류(雷電流)를 흘러내리게 하기 위한 돌침과 접지 전극과를 연결하는 도선으로서, 그 중 피보호물의 꼭지로부터 접지 전극까지의 사이에 거의 수직인 도체부분을 인하도체(引下導體)라 한다.

③ 접지전극 : 피뢰도선과 대지를 전기적으로 접속하기 위하여 지중에 매설한 도체이며, 낙뢰전류를 충분히 방출할 수 있는 용량을 가져야 한다. 재료는 동판이며, 한 면의 면적이 $0.35m^2$ 이상, 두께 1.4mm 이상의 것을 사용한다

2-4 피뢰침 설비의 시공방법

[1] 돌침부 시공

① 돌침과 지지철물과의 가설은 나사조임이나 땜 등으로 전기적, 기계적으로 완전히 한다.

② 돌침과 피뢰도선의 접속에는 도선접속용 단자, 돌침부 접속철물 또는 도선접속구멍 중의 어떤 것을 사용하여 나사조임으로 전기적으로 완전히

설치한다.
③ 돌침지지 파이프 및 피뢰도선은 전용지지 철물로 2m 이내의 간격에서 건물에 고정한다.

[2] 피뢰도선의 시공
① 돌출부와 접지극을 잇는 피뢰도선의 경로는 될 수 있는대로 짧게 하고, 어쩔 수 없는 완곡부가 있을 경우에는 그의 구부림 반지름을 20cm 이상으로 한다.
② 도선은 전등선, 전화선 또는 가스관 등으로부터 1m 이상 떨어져야 한다. 단, 중간에 접지된 금속물이나 철근콘크리트조, 또는 철골이 있으면 그럴 필요가 없다.
③ 도선으로부터 1m 이내에 접근하는 빗물받이, 철관, 철사닥다리가 있으면 이들을 $14mm^2$ 이상의 도선으로 접지하여야 한다.
④ 도선은 도중에서 접속하는 것을 가능한 한 피하고, 부득이 접속하는 경우에는 슬리브 접속, 단자접속 등을 사용한다.
⑤ 구리띠를 건축물의 옥상에 피뢰도체로서 시설할 때에는 루프로 하고, 약 60cm마다 지름 5mm 이상의 황동제 볼트로 건물에 고정시키고, 또한 구리띠 길이 30m 마다 구리띠를 완곡으로 한 신축장치를 사용한다.
⑥ 피뢰도선과 철골, 또는 철근을 접속하는 경우는 은땜후 황동용접등으로 하여 전기적으로 견고하게 접속하고, 다시 방식도료로 접속부를 칠한다.
⑦ 땅속에 들어가는 도선부분이나 도선을 보호할 필요가 있는 부분에는 경질비닐관, 도관 또는 동관, 황동관 등을 사용하여 지상 25cm, 지하 30cm 까지를 보호한다.

[3] 접지전극의 시공
① 도선과 접지전극의 접속은 특히 부식에 주의한다. 보통은 황동땜 용접이 사용되고, 그 후에 피치탈을 도포하고 방식처리를 한다.
② 접지전극은 인하도선의 근처에 각각 1개, 또는 2개 이상 매설되며, 2개 이상의 접지전극을 사용할 경우는 2m 이상 떨어뜨리고 보통 30mm이상의 도선으로 접속한다.
③ 피뢰침용의 접지극 및 접지선과 기타의 접지극 또는 접지선과는 2m 이상 띄워야 한다.

④ 설치후의 관리상 접지전극의 위치를 표시하는 것이 바람직하다.

2. 항공 장애등 설비

　항공 장애등은 야간에 운행하는 항공기에 대하여 항공의 장애가 되는 물건의 존재를 시각으로 인식시키기 위한 등이며, 장애등의 설치에 관해서는 교통부령의 정하는 바에 따라야 한다.
　항공법 41조에는 지표면 또는 수면으로부터 60m 이상 높이의 초고층건축물이나 공작물은 항공장애등과 주간 장애표시등을 설치하도록 되어있다. 항공장애등은 2 종류가 있는데 장애등의 설치기준은 다음과 같다.

2-1 고광도 항공장애등
① 등광은 명멸(明滅)로서 광원의 중심을 포함하는 수평면하 15°이하에서 윗 방향으로 모든 방향에서 식별 할 수 있을 것.
② 1분간 명멸횟수는 20~60일 것.
③ 최대광도는 2,000cd 이상일 것.

2-2 저광도 항공장애등
① 부등광으로서 광원의 중심을 포함하는 수평면하 15°에서 윗방향으로 모든 방향에서 식별할 수 있을 것.
② 광도는 20cd 이상일 것.

◆건축산업기사 예상문제집

1. 전기의 기초

1. 전기설비에서 전압, 전류, 저항에 관한 설명 중 <u>옳지 않은 것은?</u>
   ㉮ 회로간 저항이 클수록 전류는 작아진다.
   ㉯ 전류는 전위가 높은 곳에서 낮은 곳으로 흘러서 생긴다.
   ㉰ 전선의 저항은 길이와 단면적에 비례한다.
   ㉱ 전선 자체가 가지고 있는 독특한 고유 저항을 비저항이라 한다.

2. 건축전기 설비에 관한 사항 중 <u>옳지 않은 것은?</u>
   ㉮ 전등, 전열, 동력용은 강전류용으로 교류를 사용한다.
   ㉯ 전화, 전기시계, 통신설비는 약전류로 직류를 사용한다.
   ㉰ 저속 엘리베이터는 강전류용인 교류를 사용한다.
   ㉱ 교류에 있어서 1초간의 사이클수를 주파수라 하고 우리나라는 60사이클을 사용한다.

1.㉰   2.㉰

2. 수변전 설비

1 기초사항

1. 최대출력의 산출시에 이용되는 수용율이라는 용어에 대한 설명으로 옳은 것은?
   ㉮ 실효전력과 피상전력의 비
   ㉯ 최대전력의 합계와 기기 계통에서 발생된 합성최대 전력의 비
   ㉰ 최대 사용전력과 설비용량의 비율
   ㉱ 평균 수용전력과 최대 수용전력의 비

2. 전기설비 용량이 각각 80kW, 90kW, 100kW의 부하설비가 있다. 그 수요율이 70%인 경우 최대 수요전력은?
   ㉮ 90kW   ㉯ 100kW   ㉰ 190kW   ㉱ 270kW

<해설> 수용율(%) = 최대 사용정력(kW)/수용 설비용량(kW) ×100
= X/80+90+100 ×100 =70%
∴ X = 190kW

3. 전기설비의 전압구분에서 저압에 해당하는 것은?
 ㉮ 교류 300V 이하, 직류 600V 이하
 ㉯ 교류 600V 이하, 직류 600V 이하
 ㉰ 교류 600V 이하, 직류 750V 이하
 ㉱ 교류 750V 이하, 직류 750V 이하

<해설>

	교 류	직 류
저 압	600V 이하	750V 이하
고 압	600~7,000V	750~7,000V
특 고 압	7,000 이상	

4. 건물의 공급 전압 중 고압으로 볼 수 없는 것은?
 ㉮ 교류 600V ㉯ 직류 600V ㉰ 직류 6,000V ㉱ 교류 6,000V

5. 다음 중 그 값이 1 이상인 것은?
 ㉮ 수용률 ㉯ 부하율 ㉰ 부등률 ㉱ 전압 강화율

6. 수용가의 최대전류를 산출하는 데 필요 없는 사항은?
 ㉮ 역률 ㉯ 수용율 ㉰ 부등률 ㉱ 전압 강화

1.㉰ 2.㉰ 3.㉰ 4.㉯ 5.㉰ 6.㉱

2 변전실

1. 1,000kVA 변압기를 수용하는 변전실의 소요 넓이는 대략 얼마인가?
   ㉮ 90m²   ㉯ 100m²   ㉰ 150m²   ㉱ 180m²

   <해설> 변전실의 넓이 $= 3.3\sqrt{1,000kW} ≒ 104.4m^2$

2. 변압기 용량 100(kVA)를 수용하는 변전실의 소요넓이는 대략 얼마인가?
   ㉮ 10m²   ㉯ 20m²   ㉰ 33m²   ㉱ 100m²

   <해설> 변전실의 넓이 $= 3.3\sqrt{100kW} ≒ 33m^2$

3. 다음 사항은 변전용 건축물의 구조에 관하여 설명한 것이다. 옳지 않은 것은?
   ㉮ 내화구조 또는 방화구조로 해야 한다.
   ㉯ 채광 또는 조명설비를 해야 한다.
   ㉰ 환기 또는 통풍 시설을 해야 한다.
   ㉱ 누수의 우려가 없도록 해야 한다.

4. 변전실의 높이는 고압선이 종횡으로 교차하므로 충분한 높이가 필요하다. 적어도 보 밑으로 몇 m 이상이 되어야 하는가?
   ㉮ 2.5m   ㉯ 3.0m   ㉰ 3.6m   ㉱ 4.0m

1.㉯ 2.㉰ 3.㉮ 4.㉯

3 변압기

1. 전관 냉방을 하는 1,000평 건물이 있다. 이 건물의 전기설비 용량은?
   ㉮ 50~100kW   ㉯ 100~200kW   ㉰ 300~400kW   ㉱ 500~600kW

   <해설> 전관냉방 : 300~400W/평이므로 전기설비용량은 = 300~400W/평×1000평
   = 300~400kW이다.

2. 최대수용전력을 구하는 식으로 옳은 것은?
   ㉮ 부하설비용량×수용률   ㉯ 부하설비용량×부등률
   ㉰ 부하설비용량×부하률   ㉱ 부하설비용량×부하밀도

3. 변압기 용량(수변전설비)을 결정할 때 관계가 없는 것은?
   ㉮ 부하설비용량   ㉯ 최대수용전력   ㉰ 조명률   ㉱ 부하율

1.㉰   2.㉮   3.㉰

4 접지

1. 피뢰침 설비공사 중 접지극(接地極) 상호거리는 얼마 이상 떨어져야 하는가?
   ㉮ 2m   ㉯ 4m   ㉰ 6m   ㉱ 8m

2. 다음 접지공사에 관한 사항 중 적당하다고 보는 것은?
   ㉮ 고압전동기는 특별 제3종 접지공사이다.
   ㉯ 제1종 접지공사의 접지 저항치는 100Ω이하이다.
   ㉰ 제2종 접지공사는 고압기기의 외함을 접지하는 것이다.
   ㉱ 200V급 전동기는 제3종 접지공사이다.

3. 다음 분전반의 접지방식은?
   ㉮ 제1종 접지공사   ㉯ 제2종 접지공사   ㉰ 제3종 접지공사   ㉱ 특수 접지공사

4. 금속관 공사에서 금속관의 접지방식은?
   ㉮ 제1종 접지공사   ㉯ 제2종 접지공사   ㉰ 제3종 접지공사   ㉱ 특수 접지공사

1.㉮ 2.㉱ 3.㉰ 4.㉰

3. 예비전원 설비

1. 다음 예비전원 설비에 대한 설명 중 옳지 않은 것은?
   ㉮ 자가발전 설비용량은 수전설비 용량의 20% 정도로 한다.
   ㉯ 예비전원으로서 축전지는 30분 이상 계속 방전을 할 수 있어야 한다.
   ㉰ 자가발전 설비는 비상사태 후 10초 이내에 가동하여 30분 이상 전력을 공급할 수 있어야 한다.
   ㉱ 발전기실은 내화 및 방음 구조로 하여야 하며, 가능한 한 부하의 중심에서 멀리 떨어져야 한다.

2. 축전지 설비가 필요치 않은 것은?
   ㉮ 유도등   ㉯ 전기시계   ㉰ 화재 경보 장치   ㉱ 엘리베이터

3. 비상사태 발생을 대비한 자가발전설비에 관한 다음의 규정에서 틀린 것은?
   ㉮ 비상사태 발생 후 30초 이내에 시동해야 한다.
   ㉯ 규정전압을 유지하며 30분 이상 전력공급이 가능해야 한다.
   ㉰ 충전기를 갖춘 축전지와 병용했을 때는 45초 이내에 시동해야 한다.
   ㉱ 축전지설비는 충전함이 없이 20분 이상 방전할 수 있어야 한다.

4. 예비전원인 자가발전 설비는 사태발생 후 몇 초 이내에 가동하여 규정전압을 발생하여야 하는가?
   ㉮ 10초   ㉯ 20초   ㉰ 30초   ㉱ 40초

5. 다음 부하 중에서 비상발전기 부하로 일반적으로 선정되지 않은 것은?
   ㉮ 사무실의 엘리베이터   ㉯ 은행의 현금 취급소
   ㉰ 백화점의 공조설비   ㉱ 병원의 병실

6. 발전기실의 구조에 관한 설명 중 틀린 것은?
   ㉮ 기초는 건물기초와 같은 기초로 연결시켜 축조한다.
   ㉯ 냉각수 탱크는 엔진의 펌프측에 설치한다.
   ㉰ 천장의 높이는 피스톤 배출의 높이를 고려해야 한다.
   ㉱ 중량물의 설치와 운반이 용이하도록 하여야 한다.

7. 감시 제어반에 있어서 감시를 위한 표시법이 <u>옳지 않은 것은?</u>
   ㉮ 전원표시 - 백색램프 ㉯ 운전표시 - 오렌지색 램프
   ㉰ 정지표시 - 녹색램프 ㉱ 고장표시 - 부저 또는 벨

   <해설> 운전표시 : 적색램프

8. 감시 제어반에 있어서 감시를 위한 표시법으로 <u>틀린 것은?</u>
   ㉮ 전원표시 - 백색램프 ㉯ 운전표시 - 적색 램프
   ㉰ 정지표시 - 오렌지색 램프 ㉱ 고장표시 - 부저 또는 벨

9. 감시 제어반에 대한 설명 중 <u>부적당한 것은?</u>
   ㉮ 감시를 어느 1개소에서 행하는 방식을 중앙집중식 감시방식이라 한다.
   ㉯ 전원표시는 전동기 설치위치 부근의 조작제어반 또는 중앙 집중 감시반
      에서 램프를 통해서 행한다.
   ㉰ 고장의 유무는 버저(buzzer)나 벨 등을 이용하여 할 수 있다.
   ㉱ 정지상태는 적색램프를 써서 표시한다.

1.㉱ 2.㉱ 3.㉮ 4.㉮ 5.㉰ 6.㉮ 7.㉯ 8.㉰ 9.㉱

4. 배전(配電) 설비

1 전기방식

1. 전력을 배전하는데 전선량이 가장 적게 드는 전기방식은?
   ㉮ 단상 2선식   ㉯ 단상 3선식   ㉰ 3상 3선식   ㉱ 3상 4선식

2. 일반 사무실이나 학교 등에서 사용되는 배전방식은?
   ㉮ 100V 단상 2선식   ㉯ 110/220V 단상 3선식
   ㉰ 100V 3상 3선식   ㉱ 200V 3상 4선식

3. 전력은 전력회사의 배전선로에서 인입선에 의하여 공급받는다. 이 때 공급전압과 전기방식의 용도로 알맞는 것은?
   ㉮ 22000V, 단상 2선식 - 특별 고압 고층건물 수용가
   ㉯ 3300V, 3상 3선식 - 고압 대공장 수용가
   ㉰ 220/110V, 단상 3선식 - 저압 주택 수용가
   ㉱ 100V, 3상 3선식 - 저압 동력 수용가

4. 주로 동력용 부하인 3상 200V에 사용되는 배전방식은?
   ㉮ 단상 2선식   ㉯ 단상 3선식   ㉰ 3상 3선식   ㉱ 3상 4선식

1.㉮   2.㉯   3.㉰   4.㉰

2 배선공사

1. 주택 등 소규모 건축에서의 배선경로 중 맞는 것은?
   ㉮ 100(200)(V)인입 – 전력계 – 분전반 – 분기회로
   ㉯ 100(200)(V)인입 – 분전반 – 전력계 – 분기회로
   ㉰ 100(200)(V)인입 – 분기회로 – 전력계 – 분전반
   ㉱ 100(200)(V)인입 – 분기회로 – 분전반 – 전력계

2. 옥내배선의 설계순서로서 옳은 것은?

A : 전선굵기의 결정	B : 배선방법 결정
C : 부하결정	D : 전기방식 선정

   ㉮ A – B – C – D   ㉯ C – D – B – A
   ㉰ B – A – D – C   ㉱ D – B – A – C

3. 부하가 감소함에 따라 간선의 굵기도 감소되므로 굵기가 변경되는 접속점에서 보안장치가 필요한 배선방식은?
   ㉮ 나뭇가지식   ㉯ 평행식   ㉰ 혼합식   ㉱ 병용식

4. 전동기가 넓은 범위에 분산되어 설치될 때 적합한 분기회로 배선방식은?
   ㉮ 분전반식   ㉯ 수지상식   ㉰ 총괄 제어식   ㉱ 단일식

5. 다음에서 대규모 건물에 적당한 간선의 배선방식은?
   ㉮ 나뭇가지식   ㉯ 평행식   ㉰ 나뭇가지 평행 병용식   ㉱ 네트워크식

6. 옥내배선의 간선배선 방식과 관련이 없는 것은?
   ㉮ 평행식   ㉯ 나뭇가지식   ㉰ 병용식   ㉱ 분기회로식

7. 간선의 배선방식 중에서 평행식에 대한 설명 중 옳지 않은 것은?
   ㉮ 배선이 간편하고 설비비가 적어진다.
   ㉯ 대규모 건축물에 적당하다.
   ㉰ 전압강하가 평균화된다.
   ㉱ 부하에 대하여 단독회선으로 배선된다.

1.㉮ 2.㉯ 3.㉮ 4.㉯ 5.㉯ 6.㉰ 7.㉮

3 분전반

1. 1개의 분전반에 넣을 수 있는 분기개폐기의 수는 예비회로를 포함하여 얼마정도로 하는가?
㉮ 10회선 정도 ㉯ 20회선 정도 ㉰ 30회선 정도 ㉱ 40회선 정도

2. 전기배선시 분전반 위치로서 적당하지 않은 것은?
㉮ 고층빌딩은 파이프 샤프트 부근에 둔다.
㉯ 가능한 한 매 층에 둔다.
㉰ 전화용 단자함이나 소화전 박스와 조화있게 한다.
㉱ 가능한 한 부하의 중심에서 멀리 설치한다.

3. 분전반은 분기회로의 길이가 얼마 이하가 되도록 설치하여야 하는가?
㉮ 40m 이하 ㉯ 30m 이하 ㉰ 20m 이하 ㉱ 10m 이하

4. 분전반에 관한 설명 가운데서 옳지 않은 것은?
㉮ 분전반은 주개폐기, 분기 개폐기로 구성된다.
㉯ 분기회로용 개폐기는 나이프 스위치, NFB 등이 주로 사용된다.
㉰ 1개의 분전반에 넣을 수 있는 분기 개폐기의 수는 보통 60회선 정도로 한다.
㉱ 적어도 1개중에 1개씩 분전반을 설치하고 될 수 있으면 분기회로의 길이를 30m 이하가 되도록 한다.

5. 분전반의 구성에 필요치 않는 전기기기는?
㉮ 자동 차단기 ㉯ 접속기 ㉰ 주 개폐기 ㉱ 분기 개폐기

6. 분기회로에서 각 출구 아우트렛(outlet)으로 분기회로를 만드는데 옳지 않은 것은?
㉮ 같은 스위치로 점멸되는 전등은 같은 회로로 한다.
㉯ 같은 방, 같은 방향의 출구는 될 수 있는 대로 같은 회로로 한다.
㉰ 복도, 계단 등은 될 수 있는 대로 같은 회로로 한다.
㉱ 습기가 있는 장소의 출구를 같은 회로로 해도 관계가 없다.

제4편 전기설비

7. 분기회로를 결정할 때 고려해야 할 사항을 열거하였다. 옳지 않은 것은?
㉮ 계단, 복도 등은 동일 회로로 한다.
㉯ 습기가 있는 곳의 아우트렛은 별도 회로로 한다.
㉰ 동일한 방 혹은 동일 방향의 아우트렛은 같은 회로로 한다.
㉱ 분기회로는 10A 회로로 함을 원칙으로 하고 15A 이상의 기기는 전용회로로 한다.

<해설> 분기회로는 15A회로로 함을 원칙으로 하며, 20A, 30A, 40A, 50A 초과 분기회로가 있다.

8. 배전설비에서 분기회로 결정 중 틀린 것은?
㉮ 계단, 복도 등은 동일 회로로 한다.
㉯ 습기가 있는 곳의 아웃렛(outlet)은 다른 것과 별개의 회로로 한다.
㉰ 전등 및 콘센트 회로는 되도록 20A 분기 회로로 한다.
㉱ 건물의 방배치와 구조를 고려해서 배선하기 좋도록 회로를 배치한다.

9. 사무실을 배선하는 경우 분전반의 분기회로수로 적당한 것은?
㉮ 10회선 정도 ㉯ 20회선 정도 ㉰ 30회선 정도 ㉱ 40회선 정도

1.㉯ 2.㉱ 3.㉯ 4.㉰ 5.㉯ 6.㉱ 7.㉱ 8.㉰ 9.㉯

4 배선기구

1. 전선에 과전류가 흐르면 자동적으로 회로를 차단시켜 안전을 도모하는 스위치는?
   ㉮ 서킷 브레이크(circuit breaker)   ㉯ 나이프 스위치(knife switch)
   ㉰ 3로 스위치   ㉱ 컷아웃 스위치 (cut out switch)

2. 다음 중 회로의 부하상태에 의해 자동적으로 작동한 후 원상태로 복귀가 가능한 개폐기는?
   ㉮ 나이프 스위치   ㉯ 서킷 브레이크   ㉰ 컷아웃 스위치   ㉱ 보턴 스위치

3. 과전류가 흐를 때 자동적으로 회로를 차단시켜주고 재사용이 가능한 것은?
   ㉮ 퓨즈   ㉯ 노퓨즈 브레이크   ㉰ 텀블러 스위치   ㉱ 캐너피 스위치

4. 전류에 과전류가 흐르면 자동적으로 전로를 차단하는 자동차단기는 정격전류의 몇 %에서 끊어지게 되어 있는가?
   ㉮ 110%   ㉯ 120%   ㉰ 130%   ㉱ 140%

5. 다음 중 분전반의 주개폐기에 주로 사용되는 것은?
   ㉮ 플로트 스위치 (float switch)   ㉯ 텀블러 스위치 (tumbler switch)
   ㉰ 나이프 스위치 (knife switch)   ㉱ 로터리 스위치 (rotary switch)

6. 분전반의 주개폐기나 각 분기 회로용 개폐기로 주로 사용되는 것은?
   ㉮ 마그넷 스위치 (magnet switch)   ㉯ 나이프 스위치 (knife switch)
   ㉰ 프로트 스위치 (float switch)   ㉱ 컷아웃 스위치 (cutout switch)

7. 다음 사항 중에서 사용용도에 맞지 않게 짝지어진 것은?
   ㉮ 노퓨즈 브레이커(no fuse breaker) - 분전반의 주개폐기
   ㉯ 마그넷 스위치(magnet switch) - 전동기 제어
   ㉰ 플로트 스위치(float switch) - 양수펌프
   ㉱ 텀블러 스위치(tumbler switch) - 소형 분전반

<해설> 텀블러 스위치 : 실내벽 매입형 개폐기

제4편 전기설비

8. 다음의 스위치종류와 그 용도와의 조합이 <u>잘못된 것은</u>?
   ㉮ 마그넷 스위치 - 전열기구 제어 ㉯ 텀블러 스위치 - 실내등의 점멸
   ㉰ 플로트 스위치 - 양수펌프제어 ㉱ 나이프 스위치 - 회로 개폐용

9. 천장 밑에 장치하여 2본 이상의 전등 코드를 내릴 때 사용하는 전기접속 기구는?
   ㉮ 클러스터 (cluster)   ㉯ 로젯 (rosette)
   ㉰ 소켓 (socket)   ㉱ 코드 커넥터 (cord connector)

10. 다음 스위치 용도를 짝지은 것 중 <u>틀린 것은</u>?
    ㉮ 계단실 - 3로 스위치   ㉯ 배전반 - 나이프 스위치
    ㉰ 응접실 - 컷아웃 스위치 ㉱ 침대 - 텀블러 스위치

11. 전선기구에서 벽매입형에 가장 많이 사용되는 점멸기구는?
    ㉮ 리밋 스위치 ㉯ 부동 스위치 ㉰ 텀블러 스위치 ㉱ 로터리형 스위치

12. 긴 복도의 양면에 또는 계단시의 위와 아래에서 자유롭게 점등을 할 수 있는 스위치는?
    ㉮ 나이프 스위치   ㉯ 3로 스위치   ㉰ 텀블러 스위치   ㉱ 로터리 스위치

13. 과전류가 흐를 때는 자동적으로 회로를 끊어서 기기를 보호하는 장치와 <u>관계없는 것은</u>?
    ㉮ 서킷 브레이크(circuit breaker)   ㉯ 리밋 스위치
    ㉰ 노퓨즈 브레이크   ㉱ 바이메탈

| 1.㉮ | 2.㉯ | 3.㉰ | 4.㉱ | 5.㉰ | 6.㉱ | 7.㉱ | 8.㉮ | 9.㉮ | 10.㉰ | 11.㉰ |
| 12.㉯ | 13.㉱ |

5 배선공사

1. 사무소 건물에 적당한 전기배선 방법은?
   ㉮ 금속덕트 공사 ㉯ 버스덕트 공사 ㉰ 가요전선관 공사 ㉱ 플로어 덕트 공사

2. 전기설비에 관한 기술로서 잘못된 것은?
   ㉮ 플로어 덕트 방식은 대규모 사무실 등에서 아웃렛 등의 취출에 편리한 방법이다.
   ㉯ 버스덕트 방식은 대용량의 배전에는 부적당하여 간선용, 공장용으로는 쓸 수 없다.
   ㉰ 주택 등에서의 전기는 인입선에서 적산전력계, 분전반을 거쳐 각 곳에 배전된다.
   ㉱ 3로 스위치란 전등의 스위치로, 2개소에서 점멸할 수 있는 것을 말한다.

3. 다음에서 점검할 수 없는 은폐장소에 적당치 않은 전기공사는?
   ㉮ 애자사용 공사 ㉯ 목재몰드 공사 ㉰ 경질비닐관 공사 ㉱ 케이블 공사

4. 습기나 물기있는 곳의 전기공사의 종류는?
   ㉮ 목재몰드 공사 ㉯ 경질비닐관 공사 ㉰ 금속 덕트 공사 ㉱ 금속 몰드 공사

5. 전선관 공사에서 경질비닐관을 택하는 이유는?
   ㉮ 내식성과 절연성이 우수하다.
   ㉯ 금속관보다 열에 강하다.
   ㉰ 금속관보다 기계적 강도가 강하다.
   ㉱ 관내전선의 허용전류를 크게 취할 수 있다.

6. 금속관 배선공사로 옳지 않은 것은?
   ㉮ 먼지나 습기가 있는 장소에도 적당하다.
   ㉯ 철근 콘크리트조의 매설공사에 주로 사용된다.
   ㉰ 전선의 과열로 인한 화재의 위험성이 적다.
   ㉱ 전선의 인입, 교체가 용이하지 않다.

7. 금속관 배관 공사 시공에 관한 설명으로 잘못된 것은?
   ㉮ 전선의 과열로 인한 화재의 위험성이 적다.
   ㉯ 기계적인 외력에 대하여 전선이 완전하게 보호된다.
   ㉰ 다른 배관공사보다 용이하다.
   ㉱ 전선의 인입이 용이하다.

8. 옥내배선을 금속관으로 하는 이유 중 부적당한 것은?
   ㉮ 전선의 누전을 방지한다.   ㉯ 전선의 교체가 용이하다.
   ㉰ 전선의 인입이 용이하다.   ㉱ 전선을 보호한다.

9. 금속관을 매입하여 전기배선공사를 할 경우 옳지 않은 것은?
   ㉮ 전선의 과열에 의한 화재의 염려가 없다.
   ㉯ 전선의 외력에 대해 보호된다.
   ㉰ 전선의 교체가 용이하다.
   ㉱ 전기의 증설이 간편하다.

10. 저압 옥내배선 공사 중 콘크리트 속에 직접 묻을 수 있는 공사는?
    ㉮ 금속 몰드 공사   ㉯ 케이블 공사
    ㉰ 플렉시블 전선관 공사 ㉱ 금속관 공사

11. 저압 옥내배선의 공사방법으로 넓은 사무실의 배선공사를 할 때 가장 적합한 공사방법은?
    ㉮ 플로어 덕트공사   ㉯ 목제몰드 공사
    ㉰ 플렉시블 콘듀공사   ㉱ 애자사용 은폐공사

12. 공장 등의 전동기에 이르는 짧은 배선이나 승강기 배선에 사용되는 공사로 구부리기 쉬운 것은?
    ㉮ 애자사용 은폐공사   ㉯ 목재 몰드공사
    ㉰ 금속관 공사   ㉱ 플렉시블 콘듀공사

13. 전기 배선공사 방법중 굴곡 또는 증설공사가 용이한 것은?
    ㉮ 버스 덕트 공사   ㉯ 금속관 공사   ㉰ 목재 몰드 공사   ㉱ 가요 전선관 공사

14. 공장과 같은 곳의 동력배선에 많이 이용되는 전기공사는?
    ㉮ 버스 덕트 공사   ㉯ 금속관 공사   ㉰ 애자 사용 공사   ㉱ 가요 전선관 공사

15. 동력배선 전용의 배선방법은?
    ㉮ 금속관 공사   ㉯ 버스 덕트 공사   ㉰ 케이블 공사   ㉱ 플로어 덕트 공사

16. 습기가 있는 진개(塵芥)된 장소에 적당치 않은 전기공사의 종류는?
    ㉮ 금속관 몰드 공사   ㉯ 금속관 공사   ㉰ 캡 타이어 케이블 공사   ㉱ 케이블 공사

17. 특수 화학 공장, 또는 연구실 등의 전기배선 공사에 가장 적합한 것은?
    ㉮ 애자 사용 공사   ㉯ 목재 선통 공사   ㉰ 경질 비닐관 공사   ㉱ 금속 선통 공사

18. 사무소 건물에 적당한 전기배선 방법은?
    ㉮ 금속 몰드 공사   ㉯ 버스 덕트 공사   ㉰ 가요 전선관 공사   ㉱ 플로어 덕트 공사

19. 배선공사에서 내식성이 좋으므로 부식성 가스 또는 용액을 발산하는 화학공장의 배선에 가장 적합한 공사는?
    ㉮ 애자사용 은폐공사   ㉯ 금속관공사   ㉰ 경질비닐관 공사   ㉱ 목재몰드공사

20. 전기설비에 관한 기술로서 잘못된 것은?
    ㉮ 플로어 덕트방식은 대규모 사무실 등에서 아울렛 등의 취출에 편리한 방법이다.
    ㉯ 버스 덕트 방식은 대용량의 배전에는 부적당하여 간선용, 공장용으로는 쓸 수 없다.
    ㉰ 주택 등에서의 전기는 인입선에서 적산전력계, 분전반을 거쳐 각 곳에 배전된다.
    ㉱ 3로 스위치란 전등의 스위치로, 2개소에서 점멸할 수 있는 것을 말한다.

제4편 전기설비

21. 전기배선 공사에서 금속관 공사에 관한 설명 중 **틀린 것은?**
   ㉮ 전선관내에 고무절연전선 또는 비닐절연전선을 수납하여 행하는 배선방법이다.
   ㉯ 은폐공사와 노출공사로 분류된다.
   ㉰ 주로 철근콘크리트 매설공사에 많이 사용된다.
   ㉱ 전선에 이상이 생겼을 때 교체가 어려우나, 전선의 기계적 손상에 대해서는 안전하다.

22. 배선공사법에 관한 기술 중 **틀린 것은?**
   ㉮ 애자사용 노출공사는 절연전선을 애자로 지지하여 사람의 눈에 보이는 장소에 설치하는 공사이다. 전선상호간의 간격은 3cm이다.
   ㉯ 금속관 공사는 전선관내에 절연선을 넣어 배선하는 방식으로 주로 콘크리트 건물의 매입공사에 사용된다.
   ㉰ PVC몰드 공사는 PVC홈에 절연선을 넣고 뚜껑을 덮어 기둥의 표면 등에 설치하는 공사이다.
   ㉱ 애자사용 은폐공사는 절연전선을 놉애자, 핀애자 및 애관을 써서 다락속, 천장내부 등의 은폐된 곳에 설치하는 공사이다.

23. 콘크리트 바닥 속에 설치해서 커튼월(curtain wall)의 설치시나 선풍기, 전화기, 전열기 등의 이용에 편리하도 록 한 옥내배선 방법은?
   ㉮ 금속덕트 공사   ㉯ 플랙시블 콘딧 공사   ㉰ 금속선통 공사   ㉱ 플로어 덕트 공사

1.㉱	2.㉯	3.㉯	4.㉯	5.㉮	6.㉱	7.㉰	8.㉮	9.㉱	10.㉱
11.㉮	12.㉱	13.㉱	14.㉮	15.㉯	16.㉮	17.㉰	18.㉱	19.㉰	20.㉯
21.㉮	22.㉮	23.㉱							

5. 조명설비

1. 다음 용어의 단위 중 옳지 않은 것은?
   ㉮ 방사속 - Watt   ㉯ 광속 - cd   ㉰ 휘도 - sb   ㉱ 조도 - lux

2. 형광등에 관한 기술 중 옳지 않은 것은?
   ㉮ 저온에 적당하다.   ㉯ 임의의 광색을 얻을 수 있다.
   ㉰ 백열전구에 비하여 수명이 길다.   ㉱ 효율이 높다.

3. 형광등과 백열전구에 대한 비교내용 중 형광등의 장점으로 잘못된 것은?
   ㉮ 효율이 높다.   ㉯ 임의의 광색을 얻을 수 있다.
   ㉰ 램프의 휘도가 높다.   ㉱ 수명이 길다.

4. 형광등 점등방식의 종류에 해당되지 않은 것은?
   ㉮ 횡거식   ㉯ 예열기동형   ㉰ 즉시 기동형   ㉱ 순시 기동형

5. 수은등에 관한 기술로 옳지 않은 것은?
   ㉮ 수은 증기압에 따라 저압, 고압, 초고압 수은등의 3종류가 있다.
   ㉯ 수은 증기압이 높을수록 효율이 좋지 않다.
   ㉰ 고압 수은등은 공장 조명과 청사진 인화용으로 이용된다.
   ㉱ 살균등은 저압 수은등의 일종이다.

6. 다음 램프 중에서 발광효율이 가장 좋은 것은?
   ㉮ 백열전구   ㉯ 형광등   ㉰ 나트륨등   ㉱ 고압 수은등

   <해설> ① 형광등 : 48~80lm/W   ② 수은등 : 30~55lm/W   ③ 메탈 할라이트 : 70~95lm/W
   ④ 백열등 : 7~22lm/W,   ⑤ 나트륨등 : 80~150lm/W

7. 다음 광원 중에서 발광효율이 가장 좋은 것은?
   ㉮ 백색 형광 램프   ㉯ 주광색 형광 램프
   ㉰ 고압 수은 램프   ㉱ 메탈 할라이트 램프

제4편 전기설비

8. 광원의 종류 중 대체적으로 수명이 가장 긴 것은?
   ㉮ 백열전구   ㉯ 할로겐 램프   ㉰ 형광램프   ㉱ 수은 램프

9. 다음 램프의 광색 중에서 연색성이 가장 좋은 것은?
   ㉮ 고압 수은등   ㉯ 나트륨등   ㉰ 형광등   ㉱ 백열전구

10. 조명설계의 순서로 옳은 것은?
    ㉮ 전등종류 결정 - 소요조도 결정 - 조명방식 결정 - 광속계산 - 광원배치
    ㉯ 조명방식 결정 - 전등종류 결정 - 소요조도 결정 - 광원배치 - 광속계산
    ㉰ 소요조도 결정 - 전등종류 결정 - 조명방식 결정 - 광속계산 - 광원배치
    ㉱ 광원배치 - 광속계산 - 소요조도 결정 - 전등종류 결정 - 조명방식 결정

11. 조명기구로부터 빛의 이용에 많은 영향을 미치고 있는 방의 크기와 형체를 특징짓는 척도로써 사용되는 것은?
    ㉮ 방계수   ㉯ 조명률   ㉰ 방지수   ㉱ 감광 보상률

12. 조명설계와 관계없는 것은?
    ㉮ 소요 조도   ㉯ 전등의 종류   ㉰ 광원의 배치   ㉱ 적정 전압

1.㉰   2.㉮   3.㉰   4.㉮   5.㉯   6.㉰   7.㉱   8.㉱   9.㉯   10.㉰
11.㉰   12.㉱

6. 정보통신설비

1. 은행의 사용면적 10m²당 전화기의 최소 내선수는?
   ㉮ 0.3   ㉯ 0.6   ㉰ 1.0   ㉱ 0.5

   <해설> 건축연면적(m²)/27~32 = 10/30 ≒ 0.3회선

2. 연면적 1,000m²의 사무실 건물에 적당한 전화국선 회선수는?
   ㉮ 20회선   ㉯ 30회선   ㉰ 40회선   ㉱ 50회선

   <해설> 건축 연면적(m²)/27~32(사무실: 10~20) = 1,000/20 = 50회선

3. 연면적 5,000m²의 사무소 건물에 대한 전화 회선수이다. 다음 중 어느 것이 전기통신 설비기술 기준에 맞는 것인가?
   ㉮ 국선 50회선, 내선 200회선   ㉯ 국선 100회선, 내선 300회선
   ㉰ 국선 200회선, 내선 400회선   ㉱ 국선 300회선, 내선 500회선

   <해설> 전화 회선의 기준 설비수

업 종		10m² 표준	전화 회선수
		국선인입선	실내 회선수
상사, 회사		0.5	1.3
은행, 일반 사무실		0.4	0.8
백화점, 증권회사, 연쇄상가		0.5	1.0
관공서, 신문사		0.4	1.0
병 원	입원실	0.1	0.5
	사무실	0.3	1.0

   표에 의해서 ① 국선은 5,000×0.4/10 = 200회선
              ② 내선은 5,000×0.8/10 = 400회선

4. 건물의 각 층에 있어서 각 부분으로부터 비상 콘센트의 설치거리는 몇 m이하가 되도록 하는가?
   ㉮ 20m 이하   ㉯ 30m 이하   ㉰ 40m 이하   ㉱ 50m 이하

5. 자시계에 관한 기술 중 틀린 것은?
   ㉮ 전원은 단상교류이다.
   ㉯ 전압은 12V 또는 24V이다.

㉰ 유극식과 무극식으로 분류된다.
㉱ 모시계로부터 충격전류에 의하여 지침을 움직인다.

6. 비상 콘센트는 몇 층 이상에 설치하여야 하는가?
　　㉮ 5층 이상　㉯ 11층 이상　㉰ 22층 이상　㉱ 33층 이상

1.㉮　2.㉱　3.㉰　4.㉱　5.㉮　6.㉯

7. 방재설비

1. 피뢰침의 구성요소가 아닌 것은?
   ㉮ 돌침부   ㉯ 피뢰도선   ㉰ 접지전극   ㉱ 개폐기

2. 피뢰침의 보호각은 일반적으로 몇 도가 적당한가?
   ㉮ 30°   ㉯ 45°   ㉰ 60°   ㉱ 75°

3. 비상용 조명은 바닥면에서 몇 룩스 이상의 조도가 있어야 하는가?
   ㉮ 1.0   ㉯ 3.0   ㉰ 4.5   ㉱ 6.5

4. 항공 장애등이 필요한 건물 지표상의 높이는?
   ㉮ 30m 이상   ㉯ 40m 이상
   ㉰ 50m 이상   ㉱ 60m 이상

5. 고항도 항공장애등의 최대광도(cd)는?
   ㉮ 20cd 이상   ㉯ 500cd 이상
   ㉰ 1,000cd 이상   ㉱ 2,000cd 이상

1.㉱   2.㉰   3.㉮   4.㉱   5.㉱

8. 엘리베이터

1. 엘리베이터에 관한 기술 중 옳지 않은 것은?
㉮ 중속 혹은 저속 엘리베이터에는 교류 모터가 사용된다.
㉯ 고속 엘리베이터에는 직류 모터가 사용된다.
㉰ 권상기의 부하를 줄이기 위해 카운터 웨이터를 사용한다.
㉱ 엘리베이터 기계실의 천장높이는 3.5m정도면 좋다.

<해설> ㉱ 엘리베이터 기계실의 천장높이는 2m 이상으로 한다.

2. 엘리베이터에 관한 것 중 옳지 못한 것은?
㉮ 저속 : 45m/min이하
㉯ 고속 : 직류모터
㉰ 카운터 웨이트 중량 : 카중량 + 최대 적재중량
㉱ 로프는 12mm이상, 와이어 로프 3본 이상

<해설> 카운터 웨이터의 중량 = 전중량 + 최대적재량×1/2(0.4~0.6)

3. 엘리베이터에 관한 것 중 옳지 못한 것은?
㉮ 엘리베이터는 권상기, 카 궤도, 안전장치, 제어장치, 신호장치 등으로 구성된다.
㉯ 카의 반대측에는 카운터 웨이트(counter weight)를 붙여 엘리베이터가 미끄러지지 않게 한다.
㉰ 권상기에 사용하는 모터는 교류모터와 직류모터의 2종류가 있다.
㉱ 전동식 제동기는 역회전력을 이용하여 제동한다.

<해설> 균형추(counter weight)는 권상기의 주하를 줄이기 위해 카의 반대측 로프에 장치한 것이며, 견인구차(sheave)는 로프의 무리와 슬립을 방지하기 위한 차 바퀴이다.

4. 엘리베이터에서 카를 유도하는 장치는?
㉮ sheave   ㉯ cage   ㉰ guide rail   ㉱ counter weight

5. 대규모 사무실 빌딩에 운행속도가 150m/분인 승용 엘리베이터의 구동방식은 어느 것이 가장 적합한가?
   ㉮ 교류 1단   ㉯ 교류 2단   ㉰ 직류 기어드   ㉱ 직류 기어레스

6. 엘리베이터의 속도제어 방식 중 120m/min 이상의 고속 엘리베이터에 적합한 것은?
   ㉮ 교류 2단제어   ㉯ 교류 귀환제어   ㉰ 직류가변 전압제어   ㉱ 유압 가변제어

7. 다음에서 교류 엘리베이터를 사용하기에 적당하지 않은 엘리베이터의 속도는 (m/min)?
   ㉮ 30   ㉯ 45   ㉰ 60   ㉱ 90

8. 엘리베이터의 속도를 가장 저속으로 운행하는 건물은?
   ㉮ 사무실   ㉯ 백화점   ㉰ 호텔   ㉱ 병원

<해설> 건물 용도별 속도

용 도	속도(m/min)	용도	속도(m/min)
일반 사무소	60~150	병원 환자용	15~30
백화점	60~120	화물용	15~45
호 텔	45~100	요리용 리프트	20~35
아파트	30~70	-	-

9. 정격속도가 180m/분의 엘리베이터의 구동방식은?
   ㉮ 교류 1단   ㉯ 교류 2단   ㉰ 직류 기어드   ㉱ 직류 기어레스

10. 교류 엘리베이터의 2단 속도 제어방식에 대하여 옳지 않은 것은?
    ㉮ 전동기의 극수 변환으로 2단 속도조정을 한다.
    ㉯ 역전은 3상중 2상을 바꿈으로써 이루어진다.
    ㉰ 속도 60m/분, 하중 1,500kg이하의 부하에 사용된다.
    ㉱ 속도조정을 할 수 없다.

11. 엘리베이터의 객용 카는 1인당 몇 m^2으로 하는가?

㉮ 1.0m²   ㉯ 2.0m²   ㉰ 0.5m²   ㉱ 0.2m²

12. 감속기에서 worm gear를 사용하는 권상기의 속도는?
    ㉮ 100m/min 이하   ㉯ 50m/min 이하   ㉰ 150m/min 이하   ㉱ 200m/min 이하

13. 승객 자신이 운전하는 엘리베이터 목적층 단추나 승강장으로부터의 호출신호로 시동, 정지를 이루는 조작방식은?
    ㉮ 단식 자동방식   ㉯ 카 스위치 방식
    ㉰ 승합 전자동 방식   ㉱ 시스널 컨트롤 방식

14. 엘리베이터에서 안전장치의 조석기는 카의 규정속도가 몇 % 이상이 되면 전원이 자동적으로 차단되는가?
    ㉮ 120%   ㉯ 150%   ㉰ 180%   ㉱ 200%

15. 엘리베이터에서 케이지 문과 승차장 문은 무엇을 사용하여 동시에 개폐하게 되는가?
    ㉮ 케이지 틀   ㉯ 리타이어링 캠   ㉰ 튜브리 게이터   ㉱ 리밋 스위치

16. 엘리베이터의 안전장치로서 과속도의 조정은?
    ㉮ 조정 스위치   ㉯ 상하 리밋스위치   ㉰ 도어 스위치   ㉱ 비상정지 장치

17. 리프트에 대한 것 중 <u>틀린 것은</u>?
    ㉮ 승강속도는 120~140m/min이다.
    ㉯ 모터의 마력은 1~3HP이다.
    ㉰ 수동식의 적재적량이 100kg정도로 3층 이내 이다.
    ㉱ 소형 화물용으로 dumbwaiter라고도 한다.

| 1.㉱ | 2.㉰ | 3.㉰ | 4.㉰ | 5.㉱ | 6.㉱ | 7.㉱ | 8.㉱ | 9.㉱ | 10.㉱ |
| 11.㉱ | 12.㉮ | 13.㉰ | 14.㉮ | 15.㉯ | 16.㉮ | 17.㉮ | | | |

9. 에스컬레이터

1. 에스컬레이터에 대한 설명 중 <u>틀린</u> 것은?
   ㉮ 전동기는 10~20HP 3상 유도전동기를 사용한다.
   ㉯ 경사는 45°이하로 한다.
   ㉰ 속도는 30m/min이하로 한다.
   ㉱ 계단폭은 60~120cm이다.

2. 백화점에 에스컬레이터를 설치할 경우 가장 적당한 에스컬레이터의 정격속도는?
   ㉮ 15m/분 이하   ㉯ 30m/분 이하   ㉰ 45m/분 이하   ㉱ 60m/분 이하

3. 에스컬레이터의 설치시 고려사항 중 <u>틀리는 것은?</u>
   ㉮ 엘리베이터와 현관의 위치를 고려하여 배치한다.
   ㉯ 에스컬레이터의 바닥면적을 크게 한다.
   ㉰ 승객의 시야가 넓게 되도록 한다.
   ㉱ 주행거리가 짧도록 한다.

4. 에스컬레이터에 관한 것 중 <u>옳지 못한</u> 것은?
   ㉮ 경사는 30°이하   ㉯ 속도는 45m/min 이하
   ㉰ 폭은 600~1,200mm   ㉱ 구동모터는 10~15 마력

5. 2 인승 에스컬레이터의 시간당 수송능력은?
   ㉮ 3,000명 정도   ㉯ 5,000명 정도   ㉰ 8,000명 정도   ㉱ 10,000명 정도

<해설> 수송능력

계 단 폭	수송능력	적 용
120cm	8,000	대인 2인 병렬
90cm	6,000	대인 1인, 소인 1인
60cm	4,000	대인 1인

6. 에스컬레이터는 대체로 엘리베이터에 비해 몇 배의 수송능력을 갖는가?
   ㉮ 2배 이상   ㉯ 4배 이상   ㉰ 8배 이상   ㉱ 10배 이상

7. 에스컬레이터의 배열방식 중 설치면적이 적고 승강구가 각각 떨어져 있어 승객의 혼잡이 없는 방식은?
   ㉮ 복열교차형   ㉯ 복열평행접속형   ㉰ 단열겹침형   ㉱ 1단열접속형

8. 에스컬레이터의 배열방식 중 교차형에 대한 설명 중 옳지 않은 것은?
   ㉮ 교통이 연속된다.
   ㉯ 승강객의 구분이 명확하므로 혼잡이 적다.
   ㉰ 점유면적이 좁다.
   ㉱ 승객의 시야가 넓다.

1.㉯   2.㉯   3.㉰   4.㉯   5.㉰   6.㉱   7.㉮   8.㉱

SI단위에 따른
건축 급·배수 위생설비

저　　자 | 남재성 · 著

발 행 처 | 에듀컨텐츠휴피아
발 행 인 | 李 相 烈
발 행 일 | 초판 1쇄 · 2019년 2월 28일

출판등록 | 제2017-000042호 (2002년 1월 9일 신고등록)
주　　소 | 서울 광진구 자양로 30길 79
전　　화 | (02) 443-6366
팩　　스 | (02) 443-6376
e-mail　 | iknowledge@naver.com
web　　 | http://cafe.naver.com/eduhuepia
만든사람들 | 기획 · 김수아 · 책임편집 · 이주훈 황혜영 이서영 김유빈
　　　　　　 디자인 · 유충현 / 영업 · 이순우

정　　가 | 15,000원
I S B N | 978-89-6356-253-7 (93540)

※ 책의 일부 또는 전체에 대하여 무단복사, 복제는 저작권 법에 위배됩니다.

[도서검색용 QR코드]